국토교통부 철도교통관제사 자격증명제
(2017년 7월 25일 시행)

Railway Traffic Controller Guide

# 철도교통관제사 길라잡이

김중곤 지음

도서출판 세화

**김 중 곤** 저자
- 1967년 4월 1일(음) 충남 서산 태생

- 학력
  - 철도고등학교 운전과 졸업
  - 방송통신대학교 경영학과 졸업
  - 서울과학기술대학교 철도전문대학원 경영정책학과 석사 졸업
  - 동 대학원 박사 졸업

- 경력
  - 철도청(현 철도공사) 기관사 근무(14년)
  - 인천교통공사 관제사 근무(5년)
  - 광주도시철도공사 선임관제사 근무(2년)
  - 공항철도 관제팀장/운전지도팀장/철도안전팀장(12년)

- 현 활동 현황
  - 서울과학기술대학교 철도전문대학원 겸임교수
  - 제2종 전기차량 필기/실기 평가의원(국토교통부)
  - 경기도 소방학교 외래교수
  - 건설교통 연구개발사업 평가/자문위원(국토교통과학기술진흥원)
  - 철도기술운영분과전문위원(국토교통부)
  - 교통 신기술 심사 평가 심사원(한국건설교통기술평가원)
  - 철도종합시험운행 관제/운전분야 전문가(교통안전공단)
  - 안전관리승인체계(SMS) 평가위원(교통안전공단)
  - 인천교통공사 관제분야 외부 전문위원(인천교통공사)

# [ 머리말 ]

철도교통관제사란?
철도차량의 운행을 집중 제어하고
통제 감시하는 업무를 수행하는 자(철도안전법 제2조)

    대한민국의 교통은 크게 세 분야(영공, 해상, 육상)로 나눌 수 있다.
    이들의 교통을 원활하고 안전하게 운영시키는 사람이 바로 교통관제사로 지칭되고 있다. 영공 분야는 항공교통관제사, 해상은 항만교통관제사, 육상은 철도교통관제사로 대변되어 진다. 이 중 철도교통관제사에 대한 자격증명제를 2017년 8월부터 시행한다고 국토교통부에서 발표했다. ('15.11.22.)
    이에 따라 2017년부터 우리나라에서는 처음으로 철도교통관제자격증명 시험이 시행된다. 철도 110년의 역사가 진행되는 동안 각 분야의 부단한 노력과 협업에 의한 적극적인 도전과 개척정신으로 철도의 괄목할 발전과 성장이 이룩되었으며, 이 과정에서 철도안전부분이 크게 부각되고 있으며, 열차 안전운행을 책임지고 있는 철도교통관제사의 역할 또한 재조명되고 있는 시기이다. 이는 철도분야의 대형사고 우려가 커지면서 보다 전문적이고 체계적인 관제의 역할에 대한 기내와 안전을 확보하기 위한 것으로 전문 관제사 자격증명 제도를 도입할 경우 전문직에 대한 학생들의 일자리 창출 효과도 클 것으로 판단되었기 때문이다. 이러한 시점에서 철도교통관제사에 대한 관심을 증폭시키고, 관련된 법령, 수행하는 업무, 자격취득 조건, 자격취득 과정, 관제설비 등 다양하고 종합적으로 내용을 정리하여 관심을 가지고 꿈을 키우고 있는 분들에게 정보를 제공하고자 한다.
    현재 철도교통관제사 및 관제설비에 대해 편찬된 도서는 아직 전무하다.
    자격증명제가 시행되고 이를 취득하기 위해서는 이 도서가 가장 기본적인 정보를 제공할 것이라 생각된다.
    철도분야에 관심을 가지며, 철도교통관제사 자격을 취득하고자 하는 많은 학생 및 젊은이들에게 이 서적이 지침서나 길잡이가 되기를 바라는 마음이다.

저자 김 중곤 씀

# Contents

## I. 철도교통관제사 ... 10

### 제1장 철도교통관제사의 탄생 ... 13
1-1 철도산업구조개혁 ... 14
1-2 철도안전법의 탄생 ... 14
1-3 철도안전법 입법취지 ... 15

### 제2장 철도교통관제사와 철도안전법령 ... 17
2-1 철도안전법 주요내용 ... 18
2-2 철도안전법(법률 제13436호) ... 19
2-3 철도안전법 시행령(대통령령 제25836호) ... 21
2-4 철도안전법 시행규칙(국토교통부령 제236호) ... 22
2-5 철도안전법 3단비교표 (법률-시행령-시행규칙) ... 25
2-6 철도안전법 시행령 및 시행규칙 일부개정 ... 34

### 제3장 철도교통관제사의 업무관련 법령 ... 40
3-1 안전관리규정 ... 41
3-2 비상대응계획 ... 43
3-3 열차 운행안전 및 철도보호 ... 46
3-4 철도사고 조사 및 처리 ... 51
3-5 벌칙 ... 52

## II. 철도교통관제사가 되려면 ... 56

### 제1장 철도교통관제사의 자격기준 ... 58
1-1 우리나라 철도교통관제사의 자격조건 ... 59
1-2 해외 철도교통 관제업무 종사자 자격제도 ... 64

제2장 철도교통관제사의 교육　　　　　　　　68
　2-1 철도교통관제사의 필요 교육　　　　　　69

제3장 철도교통관제사의 업무　　　　　　　　70
　3-1 철도교통관제사의 일상적 업무　　　　　71
　3-2 이례상황(비상) 시 업무　　　　　　　　75
　3-3 상황보고 체계 및 보고요령　　　　　　80
　3-4 재난상황관리 및 이상기후 시 조치　　　82

제4장 철도교통관제사의 실무　　　　　　　　85
　4-1 기본업무　　　　　　　　　　　　　　　86
　4-2 영업준비 및 영업종료　　　　　　　　　88
　4-3 철도교통관제사의 관리 기록부　　　　　90
　4-4 열차운행 감시 및 통제요령　　　　　　92
　4-5 선로 내 출입 및 작업통제　　　　　　　94
　4-6 운전정리 및 열차운행 스케줄 관리　　　95
　4-7 임시열차의 운용　　　　　　　　　　　107
　4-8 Local 취급 및 주요 운전취급　　　　　108
　4-9 운전명령서 작성 및 발령 절차　　　　　111

# Ⅲ. 사고(장애)발생 시 구간별 열차운행 통제 방안(안)
## -공항철도 구간- 　　　　　　　　　　　114

제1장 전차선의 단전사고 또는 정전 시 열차운행　　116
제2장 기타사고(단전불필요) 발생 시 열차운행　　　122

# Contents

## Ⅳ. 종합관제실(센터) 현황 — 130

### 제1장 종합관제실(센터) 일반현황 — 133

1-1 종합관제실 업무 — 134
1-2 종합관제실 근무형태 — 134
1-3 종합관제실 주요설비 — 135
1-4 종합관제실 분야별 장비현황 — 135

### 제2장 종합관제실의 시스템 구성 및 활용 — 140

2-1 시스템의 구성 개요 — 142
2-2 SCADA 설비 — 142
2-3 신호설비 — 148
2-4 통신설비 — 156
2-5 방재(화재) 및 기계설비 — 182

## Ⅴ. 비상대응 현장조치 매뉴얼 — 196

### 제1장 비상대응 표준운영절차 — 198

1-1 비상대응 유형 — 199
1-2 유형별 비상대응 시나리오 — 201
1-3 비상대응절차 및 직원별 역할과 책임 — 205

### 제2장 비상대응협력 및 지원체계 — 258

2-1 지휘 및 보고체계 — 259
2-2 승객긴급방송 문안 — 267

## Ⅵ. 부록 — 276
용어의 정의 — 278
약어설명 — 289

## References-참고문헌 — 296

| | 보 도 자 료 | |
|---|---|---|
| 국토교통부 | 배포일시 | 2016. 10. 27(목)<br>총 4매(본문4) |
| 담당<br>부서 철도안전정책과 | 담 당 자 | • 과장 000, 사무관 000, 사무관 000<br>• ☎ (044)201-0000, 0000, 0000 |
| 보 도 일 시 | 2016년 10월 27일(목) 조간부터 보도하여 주시기 바랍니다.<br>※ 통신·방송·인터넷은 10. 26(수) 11:00 이후 보도 가능 | |

## "철도종사자, 5년마다 적성검사 받아야"

### -적성검사 주기 [10년→5년으로] 단축…종사자 역량관리 기준 강화돼-

□ 철도종사자의 적성검사 주기가 현행 10년에서 5년으로 단축된다. 국토교통부(장관 강호인)는 <U>철도교통관제사 자격증명제 도입</U>, 영상기록장치장착 의무 등을 내용으로 하는「철도안전법」이 개정됨에 따라 제도 시행을 위한 세부기준을 마련하고, 철도종사자의 역량 관리를 강화하는 내용의 철도안전법 시행령·시행규칙 개정안을 28일(금) 입법예고한다고 밝혔다.

< 철도안전법 개정 주요 내용 >

▶ (철도교통 관제사 자격증명제도) 철도관제 업무 수행자의 관제 종사자 자격증명취득을 의무화하고 자격시험 등 역량검증 절차를 마련(제21조의3~제21조의11, 제22조의2 신설) ☞ 2017년 7월 25일 시행 예정

▶ (영상기록장치 장착 의무화) 철도차량에 영상기록장치의 설치를 의무화 (제39조의3 신설) ☞ 2017년 1월 20일 시행

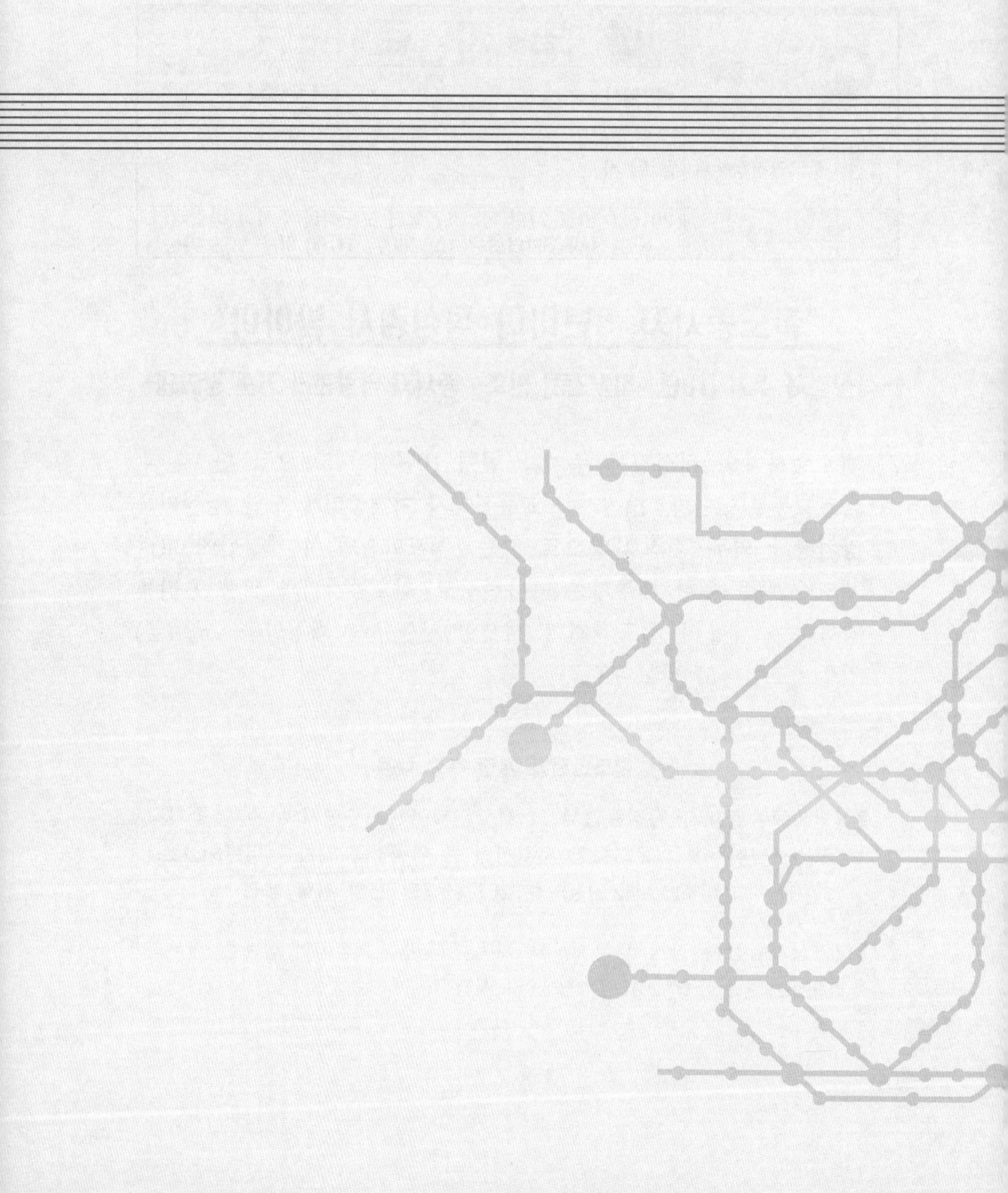

# 철도교통관제사

제1장. 철도교통관제사의 탄생

제2장. 철도교통관제사와 철도안전법령

제3장. 철도교통관제사의 업무관련 법령

우리나라에서 철도교통관제사로 근무하기 위해서는 철도안전법에서 요구하는 조건을 충족하고, 필요한 교육을 이수해야만 근무를 할 수 있다.
대한민국 해병대에는 이런 말이 있다.
"누구나 해병이 될 수 있다면 나는 결코 해병을 선택하지 않았을 것이다"
이 말은 누구에게나 기회는 주어지지만 결코 모두가 해병대원이 될 수 없다는 것이다.
이처럼 철도교통관제사 역시 누구에게나 기회는 주어지지만 모두가 철도교통관제사로 근무를 할 수는 없다.
철도에서의 철도교통관제사는 최상위 업무수행과 철도안전의 마지막 보루이기 때문이다.
그로 인해 여러 가지 조건을 모두 이수해야 업무가 가능하다.
철도안전법의 변경에 따라 철도교통관제사 자격조건의 변경된 내용에 대해 철도안전법이 요구하는 내용을 살펴보자.
본 서적에서 제시한 철도안전법은 최근에 개정된 내용은 반영하지 못하였다.
때문에 필요시에 따라 법제처를 수시로 방문하여 새로이 개정된 내용이 있는지 확인해야 한다.

[공항철도(주) 종합관제실 전경]

# 제1장 철도교통관제사의 탄생

1-1. 철도산업구조개혁

1-2. 철도안전법의 탄생

1-3. 철도안전법 입법취지

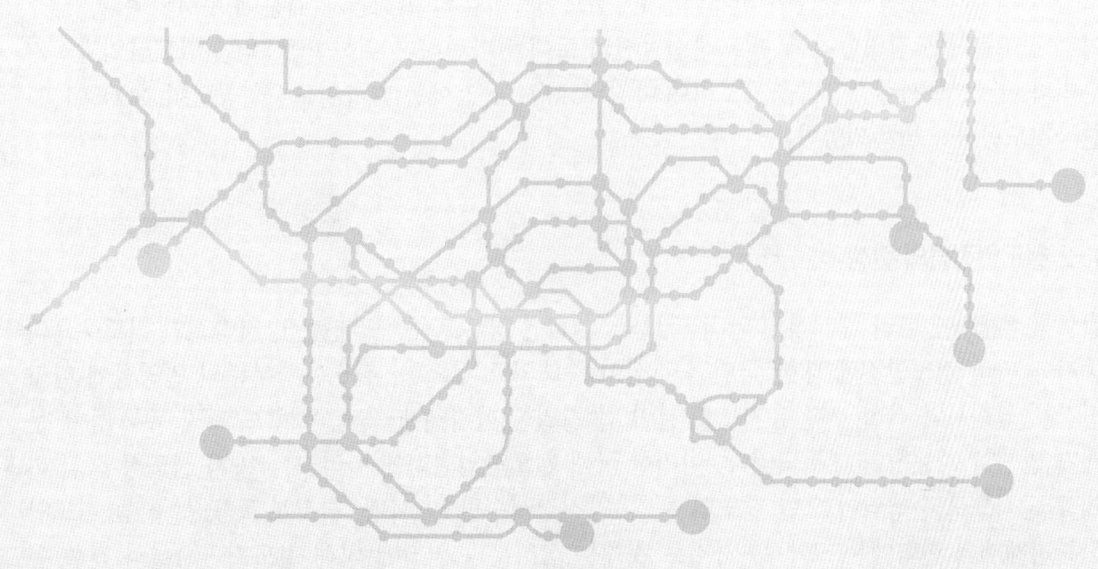

# RAILWAY TRAFFIC CONTROLLER GUIDE

## 제 1 장 철도교통관제사의 탄생

### 1-1 철도산업구조개혁

110년 전 철도가 도입된 이래 철도는 중추적인 교통수단으로서 경제성장과 지역발전에 크게 기여했으며, 국가동맥의 역할을 충실히 수행하여 왔으나, 접근성과 편리성이 뛰어난 자동차 교통시대가 열리고 항공교통의 대중화로 이들과의 경쟁에 밀려 철도산업은 지속적으로 위축되어 침체를 벗어나지 못하고 결국 시장력(market power)의 대폭 상실, 막대한 운영적자, 투자부족, 서비스저하 등 구조적인 악순환 과정을 밟게 되었다. 이러한 철도산업 사양화는 누적부채의 증가 등 철도 문제에 국한되지 않고 도로혼잡비용 증가, 환경훼손 등 사회·국가적 문제로 확산되었다.

1999년 공기업 경영진단 결과 발표 후 한국철도 민영화를 국무회의에서 확정하고, 국토해양부(현 국토교통부)에서 1999년 말 민영화 실행방안 개발을 위한 용역을 시행하여 2000. 6. 21 철도민영화 방안을 발표하였다. 민영화 방안은 2002부터 민영화를 시행하되, 현재의 철도청과 고속철도공단체제를 통합하여 철도건설공단을 설립하여 철도건설과 유지·보수를 담당하고, 철도주식회사(가칭)는 여객과 화물, 차량과 중장비 부문을 담당하도록 추진하였다. 즉 시설은 정부가 담당하고 운영은 민간으로 매각하겠다는 것이 핵심이었다.

당시, 도로정체 및 교통사고 증가, 그리고 환경문제 등의 교통문제가 심각해지면서 철도에 대한 관심이 높아지고 있는 가운데 철도민영화 확정을 비롯하여, 남북철도연결, 고속철도건설 등 철도를 둘러 싼 역동적 상황들이 전개되었고, 철도이용자들의 이해관계 때문에 무산되었다.

이후 정부는 철도경영합리화, 철도산업발전의 토대를 마련하기 위하여 2003년 철도산업발전기본법과 한국철도시설공단법을 공포하여 마침내 2004. 1. 1.에는 한국철도시설공단이, 2005. 1. 1. 한국철도공사가 발족되었다.

### 1-2 철도안전법의 탄생

철도구조개혁에 따라 체계적인 안전 확보와 2004년 경부고속철도개통 및 지속적인 철도수요의 증가에 따라 철도안전에 대한 국민적 관심이 증대되고 있으며, 철도운영부분의 민영화에 따라 민간 운영회사와 건설, 시설유지보수 분야 간 긴밀한 협력체계 구축, 사고보고 및 복구 등에 문제가 발생할 가능성이 대두되었다. 이러한 국내 철도산업변화에 따라 지금까지 철도청 책임 하에 일괄적으로 수행되어 오던 철도의 운영, 안전정책수립 및 시행, 사고보고 및 복구 등 철도안전관리체계의 변화에는 크게 두 가지로 첫째는 상하분리 원칙에 의해 철도기반시설의 건설·유지 관련업무와 열차 운영업무를 분리하고, 둘째는 철도청이 공사(민간운영체제)로 전환됨에 따라

철도안전 확보를 위한 국가의 역할 정립과 수익성을 우선시하는 철도운영에 대한 불안전요소를 사전에 차단하기 위한 법과 제도체계를 마련하여 강력한 안전규제를 집행하여 선진국 수준의 안전 확보를 꾀하고자 철도안전법을 제정하게 되었다.

## 1-3 철도안전법 입법취지

철도산업구조개혁, 고속철도의 개통 등 철도에서의 기술적·사회적 안전위협요소가 증가함에 따라 철도차량·철도시설의 안전기준 마련과 철도종사자의 체계적인 육성 등을 통하여 철도에서 발생할 수 있는 위험을 방지하고, 철도사고조사위원회를 설치하여 전문적이고 독립적이며, 객관적이고 공정한 사고조사가 이루어지도록 제도를 개선하는 등 철도에서의 안전관리체계를 확고히 구축하여 국민의 귀중한 생명과 재산을 보호하고, 공공의 복리를 증진하기 위한 것으로서,

가. 철도산업구조개혁은 철도의 건설과 운영부문의 분리로 상호 간 안전협의체계의 구축이 중요해지고,

나. 철도공사를 비롯한 철도운영기관장이 안전관리, 사고조사 및 복구 등의 업무를 내부규정으로 제정하여 자체적으로 수행해 왔으나, 각 기관마다 상이한 안전기준을 적용하고 있어 국가차원의 안전기준을 마련할 필요가 있으며, 도시철도의 경우 지방자치단체 인력 및 전문성 부족으로 감독기능에 한계가 있어 중앙정부차원의 안전감독기능을 강화할 필요가 있으며,

다. 고속철도 개통, 도시철도 및 간선철도 확대, 민영철도시대 도래 등 철도산업의 발달에 따른 환경변화에 부응하도록 각종 신기술과 고속차량의 도입에 따른 기술수준·안전기준의 정비, 철도건설 및 운영관련 안전을 마련하고,

라. 최근의 철도사고에서 드러난 제도적 문제점을 보완하기 위하여 철도종사자에 대한 자격제도, 철도용품의 품질인증제도, 철도차량에 대한 성능시험 및 제작검사제도 등을 도입하고,

마. 철도시설·차량의 안전기준, 열차 내 위해물품(危害物品) 휴대금지 및 철도인접지역 공사시행에 따른 안전관리 등을 강화하는 방향으로 입법 추진하였으며,

바. 특히, 대구지하철 화재사고 이후 인적안전관리를 개선하기 위한 방안으로 철도차량운전업무종사자 및 관제업무종사자에 대한 자격기준 강화와 체계적인 육성·관리의 필요성이 제기되었고, 아울러 철도시설 및 철도차량에 대한 안전기준을 선진국 수준으로 강화하는 등 제도개선이 시급한 것으로 드러났고,

사. 고속철도 개통으로 인한 고속차량의 운행과 각종 신기술의 도입으로 보다 체계적이고 정밀한 철도안전관리가 요구되었으며,

아. 도시철도를 운영하는 지자체의 증가와 지속적인 간선철도망 확충 등 철도산업의 발전으로 안전관리에 대한 수요가 증가되고 있으며, 민영화철도[공항철도(주), 2007.3 개통]시대의 도래로 현재 공공기관에 의한 철도운영체계에서의 각종 안전제도의 재정비가 필요하였다.

자. 결론적으로 2005.1. 철도공사 출범으로 철도청이 국가기관으로서 운영하던 각종 안전관리 제도에 대한 법적 재정비가 요구되고, 철도운영자와 철도시설관리자로부터 구분된 각 주체 간의 안전협력체계 구축이 중요하게 부각되고 있으며, 그간 철도건설·운영·관리를 통합·수행하던 철도청에서 철도사고를 수행함으로써 조사결과에 대한 객관성 및 공정성 등에 대해 지속적으로 의문을 제기하여 왔으며, 철도구조개혁으로 철도청이 공사로 전환됨으로써 철도조사 기능을 전담하는 철도사고조사위원회를 설치하여 전문적이고 독립적이며 객관적이고 공정한 사고조사가 이루어지도록 제도를 개선하고자 하는 데 있다.

# 제2장 철도교통관제사와 철도안전법령

2-1. 철도안전법 주요내용

2-2. 철도안전법(법률 제13436호)

2-3. 철도안전법 시행령(대통령령 제25836호)

2-4. 철도안전법 시행규칙(국토교통부령 제236호)

2-5. 철도안전법 3단비교표(법률-시행령-시행규칙)

2-6. 철도안전법 시행령 및 시행규칙 일부개정

## 제 2 장 철도교통관제사와 철도안전법령

### 2-1 철도안전법 주요내용

가. 제1장 총칙(제1조~제4조)
철도안전관리체계 확립을 통한 공공복리증진 등 법의 목적, 다른 법률과의 관계와 국가 등의 책무, 용어의 정의를 규정한다.

나. 제2장 철도안전관리체계(제5조~제9조)
철도안전종합계획 및 시행계획 수립, 안전관리규정 및 비상대응계획, 종합안전심사 등 철도안전관리체계에 대하여 규정한다.

다. 제3장 철도종사자의 안전관리(제10조~제24조)
신체검사, 적성검사 등 철도차량운전면허 취득절차, 운전면허의 교부 등 관리절차, 운전업무종사자 등의 자격요건 및 철도종사자의 안전교육 등을 규정한다.

라. 제4장 철도시설 및 철도차량의 안전관리(제25조~제38조)
철도시설 및 철도차량의 안전성을 확보하기 위하여 철도시설, 차량의 안전기준, 철도용품의 품질인증 및 표준화, 철도차량의 성능시험·제작검사·사용내구연한 및 종합시험운행 등을 규정한다.

마. 제5장 철도차량운행안전 및 철도보호(제39조~제50조)
철도운영에 있어서의 안전을 확보하도록 철도차량의 운행안전, 철도종사자 음주제한, 여객의 위해물품 휴대금지, 위험물 운송안전, 철도보호지구 내에서 행위제한, 여객의 금지행위, 철도종사자의 직무상 지시준수 및 공중 또는 여객에 대한 퇴거조치 등을 규정한다.

바. 제6장 철도사고조사·처리(제51조~제67조)
철도사고 발생 시 조치, 국토교통부장관에게 보고하여야 하는 철도사고, 사고 발생 시 사고복구, 철도사고보고 및 조사에 관한 지침 등에 대하여 규정한다.

사. 제7장 철도안전기반 구축(제68조~제72조)
철도안전기반 구축을 위한 철도안전기술의 진흥, 철도안전전문기관 및 전문인력의 육성철도안전지식의 보급, 철도안전정보의 종합관리 및 이를 위한 재정지원 등을 규정한다.

아. 제8장 보칙(제73조~제77조)
보고 및 검사, 수수료, 청문, 벌칙적용에 있어서의 공무원 의제 및 권한의 위임·위탁 등을 규정한다.

자. 제9장 벌칙(제78조~제81조)
　　위반사항에 대한 벌칙조항을 규정한다.

## 2-2 철도안전법(법률 제13436호)

제2조(정의) 이 법에서 사용하는 용어의 뜻은 다음과 같다.
　　10. "철도종사자"란 다음 각 목의 어느 하나에 해당하는 사람을 말한다.
　　가. 철도차량의 운전업무에 종사하는 사람(이하 "운전업무종사자"라 한다)
　　나. 철도차량의 운행을 집중 제어·통제·감시하는 업무(이하 "관제업무"라 한다)에 종사하는 사람
　　다. 여객에게 승무(乘務) 및 역무(驛務) 서비스를 제공하는 사람
　　라. 그 밖에 철도운영 및 철도시설관리와 관련하여 철도차량의 안전운행 및 질서유지와 철도차량 및 철도시설의 점검·정비 등에 관한 업무에 종사하는 사람으로서 대통령령으로 정하는 사람

제22조(관제업무 수행의 요건)
　　① 관제업무에 종사하려는 사람은 국토교통부령으로 정하는 바에 따라 전문교육훈련 이수 등 관제업무 수행에 필요한 요건을 갖추어야 한다.
　　② 철도운영자 등은 제1항에 따른 요건을 갖추지 아니한 사람을 관제업무에 종사하게 하여서는 아니 된다.

제23조(운전업무종사자 등의 관리)
　　① 철도차량 운전·관제업무 등 대통령령으로 정하는 업무에 종사하는 철도종사자는 정기적으로 신체검사와 적성검사를 받아야 한다.
　　② 제1항에 따른 신체검사·적성검사의 시기, 방법 및 합격기준 등에 관하여 필요한 사항은 국토교통부령으로 정한다.
　　③ 철도운영자 등은 제1항에 따른 업무에 종사하는 철도종사자가 같은 항에 따른 신체검사·적성검사에 불합격하였을 때에는 그 업무에 종사하게 하여서는 아니 된다.
　　④ 철도운영자 등은 제1항에 따른 신체검사·적성검사를 제13조에 따른 신체검사 실시 의료기관 및 적성검사기관에 각각 위탁할 수 있다.

제39조(철도차량의 운행)
　　열차의 편성, 철도차량 운전 및 신호방식 등 철도차량의 안전운행에 필요한 사항은 국토교통부령으로 정한다.

제39조의2(철도교통관제)
　① 철도차량을 운행하는 자는 국토교통부장관이 지시하는 이동·출발·정지 등의 명령과 운행기준·방법·절차 및 순서 등에 따라야 한다.
　② 국토교통부장관은 철도차량의 안전하고 효율적인 운행을 위하여 철도시설의 운용상태 등 철도차량의 운행과 관련된 조언과 정보를 철도종사자 또는 철도운영자 등에게 제공할 수 있다.
　③ 국토교통부장관은 철도차량의 안전한 운행을 위하여 철도시설 내에서 사람, 자동차 및 철도차량의 운행제한 등 필요한 안전조치를 취할 수 있다.
　④ 제1항부터 제3항까지의 규정에 따라 국토교통부장관이 행하는 업무의 대상, 내용 및 절차 등에 관하여 필요한 사항은 국토교통부령으로 정한다.

제40조(열차운행의 일시 중지)
　철도운영자는 다음 각 호의 어느 하나에 해당하는 경우로서 열차의 안전운행에 지장이 있다고 인정하는 경우에는 열차운행을 일시 중지할 수 있다.
　① 지진, 태풍, 폭우, 폭설 등 천재지변 또는 악천후로 인하여 재해가 발생하였거나 재해가 발생할 것으로 예상되는 경우
　② 그 밖에 열차운행에 중대한 장애가 발생하였거나 발생할 것으로 예상되는 경우

제41조(철도종사자의 음주 제한 등)
　① 철도차량 운전·관제업무 등 대통령령으로 정하는 업무에 종사하는 철도종사자(실무수습 중인 사람을 포함한다)는 술(「주세법」 제3조제1호에 따른 주류를 말한다. 이하 같다)을 마시거나 약물을 사용한 상태에서 업무를 하여서는 아니 된다.
　② 국토교통부장관 또는 시·도지사(「도시철도법」 제3조제2호에 따른 도시철도 및 같은 법 제24조에 따라 지방자치단체로부터 도시철도의 건설과 운영의 위탁을 받은 법인이 건설·운영하는 도시철도만 해당한다. 이하 이 조, 제42조, 제45조, 제46조 및 제81조제2항에서 같다)는 철도안전과 위험방지를 위하여 필요하다고 인정하거나 제1항에 따른 철도종사자가 술을 마시거나 약물을 사용한 상태에서 업무를 하였다고 인정할 만한 상당한 이유가 있을 때에는 철도종사자에 대하여 술을 마셨거나 약물을 사용하였는지 확인 또는 검사할 수 있다. 이 경우 그 철도종사자는 국토교통부장관 또는 시·도지사의 확인 또는 검사를 거부하여서는 아니 된다.
　③ 제2항에 따른 확인 또는 검사 결과 철도종사자가 술을 마시거나 약물을 사용하였다고 판단하는 기준은 다음 각 호의 구분과 같다.
　　1. 술 : 혈중 알코올농도가 0.03퍼센트 이상인 경우
　　2. 약물 : 양성으로 판정된 경우
　④ 제2항에 따른 확인 또는 검사의 방법·절차 등에 관하여 필요한 사항은 대통령령으로 정한다.

## 2-3 철도안전법 시행령(대통령령 제25836호)

제21조(신체검사 등을 받아야 하는 철도종사자)
　법 제23조제1항에서 "대통령령으로 정하는 업무에 종사하는 철도종사자"란 다음 각 호의 어느 하나에 해당하는 철도종사자를 말한다.
　① 운전업무종사자
　② 관제업무종사자
　③ 정거장에서 철도신호기·선로전환기 및 조작판 등을 취급하는 업무를 수행하는 사람

제62조(권한의 위임)
　① 국토교통부장관은 법 제77조제1항에 따라 해당 특별시·광역시·특별자치시·도 또는 특별자치도의 소관 도시철도(「도시철도법」 제3조제2호에 따른 도시철도 또는 같은 법 제24조 또는 제42조에 따라 도시철도건설사업 또는 도시철도운송사업을 위탁받은 법인이 건설·운영하는 도시철도를 말한다)에 대한 다음 각 호의 권한을 해당 시·도지사에게 위임한다.
　　1. 법 제39조의2제1항부터 제3항까지에 따른 이동·출발 등의 명령과 운행기준 등의 지시, 조언·정보의 제공 및 안전조치 업무
　　2. 법 제39조의2제3항을 위반한 자에 대한 법 제81조제2항에 따른 과태료의 부과·징수
　② 국토교통부장관은 법 제77조제1항에 따라 다음 각 호의 권한을 「국토교통부와 그 소속기관의 직제」 제43조에 따른 철도특별사법경찰대장에게 위임한다.
　　1. 법 제41조제2항에 따른 술을 마셨거나 약물을 사용하였는지에 대한 확인 또는 검사
　　2. 법 제47조제1호·제3호·제4호 또는 제6호, 법 제48조제5호·제7호·제9호·제10호, 법 제49조제1항을 위반한 자에 대한 법 제81조제2항에 따른 과태료의 부과·징수

제43조(음주 등이 제한되는 철도종사자)
　법 제41조제1항에서 "철도차량 운전·관제업무 등 대통령령으로 정하는 업무에 종사하는 철도종사자"란 다음 각 호의 어느 하나에 해당하는 철도종사자를 말한다.
　① 운전업무종사자
　② 관제업무종사자
　③ 여객을 상대로 승무서비스를 제공하는 사람
　④ 철도차량의 운행선로 또는 그 인근에서 철도시설의 건설 또는 관리와 관련한 작업의 현장 감독업무를 수행하는 사람
　⑤ 정거장에서 철도신호기·선로전환기 및 조작판 등을 취급하거나 열차의 조성업무를 수행하는 사람

제43조의2(철도종사자의 음주 등에 대한 확인 또는 검사)
　① 법 제41조제3항에 따른 확인 또는 검사 결과 철도종사자가 술을 마시거나 약물을 사용하였다고 판단하는 기준은 다음 각 호의 구분과 같다.
　　1. 술 : 제2항에 따른 검사 결과 혈중 알코올농도 0.05퍼센트 이상인 경우
　　2. 약물(「마약류 관리에 관한 법률」 제2조제1호에 따른 마약류 및 「화학물질관리법」 제22조제1항에 따른 환각물질을 말한다. 이하 같다) : 제3항에 따른 검사 결과 양성으로 판정된 경우
　② 제1항에 따라 술을 마셨다고 판단하기 위한 검사는 호흡측정기 검사의 방법으로 실시하고, 검사 결과에 불복하는 사람에 대해서는 그 철도종사자의 동의를 받아 혈액 채취 등의 방법으로 다시 측정할 수 있다.
　③ 제1항에 따라 약물의 사용 여부를 판단하기 위한 검사는 소변 검사 또는 모발 채취 등의 방법으로 실시한다.
　④ 제1항부터 제3항까지의 규정에 따른 확인 또는 검사의 세부절차와 방법 등 필요한 사항은 국토교통부장관이 정한다.

제62조(권한의 위임)
　① 국토교통부장관은 법 제77조제1항에 따라 해당 특별시·광역시·특별자치시·도 또는 특별자치도의 소관 도시철도(「도시철도법」 제3조제2호에 따른 도시철도 또는 같은 법 제24조 또는 제42조에 따라 도시철도건설사업 또는 도시철도운송사업을 위탁받은 법인이 건설·운영하는 도시철도를 말한다)에 대한 다음 각 호의 권한을 해당 시·도지사에게 위임한다.
　　1. 법 제39조의2제1항부터 제3항까지에 따른 이동·출발 등의 명령과 운행기준 등의 지시, 조언·정보의 제공 및 안전조치 업무
　　2. 법 제39조의2제3항을 위반한 자에 대한 법 제81조제2항에 따른 과태료의 부과·징수
　② 국토교통부장관은 법 제77조제1항에 따라 다음 각 호의 권한을 「국토교통부와 그 소속기관의 직제」 제43조에 따른 철도특별사법경찰대장에게 위임한다.
　　㉠ 법 제41조제2항에 따른 술을 마셨거나 약물을 사용하였는지에 대한 확인 또는 검사
　　㉡ 법 제47조제1호·제3호·제4호 또는 제6호, 법 제48조제5호·제7호·제9호·제10호, 법 제49조제1항을 위반한 자에 대한 법 제81조제2항에 따른 과태료의 부과·징수

### 2-4 철도안전법 시행규칙(국토교통부령 제236호)

제39조(관제업무수행의 요건 등)
　① 법 제22조제1항에 따른 관제업무에 종사하려는 사람은 다음 각 호의 요건을 갖추어야 한다.
　　1. 관제업무 종사에 적합한 신체상태를 갖추고 있는지를 확인하는 신체검사에 합격할 것

    2. 관제업무 종사에 적합한 적성을 갖추고 있는지를 확인하는 적성검사에 합격할 것. 이 경우 적성검사의 합격기준은 별표 13과 같다.
    3. 법 제16조제3항에 따른 교육훈련기관에서 관제업무 수행에 필요한 교육훈련을 이수할 것
    4. 교육훈련 이수 후 관제업무 수행에 필요한 기기 취급, 비상 시 조치, 열차운행의 통제·조정 등에 관한 실무수습·교육을 100시간 이상 받을 것
② 법 제2조제10호가목에 따른 운전업무종사자와 영 제3조제4호에 따른 철도종사자 중 철도신호기·선로전환기나 조작판 등을 취급하는 철도종사자가 해당 업무에 5년 이상 종사한 경력이 있는 경우에는 제1항제3호에 따른 교육훈련의 일부를 면제할 수 있다.
③ 제1항제1호 및 제2호에 해당하는 사람에 대한 신체검사 및 적성검사의 절차·방법은 국토교통부장관이 정하여 고시한다.
④ 제1항제3호 및 제4호에 따른 교육훈련 및 실무수습·교육의 내용·절차·방법·평가 등과 제2항에 따른 교육훈련의 면제 등에 관하여 필요한 사항은 국토교통부장관이 정하여 고시한다.
⑤ 관제업무종사자는 제1항제3호의 교육훈련을 수료한 날부터 5년마다 국토교통부장관이 정하는 교육훈련을 받아야 한다.
⑥ 철도운영자 등은 관제업무종사자에 대한 실무수습교육을 실시한 경우에는 별지 제25호서식의 관제업무종사자 실무수습 관리대장에 기록하고 유지·관리하여야 한다.

제40조(운전업무종사사 등에 대한 신체검사)
  ① 법 제23조제1항에 따른 철도종사자에 대한 신체검사는 다음 각 호와 같이 구분하여 실시한다.
    1. 최초검사 : 해당 업무를 수행하기 전에 실시하는 신체검사
    2. 정기검사 : 최초검사를 받은 후 2년마다 실시하는 신체검사
    3. 특별검사 : 철도종사자가 철도사고 등을 일으키거나 질병 등의 사유로 해당 업무를 적절히 수행하기가 어렵다고 철도운영자 등이 인정하는 경우에 실시하는 신체검사
  ② 영 제21조제1호에 따른 운전업무종사자는 제12조에 따른 신체검사를 받은 날에 제1항제1호에 따른 최초검사를 받은 것으로 보며, 영 제21조제2호에 따른 관제업무종사자는 제39조제1항제1호에 따른 신체검사를 받은 날에 제1항제1호에 따른 최초검사를 받은 것으로 본다. 다만, 해당 신체검사를 받은 날부터 2년이 지난 후에 운전업무나 관제업무에 종사하는 사람은 제1항제1호에 따른 최초검사를 받아야 한다.
  ③ 정기검사는 최초검사나 정기검사를 받은 날부터 2년이 되는 날(이하 "신체검사 유효기간 만료일"이라 한다) 전 3개월 이내에 실시한다. 이 경우 정기검사의 유효기간은 신체검사 유효기간 만료일의 다음 날부터 기산한다.
  ④ 제1항에 따른 신체검사의 방법 및 절차 등에 관하여는 제12조를 준용하며, 그 합격기준은 별표 2 제2호와 같다.

제41조(운전업무종사자 등에 대한 적성검사)
　① 법 제23조제1항에 따른 철도종사자에 대한 적성검사는 다음 각 호와 같이 구분하여 실시한다.
　　1. 최초검사 : 해당 업무를 수행하기 전에 실시하는 적성검사
　　2. 정기검사 : 최초검사를 받은 후 10년마다 실시하는 적성검사
　　3. 특별검사 : 철도종사자가 철도사고 등을 일으키거나 질병 등의 사유로 해당 업무를 적절히 수행하기 어렵다고 철도운영자 등이 인정하는 경우에 실시하는 적성검사
　② 영 제21조제1호에 따른 운전업무종사자는 제16조에 따른 적성검사를 받은 날에 제1항제1호에 따른 최초검사를 받은 것으로 보며, 영 제21조제2호에 따른 관제업무종사자는 제39조제1항제2호에 따른 적성검사를 받은 날에 제1항제1호에 따른 최초검사를 받은 것으로 본다. 다만, 해당 적성검사를 받은 날부터 10년이 지난 후에 운전업무나 관제업무에 종사하는 사람은 제1항제1호에 따른 최초검사를 받아야 한다.
　③ 정기검사는 최초검사나 정기검사를 받은 날부터 10년이 되는 날(이하 "적성검사 유효기간 만료일"이라 한다) 전 6개월 이내에 실시한다. 이 경우 정기검사의 유효기간은 적성검사 유효기간 만료일의 다음 날부터 기산한다.
　④ 제1항에 따른 적성검사의 방법·절차 등에 관하여는 제16조를 준용하며, 그 합격기준은 별표 13과 같다.

제76조(철도교통관제업무의 대상 및 내용 등)
　① 다음 각 호의 어느 하나에 해당하는 경우에는 법 제39조의2에 따라 국토교통부장관이 행하는 철도교통관제업무(이하 "관제업무"라 한다)의 대상에서 제외한다.
　　1. 정상운행을 하기 전의 신설선 또는 개량선에서 철도차량을 운행하는 경우
　　2. 「철도산업발전 기본법」 제3조제2호나목에 따른 철도차량을 보수·정비하기 위한 차량정비기지 및 차량유치시설에서 철도차량을 운행하는 경우
　② 법 제39조의2제4항에 따라 국토교통부장관이 행하는 관제업무의 내용은 다음 각 호와 같다.
　　1. 철도차량의 운행에 대한 집중 제어·통제 및 감시
　　2. 철도시설의 운용상태 등 철도차량의 운행과 관련된 조언과 정보의 제공 업무
　　3. 철도보호지구에서 법 제45조제1항 각 호의 어느 하나에 해당하는 행위를 할 경우 열차운행 통제 업무
　　4. 철도사고 등의 발생 시 사고복구, 긴급구조·구호 지시 및 관계 기관에 대한 상황 보고·전파 업무
　　5. 그 밖에 국토교통부장관이 철도차량의 안전운행 등을 위하여 지시한 사항
　③ 철도운영자 등은 철도사고 등이 발생하거나 철도시설 또는 철도차량 등이 정상적인 상태에 있지 아니하다고 의심되는 경우에는 이를 신속히 국토교통장관에게 통보하여야 한다.
　④ 관제업무에 관한 세부적인 기준·절차 및 방법은 국토교통부장관이 정하여 고시한다.

제76조(철도교통관제업무의 대상 및 내용 등)
　① 다음 각 호의 어느 하나에 해당하는 경우에는 법 제39조의2에 따라 국토교통부장관이 행하는 철도교통관제업무(이하 "관제업무"라 한다)의 대상에서 제외한다.
　　1. 정상운행을 하기 전의 신설선 또는 개량선에서 철도차량을 운행하는 경우
　　2. 「철도산업발전 기본법」 제3조제2호나목에 따른 철도차량을 보수·정비하기 위한 차량정비기지 및 차량유치시설에서 철도차량을 운행하는 경우
　② 법 제39조의2제4항에 따라 국토교통부장관이 행하는 관제업무의 내용은 다음 각 호와 같다.
　　1. 철도차량의 운행에 대한 집중 제어·통제 및 감시
　　2. 철도시설의 운용상태 등 철도차량의 운행과 관련된 조언과 정보의 제공 업무
　　3. 철도보호지구에서 법 제45조제1항 각 호의 어느 하나에 해당하는 행위를 할 경우 열차운행 통제 업무
　　4. 철도사고 등의 발생 시 사고복구, 긴급구조·구호 지시 및 관계 기관에 대한 상황 보고·전파 업무
　　5. 그 밖에 국토교통부장관이 철도차량의 안전운행 등을 위하여 지시한 사항
　③ 철도운영자 등은 철도사고 등이 발생하거나 철도시설 또는 철도차량 등이 정상적인 상태에 있지 아니하다고 의심되는 경우에는 이를 신속히 국토교통장관에 통보하여야 한다.
　④ 관제업무에 관한 세부적인 기준·절차 및 방법은 국토교통부장관이 정하여 고시한다.

## 2-5 철도안전법 3단비교표 (법률-시행령-시행규칙)

| 철도안전법<br>[법률 제13436호] | 철도안전법 시행령<br>[대통령령 제25836호] | 철도안전법 시행규칙<br>[국토교통부령 제236호] |
|---|---|---|
| 제2조(정의) 이 법에서 사용하는 용어의 뜻은 다음과 같다.<br>　10. "철도종사자"란 다음 각 목의 어느 하나에 해당하는 사람을 말한다.<br>　　가. 철도차량의 운전업무에 종사하는 사람(이하 "운전업무종사자"라 한다)<br>　　나. 철도차량의 운행을 집중 제어·통제·감시하는 업무(이하 "관제업무"라 한다)에 종사하는 사람<br>　　다. 여객에게 승무(乘務) 및 역무(驛務) 서비스를 제공하는 사람<br>　　라. 그 밖에 철도운영 및 철도시설관리와 관련하여 철도차량의 안전운행 및 질서유지와 철도차량 및 철도시설의 점검·정비 등에 관한 업무에 종사하는 사람으로서 대통령령으로 정하는 사람 | | |

| | | |
|---|---|---|
| 제22조(관제업무 수행의 요건)<br>① 관제업무에 종사하려는 사람은 국토교통부령으로 정하는 바에 따라 전문교육훈련 이수 등 관제업무 수행에 필요한 요건을 갖추어야 한다.<br>② 철도운영자 등은 제1항에 따른 요건을 갖추지 아니한 사람을 관제업무에 종사하게 하여서는 아니 된다. | | 제39조(관제업무수행의 요건 등)<br>① 법 제22조제1항에 따른 관제업무에 종사하려는 사람은 다음 각 호의 요건을 갖추어야 한다.<br>　1. 관제업무 종사에 적합한 신체상태를 갖추고 있는지를 확인하는 신체검사에 합격할 것<br>　2. 관제업무 종사에 적합한 적성을 갖추고 있는지를 확인하는 적성검사에 합격할 것. 이 경우 적성검사의 합격기준은 별표 13과 같다.<br>　3. 법 제16조제3항에 따른 교육훈련기관에서 관제업무 수행에 필요한 교육훈련을 이수할 것<br>　㉣ 교육훈련 이수 후 관제업무 수행에 필요한 기기 취급, 비상 시 조치, 열차운행의 통제·조정 등에 관한 실무수습·교육을 100시간 이상 받을 것<br>② 법 제2조제10호가목에 따른 운전업무종사자와 영 제3조제4호에 따른 철도종사자 중 철도신호기·선로전환기나 조작판 등을 취급하는 철도종사자가 해당 업무에 5년 이상 종사한 경력이 있는 경우에는 제1항제3호에 따른 교육훈련의 일부를 면제할 수 있다.<br>③ 제1항제1호 및 제2호에 해당하는 사람에 대한 신체검사 및 적성검사의 절차·방법은 국토교통부장관이 정하여 고시한다.<br>④ 제1항제3호 및 제4호에 따른 교육훈련 및 실무수습·교육의 내용·절차·방법·평가 등과 제2항에 따른 교육훈련의 면제 등에 관하여 필요한 사항은 국토교통부장관이 정하여 고시한다.<br>⑤ 관제업무종사자는 제1항제3호의 교육훈련을 수료한 날부터 5년마다 국토교통부장관이 정하는 교육훈련을 받아야 한다.<br>⑥ 철도운영자 등은 관제업무종사자에 대한 실무수습교육을 실시한 경우에는 별지 제25호서식의 관제업무종사자 실무수습 관리대장에 기록하고 유지·관리하여야 한다. |
| 제23조(운전업무종사자 등의 관리)<br>① 철도차량 운전·관제업무 등 대통령령으로 정하는 업무에 종사하는 철도종사자는 정기적으로 신체검사와 적성검사를 받아야 한다.<br>② 제1항에 따른 신체검사·적성검사의 시 | 제21조(신체검사 등을 받아야 하는 철도종사자)<br>법 제23조제1항에서 "대통령령으로 정하는 업무에 종사하는 철도종사자"란 다음 각 호의 어느 하나에 해당하는 철도종사자를 말한다.<br>　1. 운전업무종사자<br>　2. 관제업무종사자 | 제40조(운전업무종사자 등에 대한 신체검사)<br>① 법 제23조제1항에 따른 철도종사자에 대한 신체검사는 다음 각 호와 같이 구분하여 실시한다.<br>　1. 최초검사 : 해당 업무를 수행하기 전에 실시하는 신체검사 |

기, 방법 및 합격기준 등에 관하여 필요한 사항은 국토교통부령으로 정한다.
③ 철도운영자 등은 제1항에 따른 업무에 종사하는 철도종사자가 같은 항에 따른 신체검사·적성검사에 불합격하였을 때에는 그 업무에 종사하게 하여서는 아니 된다.
④ 철도운영자 등은 제1항에 따른 신체검사·적성검사를 제13조에 따른 신체검사 실시 의료기관 및 적성검사기관에 각각 위탁할 수 있다.

3. 정거장에서 철도신호기·선로전환기 및 조작판 등을 취급하는 업무를 수행하는 사람

2. 정기검사 : 최초검사를 받은 후 2년마다 실시하는 신체검사
3. 특별검사 : 철도종사자가 철도사고 등을 일으키거나 질병 등의 사유로 해당 업무를 적절히 수행하기가 어렵다고 철도운영자 등이 인정하는 경우에 실시하는 신체검사

② 영 제21조제1호에 따른 운전업무종사자는 제12조에 따른 신체검사를 받은 날에 제1항제1호에 따른 최초검사를 받은 것으로 보며, 영 제21조제2호에 따른 관제업무종사자는 제39조제1항제1호에 따른 신체검사를 받은 날에 제1항제1호에 따른 최초검사를 받은 것으로 본다. 다만, 해당 신체검사를 받은 날부터 2년이 지난 후에 운전업무나 관제업무에 종사하는 사람은 제1항제1호에 따른 최초검사를 받아야 한다.
③ 정기검사는 최초검사나 정기검사를 받은 날부터 2년이 되는 날(이하 "신체검사 유효기간 만료일"이라 한다) 전 3개월 이내에 실시한다. 이 경우 정기검사의 유효기간은 신체검사 유효기간 만료일의 다음 날부터 기산한다.
④ 제1항에 따른 신체검사의 방법 및 절차 등에 관하여는 제12조를 준용하며, 그 합격기준은 별표 2 제2호와 같다.

제41조(운전업무종사자 등에 대한 적성검사)
① 법 제23조제1항에 따른 철도종사자에 대한 적성검사는 다음 각 호와 같이 구분하여 실시한다.
  1. 최초검사 : 해당 업무를 수행하기 전에 실시하는 적성검사
  2. 정기검사 : 최초검사를 받은 후 10년마다 실시하는 적성검사
  3. 특별검사 : 철도종사자가 철도사고 등을 일으키거나 질병 등의 사유로 해당 업무를 적절히 수행하기 어렵다고 철도운영자 등이 인정하는 경우에 실시하는 적성검사
② 영 제21조제1호에 따른 운전업무종사자는 제16조에 따른 적성검사를 받은 날에 제1항제1호에 따른 최초검사를 받은 것으로 보며, 영 제21조제2호에 따른 관제업무종사자는 제39조제1항제2호에 따른 적성검사를 받은 날에 제1항제1호에

| | | 따른 최초검사를 받은 것으로 본다. 다만, 해당 적성검사를 받은 날부터 10년이 지난 후에 운전업무나 관제업무에 종사하는 사람은 제1항제1호에 따른 최초검사를 받아야 한다.<br>③ 정기검사는 최초검사나 정기검사를 받은 날부터 10년이 되는 날(이하 "적성검사 유효기간 만료일"이라 한다) 전 6개월 이내에 실시한다. 이 경우 정기검사의 유효기간은 적성검사 유효기간 만료일의 다음 날부터 기산한다.<br>④ 제1항에 따른 적성검사의 방법·절차 등에 관하여는 제16조를 준용하며, 그 합격기준은 별표 13과 같다. |
|---|---|---|
| 제39조(철도차량의 운행)<br>열차의 편성, 철도차량 운전 및 신호방식 등 철도차량의 안전운행에 필요한 사항은 국토교통부령으로 정한다. | | |
| 제39조의2(철도교통관제)<br>① 철도차량을 운행하는 자는 국토교통부장관이 지시하는 이동·출발·정지 등의 명령과 운행 기준·방법·절차 및 순서 등에 따라야 한다.<br>② 국토교통부장관은 철도차량의 안전하고 효율적인 운행을 위하여 철도시설의 운용상태 등 철도차량의 운행과 관련된 조언과 정보를 철도종사자 또는 철도운영자 등에게 제공할 수 있다.<br>③ 국토교통부장관은 철도차량의 안전한 운행을 위하여 철도시설 내에서 사람, 자동차 및 철도차량의 운행제한 등 필요한 안전조치를 취할 수 있다.<br>④ 제1항부터 제3항까지의 규정에 따라 국토교통부장관이 행하는 업무의 대상, 내용 및 절차 등에 관하여 필요한 사항은 국토교통부령으로 정한다. | 제62조(권한의 위임)<br>① 국토교통부장관은 법 제77조제1항에 따라 해당 특별시·광역시·특별자치시·도 또는 특별자치도의 소관 도시철도(「도시철도법」 제3조제2호에 따른 도시철도 또는 같은 법 제24조 또는 제42조에 따라 도시철도건설사업 또는 도시철도운송사업을 위탁받은 법인이 건설·운영하는 도시철도를 말한다)에 대한 다음 각 호의 권한을 해당 시·도지사에게 위임한다.<br>1. 법 제39조의2제1항부터 제3항까지에 따른 이동·출발 등의 명령과 운행기준 등의 지시, 조언·정보의 제공 및 안전조치 업무<br>2. 법 제39조의2제3항을 위반한 자에 대한 법 제81조제2항에 따른 과태료의 부과·징수<br>3. 삭제 〈2014. 3. 18〉<br>4. 삭제 〈2014. 3. 18〉<br>5. 삭제 〈2014. 3. 18〉<br>② 국토교통부장관은 법 제77조제1항에 따라 다음 각 호의 권한을 「국토교통부와 그 소속기관의 직제」 제43조에 따른 철도특별사법경찰대장에게 위임한다.<br>1. 법 제41조제2항에 따른 술을 마셨거나 약물을 사용하였는지에 대한 확인 또는 검사 | 제76조(철도교통관제업무의 대상 및 내용 등)<br>① 다음 각 호의 어느 하나에 해당하는 경우에는 법 제39조의2에 따라 국토교통부장관이 행하는 철도교통관제업무(이하 "관제업무"라 한다)의 대상에서 제외한다.<br>1. 정상운행을 하기 전의 신설선 또는 개량선에서 철도차량을 운행하는 경우<br>2. 「철도산업발전 기본법」 제3조제2호 나목에 따른 철도차량을 보수·정비하기 위한 차량정비기지 및 차량유치시설에서 철도차량을 운행하는 경우<br>② 법 제39조의2제4항에 따라 국토교통부장관이 행하는 관제업무의 내용은 다음 각 호와 같다.<br>1. 철도차량의 운행에 대한 집중 제어·통제 및 감시<br>2. 철도시설의 운용상태 등 철도차량의 운행과 관련된 조언과 정보의 제공 업무<br>3. 철도보호지구에서 법 제45조제1항 각 호의 어느 하나에 해당하는 행위를 할 경우 열차운행 통제 업무<br>4. 철도사고 등의 발생 시 사고복구, 긴급구조·구호 지시 및 관계 기관에 대한 상황 보고·전파 업무<br>5. 그 밖에 국토교통부장관이 철도차량의 안전운행 등을 위하여 지시한 사항 |

| | | |
|---|---|---|
| | ⓒ 법 제47조제1호·제3호·제4호 또는 제6호, 법 제48조제5호·제7호·제9호·제10호, 법 제49조제1항을 위반한 자에 대한 법 제81조제2항에 따른 과태료의 부과·징수 | ③ 철도운영자 등은 철도사고 등이 발생하거나 철도시설 또는 철도차량 등이 정상적인 상태에 있지 아니하다고 의심되는 경우에는 이를 신속히 국토교통장관에 통보하여야 한다.<br>④ 관제업무에 관한 세부적인 기준·절차 및 방법은 국토교통부장관이 정하여 고시한다. |
| 제40조(열차운행의 일시 중지)<br>철도운영자는 다음 각 호의 어느 하나에 해당하는 경우로서 열차의 안전운행에 지장이 있다고 인정하는 경우에는 열차운행을 일시 중지할 수 있다.<br>1. 지진, 태풍, 폭우, 폭설 등 천재지변 또는 악천후로 인하여 재해가 발생하였거나 재해가 발생할 것으로 예상되는 경우<br>2. 그 밖에 열차운행에 중대한 장애가 발생하였거나 발생할 것으로 예상되는 경우 | | |
| 제41조(철도종사자의 음주 제한 등)<br>① 철도차량 운전·관제업무 등 대통령령으로 정하는 업무에 종사하는 철도종사자(실무수습 중인 사람을 포함한다)는 술(「주세법」 제3조제1호에 따른 주류를 말한다. 이하 같다)을 마시거나 약물을 사용한 상태에서 업무를 하여서는 아니 된다.<br>② 국토교통부장관 또는 시·도지사(「도시철도법」 제3조제2호에 따른 도시철도 및 같은 법 제24조에 따라 지방자치단체로부터 도시철도의 건설과 운영의 위탁을 받은 법인이 건설·운영하는 도시철도만 해당한다. 이하 이 조, 제42조, 제45조, 제46조 및 제81조제2항에서 같다)는 철도안전과 위험방지를 위하여 필요하다고 인정하거나 제1항에 따른 철도종사자가 술을 마시거나 약물을 사용한 상태에서 업무를 하였다고 인정할 만한 상당한 이유가 있을 때에는 철도종사자에 대하여 술을 마셨거나 약물을 사용하였는지 확인 또는 검사할 수 있다. 이 경우 그 철도종사자는 국토교통부장관 또는 시·도지사의 확인 또는 검사를 거부하여서는 아니 된다.<br>③ 제2항에 따른 확인 또는 검사 결과 철도종사자가 술을 마시거나 약물을 사용하였다고 | 제43조(음주 등이 제한되는 철도종사자)<br>법 제41조제1항에서 "철도차량 운전·관제업무 등 대통령령으로 정하는 업무에 종사하는 철도종사자"란 다음 각 호의 어느 하나에 해당하는 철도종사자를 말한다.<br>① 운전업무종사자<br>② 관제업무종사자<br>③ 여객을 상대로 승무서비스를 제공하는 사람<br>④ 철도차량의 운행선로 또는 그 인근에서 철도시설의 건설 또는 관리와 관련한 작업의 현장감독업무를 수행하는 사람<br>⑤ 정거장에서 철도신호기·선로전환기 및 조작판 등을 취급하거나 열차의 조성업무를 수행하는 사람<br>제43조의2(철도종사자의 음주 등에 대한 확인 또는 검사)<br>① 법 제41조제3항에 따른 확인 또는 검사 결과 철도종사자가 술을 마시거나 약물을 사용하였다고 판단하는 기준은 다음 각 호의 구분과 같다.<br>1. 술 : 제2항에 따른 검사 결과 혈중 알코올농도 0.05퍼센트 이상인 경우<br>2. 약물(「마약류 관리에 관한 법률」 제2조제1호에 따른 마약류 및 「화학물질관리법」 제22조제1항에 따른 환각물질을 말한다. 이하 같다) : 제3항에 따른 검사 결과 양성으로 판정된 경우 | |

판단하는 기준은 다음 각 호의 구분과 같다.
1. 술 : 혈중 알코올농도가 0.03퍼센트 이상인 경우
2. 약물 : 양성으로 판정된 경우
④ 제2항에 따른 확인 또는 검사의 방법·절차 등에 관하여 필요한 사항은 대통령령으로 정한다.

② 제1항에 따라 술을 마셨다고 판단하기 위한 검사는 호흡측정기 검사의 방법으로 실시하고, 검사 결과에 불복하는 사람에 대해서는 그 철도종사자의 동의를 받아 혈액 채취 등의 방법으로 다시 측정할 수 있다.
③ 제1항에 따라 약물의 사용 여부를 판단하기 위한 검사는 소변 검사 또는 모발 채취 등의 방법으로 실시한다.
④ 제1항부터 제3항까지의 규정에 따른 확인 또는 검사의 세부절차와 방법 등 필요한 사항은 국토교통부장관이 정한다.

제62조(권한의 위임)
① 국토교통부장관은 법 제77조제1항에 따라 해당 특별시·광역시·특별자치시·도 또는 특별자치도의 소관 도시철도(「도시철도법」 제3조제2호에 따른 도시철도 또는 같은 법 제24조 또는 제42조에 따라 도시철도건설사업 또는 도시철도운송사업을 위탁받은 법인이 건설·운영하는 도시철도를 말한다)에 대한 다음 각 호의 권한을 해당 시·도지사에게 위임한다.
1. 법 제39조의2제1항부터 제3항까지에 따른 이동·출발 등의 명령과 운행기준 등의 지시, 조언·정보의 제공 및 안전조치 업무
2. 법 제39조의2제3항을 위반한 자에 대한 법 제81조제2항에 따른 과태료의 부과·징수
3. 삭제 〈2014. 3. 18〉
4. 삭제 〈2014. 3. 18〉
5. 삭제 〈2014. 3. 18〉
② 국토교통부장관은 법 제77조제1항에 따라 다음 각 호의 권한을 「국토교통부와 그 소속기관의 직제」 제43조에 따른 철도특별사법경찰대장에게 위임한다.
1. 법 제41조제2항에 따른 술을 마셨거나 약물을 사용하였는지에 대한 확인 또는 검사
2.ⓛ 법 제47조제1호·제3호·제4호 또는 제6호, 법 제48조제5호·제7호·제9호·제10호, 법 제49조제1항을 위반한 자에 대한 법 제81조제2항에 따른 과태료의 부과·징수

제76조(철도교통관제업무의 대상 및 내용 등)
① 다음 각 호의 어느 하나에 해당하는 경우

에는 법 제39조의2에 따라 국토교통부장관이 행하는 철도교통관제업무(이하 "관제업무"라 한다)의 대상에서 제외한다.
1. 정상운행을 하기 전의 신설선 또는 개량선에서 철도차량을 운행하는 경우
2. 「철도산업발전 기본법」 제3조제2호나목에 따른 철도차량을 보수·정비하기 위한 차량정비기지 및 차량유치시설에서 철도차량을 운행하는 경우

② 법 제39조의2제4항에 따라 국토교통부장관이 행하는 관제업무의 내용은 다음 각 호와 같다.
1. 철도차량의 운행에 대한 집중 제어·통제 및 감시
2. 철도시설의 운용상태 등 철도차량의 운행과 관련된 조언과 정보의 제공 업무
3. 철도보호지구에서 법 제45조제1항 각 호의 어느 하나에 해당하는 행위를 할 경우 열차운행 통제 업무
4. 철도사고 등의 발생 시 사고복구, 긴급구조·구호 지시 및 관계 기관에 대한 상황 보고·전파 업무
5. 그 밖에 국토교통부장관이 철도차량의 안전운행 등을 위하여 지시한 사항

③ 철도운영자 등은 철도사고 등이 발생하거나 철도시설 또는 철도차량 등이 정상적인 상태에 있지 아니하다고 의심되는 경우에는 이를 신속히 국토교통장관에 통보하여야 한다.

④ 관제업무에 관한 세부적인 기준·절차 및 방법은 국토교통부장관이 정하여 고시한다.

제76조의3(관제업무종사자의 준수사항)
① 법 제40조의2제2항제1호에 따라 관제업무종사자는 다음 각 호의 정보를 운전업무종사자, 여객승무원 또는 영 제3조제4호에 따른 사람에게 제공하여야 한다.
1. 열차의 출발, 정차 및 노선변경 등 열차 운행의 변경에 관한 정보
2. 열차 운행에 영향을 줄 수 있는 다음 각 목의 정보
  가. 철도차량이 운행하는 선로 주변의 공사·작업의 변경 정보
  나. 철도사고등에 관련된 정보

다. 재난 관련 정보
라. 테러 발생 등 그 밖의 비상상황에 관한 정보
② 법 제40조의2제2항제2호에서 "국토교통부령으로 정하는 조치사항"이란 다음 각 호를 말한다.〈개정 2016.12.30〉
1. 철도사고등이 발생하는 경우 여객 대피 및 철도차량 보호 조치 여부 등 사고현장 현황을 파악할 것
2. 철도사고등의 수습을 위하여 필요한 경우 다음 각 목의 조치를 할 것
    가. 사고현장의 열차운행 통제
    나. 의료기관 및 소방서 등 관계기관에 지원 요청
    다. 사고 수습을 위한 철도종사자의 파견 요청
    라. 2차 사고 예방을 위하여 철도차량이 구르지 아니하도록 하는 조치 지시
    마. 안내방송 등 여객 대피를 위한 필요한 조치 지시
    바. 전차선(電車線. 선로를 통하여 철도차량에 전기를 공급하는 장치를 말한다)의 전기공급 차단 조치
    사. 구원(救援)열차 또는 임시열차의 운행 지시
    아. 열차의 운행간격 조정

제76조의4(철도사고등의 발생 시 후속조치 등)
① 법 제40조의2제3항 본문에 따라 운전업무종사자와 여객승무원은 다음 각 호의 후속조치를 이행하여야 한다. 이 경우 운전업무종사자와 여객승무원은 후속조치에 대하여 각각의 역할을 분담하여 이행할 수 있다.
1. 관제업무종사자 또는 인접한 역시설의 철도종사자에게 철도사고등의 상황을 전파할 것
2. 철도차량 내 안내방송을 실시할 것. 다만, 방송장치로 안내방송이 불가능한 경우에는 확성기 등을 사용하여 안내하여야 한다.
3. 여객의 안전을 확보하기 위하여 필요한 경우 철도차량 내 여객을 대피시킬 것
4. 2차 사고 예방을 위하여 철도차량이 구르지 아니하도록 하는 조치를 할 것

| | | |
|---|---|---|
| | | 5. 여객의 안전을 확보하기 위하여 필요한 경우 철도차량의 비상문을 개방할 것<br>6. 사상자 발생 시 응급환자를 응급처치하거나 의료기관에 긴급히 이송되도록 지원할 것<br>② 법 제40조의2제3항 단서에서 "의료기관으로의 이송이 필요한 경우 등 국토교통부령으로 정하는 경우"란 다음 각 호의 어느 하나에 해당하는 경우를 말한다.<br>1. 운전업무종사자 또는 여객승무원이 중대한 부상 등으로 인하여 의료기관으로의 이송이 필요한 경우<br>2. 관제업무종사자 또는 철도사고등의 관리책임자로부터 철도사고등의 현장 이탈이 가능하다고 통보받은 경우<br>3. 여객을 안전하게 대피시킨 후 운전업무종사자와 여객승무원의 안전을 위하여 현장을 이탈하여야 하는 경우 |

## 2-6 철도안전법 시행령 및 시행규칙 일부개정 [시행 2016.12.30.]
[대통령령 제27741호, 2016.12.30., 일부개정]

### 2-6-1 개정사유

국토교통부에서는 철도교통관제사에 대한 관리와 준수사항을 강화하여 2016.12.30.일 일부개정안을 발표하였다.

운전업무종사자, 관제업무종사자 또는 여객승무원 등 철도종사자가 준수사항을 위반한 경우에 300만원 이하의 과태료를 부과하도록 하는 내용으로 「철도안전법」이 개정(법률 제13436호, 2015. 7. 24. 공포, 2017. 7. 25. 시행)됨에 따라, 철도종사자의 준수사항 위반행위의 횟수에 따른 과태료 부과기준을 정하는 등 법률에서 위임된 사항과 그 시행에 필요한 사항을 정하는 한편, 철도운영자 등이 안전관리체계를 유지하지 아니하여 철도운영 등에 중대한 지장을 초래한 경우의 과징금 처분기준을 강화하는 등 현행 제도의 운영상 나타난 일부 미비점을 개선·보완하려는 것이다.

### 2-6-2 주요내용

가. 과태료 부과·징수 권한 위임(제62조제2항제3호 신설)
　　여객승무원 등 철도종사자가 준수사항을 위반한 경우에 과태료를 부과하고 징수할 수 있는 국토교통부장관의 권한을 철도특별사법경찰대장에게 위임한다.

나. 과징금 부과 기준 강화(별표 1)
　　철도운영자 및 철도시설관리자가 안전관리체계를 유지하지 아니하여 발생한 철도사고 또는 운행장애로 인하여 1명 이상 3명 미만의 사망자가 발생한 경우에는 2억원, 10명 이상의 사망자가 발생한 경우에는 20억원의 과징금을 부과할 수 있도록 하고, 20억원 이상의 재산피해가 발생한 경우에는 6억원의 과징금을 부과할 수 있도록 하는 등 과징금 부과의 기준을 명확히 하고 과징금 금액을 상향 조정한다.

다. 철도종사자의 준수사항 위반 시 과태료 부과기준 마련(별표 6)
　　운전업무종사자가 철도차량 출발 전 조치사항을 이행하지 아니하거나 관제업무종사자가 열차 운행에 관한 정보를 제공하지 아니하는 경우 1차 위반 시 30만원, 2차 위반 시 70만원, 3차 이상 위반 시 150만원의 과태료를 부과하도록 하고, 관제업무종사자가 철도사고 및 운행장애 발생 시 조치 사항을 이행하지 아니한 경우 1차 위반 시 100만원, 2차 위반 시 200만원, 3차 이상 위반 시 300만원의 과태료를 부과하도록 하는 등 철도종사자의 준수사항 위반에 대한 과태료 부과기준을 마련한다.

| 위반항목 | 적용조항 | 1차 | 2차 | 3차 |
|---|---|---|---|---|
| 법 제40조의2 제1항 제1호 또는 제2호에 따른 준수사항을 위반한 경우 | 법 제81조 제3항 | 30 | 70 | 150 |
| 법 제40조의2 제2항 제1호에 따른 준수사항을 위반한 경우 | 법 제81조 제3항 | 30 | 70 | 150 |
| 법 제40조의2 제2항 제2호에 따른 준수사항을 위반한 경우 | 법 제81조 제3항 | 100 | 200 | 300 |
| 법 제40조의2 제3항에 따른 준수사항을 위반한 경우 | 법 제81조 제3항 | 100 | 200 | 300 |

[(철도안전법 위반항목 및 과태료 금액(단위 만원)]

개정된 철도안전법 각 조별 적용항목을 살펴보면 다음과 같다.

법 제40조의2 제1항 제1호 또는 제2호에 따른 준수사항을 위반한 경우
제40조의2(철도종사자의 준수사항)
① 운전업무종사자는 철도차량의 운전업무 수행 중 다음 각 호의 사항을 준수하여야 한다.
  1. 철도차량 출발 전 국토교통부령으로 정하는 조치 사항을 이행할 것

> **철도안전법 시행규칙**
> [시행 2016.12.30.] [국토교통부령 제382호, 2016.12.30., 타법개정]
>
> 제76조의3(관제업무종사자의 준수사항)
> ① 법 제40조의2제2항제1호에 따라 관제업무종사자는 다음 각 호의 정보를 운전업무종사자, 여객승무원 또는 영 제3조제4호에 따른 사람에게 제공하여야 한다.
>   1. 열차의 출발, 정차 및 노선변경 등 열차 운행의 변경에 관한 정보
>   2. 열차 운행에 영향을 줄 수 있는 다음 각 목의 정보
>     가. 철도차량이 운행하는 선로 주변의 공사·작업의 변경 정보
>     나. 철도사고등에 관련된 정보
>     다. 재난 관련 정보
>     라. 테러 발생 등 그 밖의 비상상황에 관한 정보
> ② 법 제40조의2제2항제2호에서 "국토교통부령으로 정하는 조치사항"이란 다음 각 호를 말한다.
> 〈개정 2016.12.30〉
>   1. 철도사고등이 발생하는 경우 여객 대피 및 철도차량 보호 조치 여부 등 사고현장 현황을 파악할 것
>   2. 철도사고등의 수습을 위하여 필요한 경우 다음 각 목의 조치를 할 것
>     가. 사고현장의 열차운행 통제

나. 의료기관 및 소방서 등 관계기관에 지원 요청

다. 사고 수습을 위한 철도종사자의 파견 요청

라. 2차 사고 예방을 위하여 철도차량이 구르지 아니하도록 하는 조치 지시

마. 안내방송 등 여객 대피를 위한 필요한 조치 지시

바. 전차선(電車線, 선로를 통하여 철도차량에 전기를 공급하는 장치를 말한다)의 전기공급 차단 조치

사. 구원(救援)열차 또는 임시열차의 운행 지시

아. 열차의 운행간격 조정

2. 국토교통부령으로 정하는 철도차량 운행에 관한 안전 수칙을 준수할 것

> **철도안전법 시행규칙**
> [시행 2016.12.30.] [국토교통부령 제382호, 2016.12.30., 타법개정]
>
> 제76조의2(운전업무종사자의 준수사항)
> ① 법 제40조의2제1항제1호에서 "철도차량 출발 전 국토교통부령으로 정하는 조치사항"이란 다음 각 호를 말한다.
> 　1. 철도차량이 「철도산업발전기본법」 제3조제2호나목에 따른 차량정비기지에서 출발하는 경우 다음 각 목의 기능에 대하여 이상 여부를 확인할 것
> 　　가. 운전제어와 관련된 장치의 기능
> 　　나. 제동장치 기능
> 　　다. 그 밖에 운전 시 사용하는 각종 계기판의 기능
> 　2. 철도차량이 역시설에서 출발하는 경우 여객의 승하차 여부를 확인할 것. 다만, 여객승무원이 대신하여 확인하는 경우에는 그러하지 아니하다.
> ② 법 제40조의2제1항제2호에서 "국토교통부령으로 정하는 철도차량 운행에 관한 안전 수칙"이란 다음 각 호를 말한다.
> 　1. 철도신호에 따라 철도차량을 운행할 것
> 　2. 철도차량의 운행 중에 휴대전화 등 전자기기를 사용하지 아니할 것. 다만, 다음 각 목의 어느 하나에 해당하는 경우로서 철도운영자가 운행의 안전을 저해하지 아니하는 범위에서 사전에 사용을 허용한 경우에는 그러하지 아니하다.
> 　　가. 철도사고등 또는 철도차량의 기능장애가 발생하는 등 비상상황이 발생한 경우
> 　　나. 철도차량의 안전운행을 위하여 전자기기의 사용이 필요한 경우
> 　　다. 그 밖에 철도운영자가 철도차량의 안전운행에 지장을 주지 아니한다고 판단하는 경우

> 3. 철도운영자가 정하는 구간별 제한속도에 따라 운행할 것
> 4. 열차를 후진하지 아니할 것. 다만, 비상상황 발생 등의 사유로 관제업무종사자의 지시를 받는 경우에는 그러하지 아니하다.
> 5. 정거장 외에는 정차를 하지 아니할 것. 다만, 정지신호의 준수 등 철도차량의 안전운행을 위하여 정차를 하여야 하는 경우에는 그러하지 아니하다.
> 6. 운행구간의 이상이 발견된 경우 관제업무종사자에게 즉시 보고할 것
> 7. 관제업무종사자의 지시를 따를 것

법 제40조의2제2항제1호에 따른 준수사항을 위반한 경우
제40조의2(철도종사자의 준수사항)
② 관제업무종사자는 관제업무 수행 중 다음 각 호의 사항을 준수하여야 한다.
  1. 국토교통부령으로 정하는 바에 따라 운전업무종사자 등에게 열차운행에 관한 정보를 제공할 것

> **철도안전법 시행규칙**
> [시행 2016.12.30.] [국토교통부령 제382호, 2016.12.30., 타법개정]
>
> 제76조의3(관제업무종사자의 준수사항)
> ① 법 제40조의2제2항제1호에 따라 관제업무종사자는 다음 각 호의 정보를 운전업무종사자, 여객승무원 또는 영 제3조제4호에 따른 사람에게 제공하여야 한다.
>   1. 열차의 출발, 정차 및 노선변경 등 열차 운행의 변경에 관한 정보
>   2. 열차 운행에 영향을 줄 수 있는 다음 각 목의 정보
>     가. 철도차량이 운행하는 선로 주변의 공사·작업의 변경 정보
>     나. 철도사고등에 관련된 정보
>     다. 재난 관련 정보
>     라. 테러 발생 등 그 밖의 비상상황에 관한 정보제76조의2(운전업무종사자의 준수사항)

법 제40조의2제2항제2호에 따른 준수사항을 위반한 경우
제40조의2(철도종사자의 준수사항)
② 관제업무종사자는 관제업무 수행 중 다음 각 호의 사항을 준수하여야 한다
  2. 철도사고 및 운행장애(이하 "철도사고등"이라 한다) 발생 시 국토교통부령으로 정하는 조치 사항을 이행할 것

> **철도안전법 시행규칙**
>
> [시행 2016.12.30.] [국토교통부령 제382호, 2016.12.30., 타법개정]
>
> ② 법 제40조의2제2항제2호에서 "국토교통부령으로 정하는 조치사항"이란 다음 각 호를 말한다. 〈개정 2016.12.30〉
>
> 1. 철도사고등이 발생하는 경우 여객 대피 및 철도차량 보호 조치 여부 등 사고현장 현황을 파악할 것
> 2. 철도사고등의 수습을 위하여 필요한 경우 다음 각 목의 조치를 할 것
>    가. 사고현장의 열차운행 통제
>    나. 의료기관 및 소방서 등 관계기관에 지원 요청
>    다. 사고 수습을 위한 철도종사자의 파견 요청
>    라. 2차 사고 예방을 위하여 철도차량이 구르지 아니하도록 하는 조치 지시
>    마. 안내방송 등 여객 대피를 위한 필요한 조치 지시
>    바. 전차선(電車線, 선로를 통하여 철도차량에 전기를 공급하는 장치를 말한다)의 전기공급 차단 조치
>    사. 구원(救援)열차 또는 임시열차의 운행 지시
>    아. 열차의 운행간격 조정

법 제40조의2제3항에 따른 준수사항을 위반한 경우
제40조의2(철도종사자의 준수사항)
③ 철도사고등이 발생하는 경우 해당 철도차량의 운전업무종사자와 여객승무원은 철도사고등의 현장을 이탈하여서는 아니 되며, 국토교통부령으로 정하는 후속조치를 이행하여야 한다. 다만, 의료기관으로의 이송이 필요한 경우 등 국토교통부령으로 정하는 경우에는 그러하지 아니하다.

> **철도안전법 시행규칙**
>
> [시행 2016.12.30.] [국토교통부령 제382호, 2016.12.30., 타법개정]
>
> 제76조의4(철도사고등의 발생 시 후속조치 등)
> ① 법 제40조의2제3항 본문에 따라 운전업무종사자와 여객승무원은 다음 각 호의 후속조치를 이행하여야 한다.
>    이 경우 운전업무종사자와 여객승무원은 후속조치에 대하여 각각의 역할을 분담하여 이행할 수 있다.

  1. 관제업무종사자 또는 인접한 역시설의 철도종사자에게 철도사고등의 상황을 전파할 것
  2. 철도차량 내 안내방송을 실시할 것. 다만, 방송장치로 안내방송이 불가능한 경우에는 확성기 등을 사용하여 안내하여야 한다.
  3. 여객의 안전을 확보하기 위하여 필요한 경우 철도차량 내 여객을 대피시킬 것
  4. 2차 사고 예방을 위하여 철도차량이 구르지 아니하도록 하는 조치를 할 것
  5. 여객의 안전을 확보하기 위하여 필요한 경우 철도차량의 비상문을 개방할 것
  6. 사상자 발생 시 응급환자를 응급처치하거나 의료기관에 긴급히 이송되도록 지원할 것
② 법 제40조의2제3항 단서에서 "의료기관으로의 이송이 필요한 경우 등 국토교통부령으로 정하는 경우"란 다음 각 호의 어느 하나에 해당하는 경우를 말한다.
  1. 운전업무종사자 또는 여객승무원이 중대한 부상 등으로 인하여 의료기관으로의 이송이 필요한 경우
  2. 관제업무종사자 또는 철도사고등의 관리책임자로부터 철도사고등의 현장 이탈이 가능하다고 통보받은 경우
  3. 여객을 안전하게 대피시킨 후 운전업무종사자와 여객승무원의 안전을 위하여 현장을 이탈하여야 하는 경우

[서울도시철도공사 종합관제실 전경]

# 제3장 철도교통관제사의 업무관련 법령

3-1. 안전관리규정

3-2. 비상대응계획

3-3. 열차안전운행 및 철도보호

3-4. 철도사고 조사 및 처리

3-5. 벌칙

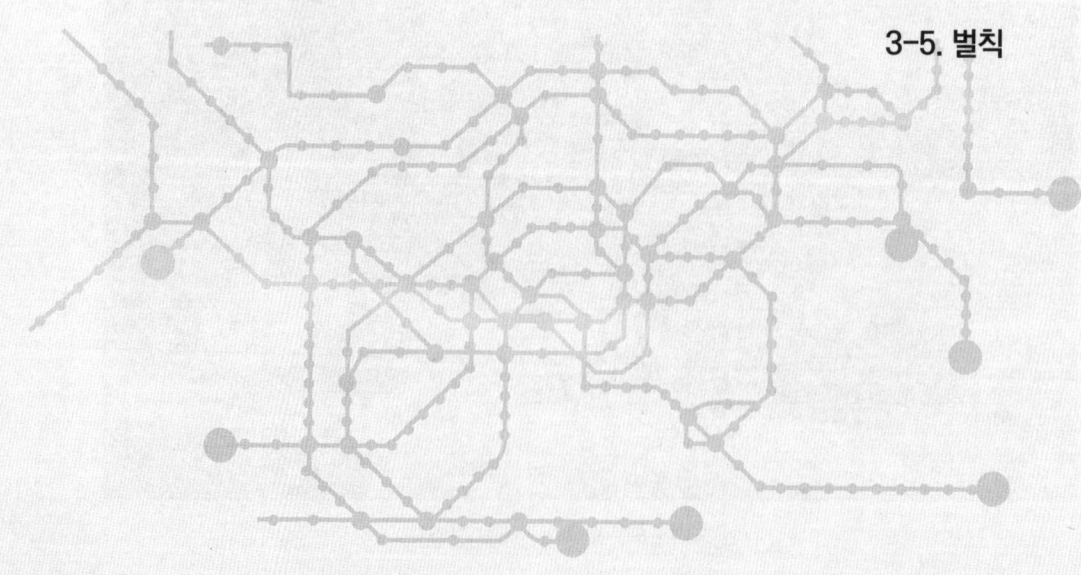

## 제 3 장 철도교통관제사의 업무관련 법령

### 3-1 안전관리규정

가. 안전관리규정 제정의 필요성
 철도안전법 제7조(안전관리규정)에「철도운영자 등은 국토교통부장관이 정하는 바에 의하여 철도안전관리에 관한 규정(이하 "안전관리규정"이라 함)을 제정」하여 시행하도록 규정한 것은 각각 철도운영기관 특성(조직, 담당업무, 시설규모, 운영형태 및 시스템 등) 때문에 법으로 획일하게 규정하는 데 한계가 있어 철도운영기관의 장에게 자체 안전관리규정을 제정하여 시행하도록 의무하고 법에서는 최소한의 기준을 정함

나. 제·개정절차
 1) 철도운영자 등이 안전관리규정(안) 작성하여 국토교통부장관에게 제출(승인요청)
 2) 국토교통부장관은 교통안전공단이사장에게 검토의뢰
 3) 심사결과 통보
 4) 철도운영자 등은 변경사항이 있을 때는 반영하여 시행

다. 안전관리규정에 반영되어야 할 사항
 1) 철도안전의 경영지침에 관한 사항
  지속적인 안전성 개선을 통한 공공복리의 증진과 철도 안전문화 향상을 위한 철도운영기관별 자체적인 안전경영계획·방침에 관한 사항
 2) 철도안전 목표 수립에 관한 사항
  철도안전 목표를 수립할 때는 정량화, 실현가능, 지속적인 안전개선 촉진, 철도사고(장애) 분석 및 안전관리활동의 평가를 통해 안전목표 설정, 국가의 교통 및 안전정책에 부합되게 설정, 안전 목표의 중간확인 및 추적을 위한 주기적인 검토 및 개정 또는 재확인과정 마련
 3) 철도안전관련 조직에 관한 사항
  ① 철도운영 및 시설관리기관의 대표자를 정점으로 철도시설·철도차량 및 열차의 운행과 철도종사자 등 안전에 관하나 업무를 수행하는 조직에 대하여 조직도 형태로 도시
  ② 철도운영 및 철도시설관리기관의 대표자, 부서장, 안전책임자 및 종사자의 역할과 책임에 대해서 안전관리업무를 기초로 기술할 것
 4) 안전관리책임자 지정에 관한 사항
  안전관리시스템의 구축, 실행, 유지관리업무를 총괄하는 안전관리 책임자와 구성요소별로 안전관리를 책임지는 안전관리자의 지장 및 역할과 책임에 관한 사항을 기술할 것

5) 안전관리계획의 수립 및 추진에 관한 사항
   철도안전법 및 국가에서 요구하는 철도교통의 안전관리를 효율적으로 추진하기 위한 체계적인 안전관리계획의 수립 및 추진에 대한 절차와 평가 등을 기술할 것
6) 철도안전과 관련된 자료 및 정보관리에 관한 사항
   철도안전과 관련한 다음과 같은 자료의 관리체계 및 절차·방법 등에 관한 사항을 기술할 것
   - 철도 운영 현황 및 실적
   - 철도 자산 관리 현황
   - 여객, 직원, 공중에 대한 공적 위험보장 대책
   - 종사자 교육훈련 및 자격관리 현황
7) 철도의 운영, 철도시설의 건설·관리와 관련된 안전점검에 관한 사항
   철도운영 및 시설관리(건설)에 필요한 안전점검 계획수립, 절차, 방법, 시기 및 기록유지 등에 대해서 기술할 것
8) 철도의 운영, 철도시설의 건설 또는 관리와 관련된 위험도 분석 및 안전성 평가에 관한 사항
   철도운영 또는 시설관리(건설)와 관련한 위험요인 분석, 위험도 평가, 위험도 관리수준 결정 및 안전성 판단 등에 대하여 기술
9) 철도안전시설의 확충에 관한 사항
   ① 철도사고·화재·재해 등의 예방을 위한 안전시설의 확충·개선 및 유지보수장비의 현대화 등에 관한사항을 기술할 것
   ② 철도시설의 점검·정비·검사 등 안전관리활동의 절차·방법·점검·검사 및 기록유지 등에 관한 사항을 기술할 것
   ③ 철도시설의 설치·제작·관리에 관한 성능 및 안전성 확보에 관한 사항을 기술할 것
   ④ 철도를 건설하거나 개량하였을 때 시설의 설치상태·시설과 차량 간의 연계성 및 열차운행체계 등에 대한 확인을 위한 시험운행 등에 대한 실시방법·절차 및 기록유지 등 세부사항에 관하여 기술할 것
10) 철도차량의 정비 등 철도차량안전에 관한 사항
    ① 철도차량의 점검·정비·검사 등 안전관리활동에 대한 점검주기·절차·방법 및 기록유지 등에 대해서 기술할 것
    ② 철도차량 및 부품의 품질확보 및 안전성 검증을 위한 설계·제작 단계의 적합성평가 및 안전인증 시행에 관한 사항 등을 기술할 것
11) 열차운행안전 및 철도보호에 관한 사항
    철도시설을 보호하고 안전한 열차운행을 도모하기 위한 철도보호지구·열차 운행선로 및 열차 내 등에서의 안전관리활동에 관한 세부사항을 기술할 것
12) 철도안전에 대한 교육훈련 사항
    ① 교육훈련계획의 수립 및 시행절차에 대하여 기술할 것

② 교육훈련의 시기·과목 및 시간에 대하여 기술할 것
③ 교육훈련을 위한 시설 및 장비에 대하여 기술할 것
④ 교육훈련결과의 기록유지에 대하여 기술할 것
13) 법 제2조제10호의 규정에 의한 철도사고 또는 법 제2조제11호의 규정에 의한 운행장애(이하 "철도사고 등"이라 한다)의 보고·조사 및 처리에 관한 사항
① 사고발생시 보고내용 및 방법·절차에 대하여 기술할 것
② 사고조사를 위한 절차·방법·보고 및 방지대책의 수립·시행 등에 대하여 기술할 것
③ 철도사고조사 체계 구축 및 전문성 향상 대책 등에 대해서 기술할 것
14) 철도안전과 관련된 전문 인력의 양성 및 수급관리에 관한 사항
철도안전 분야에 종사하는 전문 인력을 체계적으로 육성·관리하기 위한 계획의 수립 및 시행절차 등에 대하여 기술할 것
15) 철도안전의 홍보에 관한 사항
철도사고를 방지하고, 편리하고 안전한 서비스를 제공하기 위한 홍보계획의 수립·시행 등에 대하여 기술할 것
16) 그 밖에 철도운영자 등이 필요하다고 인정하는 사항
철도안전관련 기술진흥 및 지식의 보급 등 철도운영 및 시설관리자가 철도의 안전관리를 위해 필요한 사항을 기술할 것

라. 안전관리규정을 변경(개정)할 때 국토교통부장관에게 승인을 받지 않아도 되는 경우
1) 철도운영자 등의 조직변경에 따른 안전관리조직 또는 안전관리책임자에 관한 사항의 변경
2) 법령·행정구역의 변경 등으로 인한 안전관리규정의 세부내용의 변경
3) 서류 간 불일치 사항 그 밖에 안전관리규정의 기본방향에 영향을 미치지 아니하는 사항으로써 그 변경근거가 분명한 사항의 변경

## 3-2 비상대응계획

가. 비상대응계획수립 목적
철도운영자 등은 철도에서 화재·폭발·열차 탈선 등 비상사태의 발생을 대비하기 위하여 비상대응을 위한 표준운영절차 및 비상대응훈련 등이 포함된 비상대응계획을 수립하여 국토교통부장관의 승인을 받도록 하고 있음. 철도사고는 인명과 재산피해의 규모가 크며 사회적 이슈로 부각되고 철도운영기관의 이미지를 실추시키는 결과를 초래하므로, 사고발생초기에 적절한 대응으로 사고확대를 방지하고 신속한 수습처리로 피해를 최소화하기 위해 철도안전법 제8조에 철도운영자 등은 비상대응계획을 수립하도록 규정하고 있음

나. 제·개정절차
   1) 철도운영자 등이 비상대응계획(안) 작성하여 국토교통부장관에게 제출(승인요청)
   2) 국토교통부장관은 철도운영자 등이 제출한 안을 검토하여 승인
   3) 철도운영자 등은 변경사항이 있을 때는 반영하여 시행

다. 비상대응계획의 내용
   1) 기본계획
      ① 비상대응계획의 목적 및 적용 범위
      ② 비상대응계획 운영의 기본방침
      ③ 비상대응계획의 운영절차 및 운영책임에 관한 사항
   2) 기능별 비상대응계획
      ① 긴급구조체계 및 지휘통제체계 등에 관한 사항
      ② 긴급 상황의 전파, 비상연락체계 및 긴급대피 등에 관한 사항
      ③ 여객보호를 위한 비상방송시스템의 가동 등 정보제공 체계와 정보 통제 등에 관한 사항
      ④ 비상사태현장상황과 피해정보의 수집·분석·보고 등에 관한 사항
      ⑤ 인명의 수색·구조 및 화재진압 등에 관한 사항
      ⑥ 대량사상자 발생 시 응급의료서비스제공 등에 관한 사항
      ⑦ 오염노출통제 및 긴급 방제(防除) 등에 관한 사항
      ⑧ 비상사태현장의 접근통제 및 질서유지 등에 관한 사항
      ⑨ 비상대응 지도의 작성 및 긴급구조 차량의 접근로 확보 등에 관한 사항
      ⑩ 구조·지원 기관 간 정보통신체계 운영 등에 관한 사항
   3) 비상사태의 유형별 비상대응계획
      ① 비상사태의 유형별 시나리오 및 단계별 대응절차
      ② 비상사태의 유형별 대응매뉴얼작성에 관한 사항
      ③ 비상사태의 대응주체별 역할 및 책임
      ④ 비상사태의 유형별 방송메시지 작성, 상황전파 등에 관한 사항
      ⑤ 비상사태의 유형별 보고, 수습 및 복구체계
      ⑥ 비상사태의 유형별 구조·지원 기관간 연락 및 협력체계
   4) 비상대응훈련계획
      ① 비상대응훈련의 목표 및 시나리오
      ② 비상대응훈련의 시기·주기 및 방법(종합·부분·도상훈련 등)
      ③ 비상대응훈련에 따른 구조·지원 기관 간 협력체계 등에 관한 사항
      ④ 비상대응훈련결과의 평가 및 개선대책에 관한 사항
   5) 그 밖에 철도운영자 등의 필요에 의하여 수립한 비상대응계획

라. 국토교통부장관에게 변경 승인을 받지 않아도 되는 경우
  1) 철도운영자 등의 조직변화에 따른 비상대응절차, 긴급구조 체계, 지휘통제, 대응주체별 역할·책임 등에 관한 사항의 변경
  2) 구조·지원기관 간 연락처 변경 등으로 인한 응급의료 서비스체계, 정보통신체계, 비상대응훈련 협력체계 등에 관한 사항의 변경
  3) 법령·행정구역의 변경 등으로 인한 비상대응계획의 세부사항의 변경
  4) 서류 간 불일치 사항 그 밖에 비상대응계획의 기본방향에 영향을 미치지 아니하는 사항으로서 그 변경근거가 분명한 사항의 변경

마. 대응지도
  철도운영자 등은 신속한 비상대응을 위하여 다음 사항이 포함 된 대응지도를 제작하여야 함
  1) 철도역 및 철도노선
  2) 사고대책본부 및 사고대책지역본부 위치
  3) 구조 및 지원기관의 위치
  4) 사고지점 진입로 및 피난시설 안내도
  5) 여객대피통로 및 피난시설 안내도

바. 비상대응 교육 및 훈련
  철도운영자 등은 훈련대상 시설 또는 지역을 정하거나 터널·교량 등 현장 재현 교육장을 이용하여 비상대응직원에 대한 사고유형·위치·대상별 비상대응계획의 교육 및 훈련을 실시
  1) 훈련방법
    ① 종합훈련 : 연 1회 이상(지방자치단체·소방·의무기관 등 구조·지원기관 합동으로 시행)
    ② 부분·도상훈련 : 연 2회(6월 이내마다) 가상·도상훈련은 가상 모의 프로그램을 개발하여 실시
  2) 비상대응훈련 시행계획 제출
    철도운영자 등은 비상대응훈련·평가에 대한 당해 년도의 시행계획을 전년도 10월말까지, 전년도 시행계획의 추진실적을 매년 2월 말까지 국토교통부장관에게 제출

사. 평가
  철도운영자 등은 비상대응훈련을 시행한 때에는 다음 사항을 평가하여 30일 이내 국토교통부장관에게 제출
  1) 비상대응훈련의 목표 및 시나리오의 적정성
  2) 비상사태의 단계별 대응절차의 이행 실태
  3) 비상사태의 대응주체별 역할의 이행 실태
  4) 비상사태의 상황전파, 비상연락 및 긴급대피조치의 이행 실태

5) 비상사태의 보고·수습 및 복구의 이행 실태
6) 인명의 수색·구조, 화재진압 및 응급의료 서비스 제공 등의 이행 실태
7) 오염 노출 통제 및 긴급 방제, 비상사태 현장의 접근통제 및 질서유지 등의 이행 실태
8) 구조·지원기관과의 협력체계의 효율성
9) 그 밖에 철도운영자 등이 평가가 필요하다고 인정하는 사항

### 3-3 열차운행안전 및 철도보호

가. 열차운행의 일시중지
  1) 지진·태풍·폭우·폭설 등 천재지변 또는 악천후로 인하여 재해가 발생하였거나 재해가 발생할 것으로 예상되는 경우
  2) 그 밖의 열차운행에 중대한 장애가 발생하였거나 발생할 것으로 예상되는 경우

나. 철도종사자의 음주제한
  1) 대상
    ① 운전업무종사자
    ② 관제업무종사자
    ③ 여객을 상대로 승무서비스를 제공하는 자
    ④ 철도차량의 운행선로 또는 그 인근에서 철도시설의 건설 또는 관리와 관련한 작업의 현장감독업무를 수행하는 자
    ⑤ 정거장에서 철도신호기·선로전환기 및 조작판 등을 취급하거나 열차의 조성업무를 수행하는 자
  2) 음주제한 기준
    ① 음주로 인하여 혈중 알코올농도 0.05퍼센트 이상인 경우
    ②「마약류관리에 관한 법률」에 의한 마약류를 사용한 경우
    ③ 확인 또는 측정 방법 : 호흡측정기검사

다. 위해물품 휴대금지
   1) 위해물품의 종류

| 종류 | 물질 |
|---|---|
| 화약류 | 「총포·도검·화약류 등 단속법」에 의한 화약·폭약·화공품과 그 밖에 폭발성이 있는 물질 |
| 고압가스 | 섭씨 50도 미만의 임계온도를 가진 물질, 섭씨 50도에서 300킬로 파스칼을 초과하는 절대압력(진공을 영으로 하는 압력을 말한다. 이하 같다)을 가진 물질, 섭씨 21.1도에서 280킬로 파스칼을 초과하거나 섭씨 54.4도에서 730킬로 파스칼을 초과하는 절대압력을 가진 물질 또는 섭씨 37.8도에서 280킬로 파스칼을 초과하는 절대가스압력(진공을 영으로 하는 가스압력을 말한다)을 가진 액체상태의 인화성 물질 |
| 인화성 액체 | 밀폐식 인화점 측정법에 의한 인화점이 섭씨 60.5도 이하인 액체 또는 개방식 인화점 측정법에 의한 인화점이 섭씨 65.6도 이하인 액체 |
| 가연성 물질류 | 가) 가연성 고체 : 화기 등에 의하여 용이하게 점화되며 화재를 조장할 수 있는 가연성 고체<br>나) 자연발화성 물질 : 통상적인 운송 상태에서 마찰·습기흡수·화학변화 등으로 인하여 자연발열 또는 자연발화하기 쉬운 물질<br>다) 그 밖의 가연성 물질 : 물과 작용하여 인화성 가스를 발생하는 물질 |
| 산화성 물질류 | 가) 산화성 물질 : 다른 물질을 산화시키는 성질을 가진 물질로서 유기과산화물 외의 것<br>나) 유기과산화물 : 다른 물질을 산화시키는 성질을 가진 유기물질 |
| 독물류 | 가) 독물 : 사람이 그 물질을 흡입·접촉 또는 체내에 섭취한 경우에 강력한 독작용 또는 자극을 일으키는 물질<br>나) 병독을 옮기기 쉬운 물질 : 살아있는 병원체 및 살아있는 병원체를 함유하거나 병원체가 부착되어 있다고 인정되는 물질 |
| 방사성 물질 | 「원자력법」 제2조의 규정에 의한 핵물질 및 방사성 물질 또는 이로 인하여 오염된 물질로서 방사능의 농도가 매 킬로 그램당 74킬로 베크렐(매 그램당 0.002마이크로큐리) 이상인 것 |
| 부식성 물질 | 생물체의 조직에 접촉한 경우 화학반응에 의하여 조직에 심한 위해를 주는 물질 또는 열차의 차체·적하물 등에 접촉한 경우 물질적 손상을 주는 물질 |
| 마취성 물질 | 객실승무원이 정상근무를 할 수 없도록 극도의 고통이나 불편함을 발생시키는 마취성이 있는 물질 또는 그와 유사한 성질을 가진 물질 |
| 총포·도검류 등 | 「총포·도검·화약류 등 단속법」에 의한 총포·도검 및 이에 준하는 흉기류 |
| 기타 | 제1호 내지 제10호 외의 것으로서 화학변화 등에 의하여 사람에게 위해를 주거나 열차 안에 적재된 물건에 물질적인 손상을 줄 수 있는 물질 |

   2) 탁송 및 운송금지 위험물
      ① 점화(點火) 또는 점폭약류(點爆藥類)를 붙인 폭약
      ② 니트로글리세린
      ③ 건조한 기폭약(起爆藥)
      ④ 뇌홍질화연(雷汞窒化鉛)에 속하는 것
      ⑤ 그 밖에 사람에게 위해를 주거나 물건에 손상을 줄 수 있는 물질로서 국토교통부장관이 정하여 고시하는 위험물

3) 운송취급주의 위험물
   ① 철도운송 중 폭발할 우려가 있는 것
   ② 마찰·충격·흡습(吸濕) 등 주위의 상황으로 인하여 발화할 우려가 있는 것
   ③ 인화성·산화성 등이 강하여 그 물질 자체의 성질에 따라 발화할 우려가 있는 것
   ④ 용기가 파손될 경우 내용물이 누출되어 철도차량·레일·기구 또는 다른 화물 등을 부식시키거나 침해할 우려가 있는 것
   ⑤ 유독성 가스를 발생시킬 우려가 있는 것
   ⑥ 그 밖에 화물의 성질상 철도시설·철도차량·철도종사자·여객 등에 위해 또는 손상을 끼칠 우려가 있는 것
4) 위험물의 취급주의
   ① 위험물을 취급함에 있어 갈고리를 쓰거나 던지지 말 것
   ② 소형의 화공품인 위험물은 이를 굴리지 말 것
   ③ 대형의 화공품인 위험물을 굴릴 때에는 충돌을 예방할 수 있는 가죽·헝겊 또는 거적류 등으로 이동할 장소를 덮을 것
   ④ 위험물을 취급하는 장소 또는 화차 안에서는 안전등(安全燈) 외의 등화를 사용하지 말 것
   ⑤ 성냥 등 발화하기 쉬운 물품을 소지하거나 흡연하지 말 것
   ⑥ 인화성이나 폭발성이 강한 위험물을 취급하는 경우 신발의 바닥에 징을 박은 신발류를 신지 아니하는 등 위험물의 취급에 부적합한 의복과 신발류를 착용하지 말 것
   ⑦ 위험물을 취급하기 전이나 취급한 후에는 그 장소와 차내를 청소하도록 할 것

라. 철도보호지구 안에서의 행위제한
1) 철도보호지구의 정의
   철도경계선(가장 바깥쪽 궤도의 끝선을 말한다)으로부터 30미터 이내의 지역
2) 철도보호지구 안에서의 행위제한
   ① 토지의 형질변경 및 굴착
   ② 토석·자갈 및 모래의 채취
   ③ 건축물의 신축·개축·증축 또는 공작물의 설치
   ④ 나무의 식재(대통령령이 정하는 경우에 한한다)
      - 철도차량운전자의 전방시야 확보에 지장을 주는 경우
      - 나뭇가지가 전차선 또는 신호기 등을 침범하거나 침범할 우려가 있는 경우
      - 호우나 태풍 등으로 나무가 쓰러져 철도시설물을 훼손시키거나 열차의 운행에 지장을 줄 우려가 있는 경우
   ⑤ 그 밖의 철도시설의 손괴 또는 철도차량의 안전운행을 저해할 우려가 있는 행위로서 대통령령이 정하는 행위

- 폭발물 또는 인화물질 등 위험물을 제조·저장 또는 전시하는 행위
- 철도차량운전자 등이 선로 또는 신호기를 확인하는 데 지장을 주거나 줄 우려가 있는 시설 또는 설비를 설치하는 행위
- 철도신호등(鐵道信號燈)으로 오인할 우려가 있는 시설물 또는 조명설비를 설치하는 행위
- 전차선로에 의하여 감전될 우려가 있는 시설 또는 설비를 설치하는 행위
- 선로의 위나 밑으로 횡단하는 시설 또는 설비를 설치하거나 선로와 나란히 시설 또는 설비를 설치하는 행위
- 그 밖에 열차의 안전운행 및 철도보호를 위하여 필요하다고 인정하여 국토교통부장관이 정하여 고시하는 행위

3) 철도보호를 위한 안전조치
① 공사로 인하여 약해질 우려가 있는 지반에 대한 보강대책 수립·시행
② 선로 옆의 제방 등에 대한 흙막이공사 시행
③ 굴착공사에 사용되는 장비 또는 공법 등의 변경
④ 지하수 또는 지표수 처리대책의 수립·시행
⑤ 시설물의 구조 검토·보강
⑥ 먼지·티끌 등이 발생하는 시설·설비 또는 장비를 운용하는 경우 방진막, 물을 뿌리는 설비 등 분진방지시설 설치
⑦ 신호기를 가리거나 신호기를 보는 데 지장을 주는 시설·설비 등의 철거
⑧ 안전울타리·안전통로 등 안전시설의 설치
⑨ 그 밖에 철도시설의 보호 또는 철도차량의 안전운행을 위하여 필요한 안전조치

마. 여객열차 안에서의 금지행위
1) 정당한 사유 없이 여객출입금지장소에 출입하는 행위
국토교통부장관이 정하는 여객출입금지장소(운전실, 기관실, 발전실, 방송실)
2) 정당한 사유 없이 운행 중에 비상정지버튼을 누르거나 철도차량의 측면에 있는 승강용 출입문을 여는 등 철도차량의 장치 또는 기구 등을 조작하는 행위
3) 여객열차 밖에 있는 사람에게 위험을 끼칠 염려가 있는 물건을 여객열차 밖으로 던지는 행위
4) 그 밖의 공중 또는 여객에게 위해를 끼치는 행위
여객열차 안에서의 금지행위
- 여객에게 위해를 끼칠 우려가 있는 동·식물을 안전조치 없이 여객열차에 동승하거나 휴대하는 행위
- 타인에게 전염의 우려가 있는 법정 전염병자가 철도종사자의 허락 없이 여객열차에 타는 행위

- 철도종사자의 허락 없이 여객에게 기부를 청하거나 물품을 판매·배부 또는 연설·권유 등을 하여 여객에게 불편을 끼치는 행위

바. 철도보호 및 질서유지를 위한 금지
1) 철도시설 또는 철도차량을 손괴하여 철도차량운행에 위험을 발생하게 하는 행위
2) 철도차량을 향하여 돌, 그 밖의 위험한 물건을 던져 철도차량운행에 위험을 발생하게 하는 행위
3) 궤도의 중심으로부터 양측으로 폭 3미터 이내의 장소에 철도차량의 운행안전에 지장을 초래할 물건을 방치하는 행위
4) 정거장 및 선로(정거장 또는 선로를 지지하는 구조물 및 그 주변지역을 포함), 철도역사, 철도교량, 철도터널 등에 폭발물 또는 인화성이 높은 물건 등을 적치하는 행위
5) 선로(철도와 교차된 도로를 제외한다) 또는 국토교통부령이 정하는 철도시설(위험물을 적하 또는 보관하는 장소, 신호·통신기기 설치장소 및 전력기기·관제설비 설치장소, 철도운전용 급유 시설물이 있는 장소, 철도차량 정비시설)안에 철도운영자 등의 승낙 없이 통행하거나 출입하는 행위
6) 역시설 등 공중이 이용하는 철도시설 또는 철도차량 안에서 폭언 또는 고성방가 등 소란을 피우는 행위
7) 철도시설 안에서 국토교통부령이 정하는 유해물(산업폐기물·생활폐기물) 또는 열차운행에 지장을 줄 수 있는 오물을 버리는 행위
8) 역 시설 또는 철도차량 안에서 노숙하는 행위
9) 열차가 운행 중 타고 내리거나 고의적으로 승강용 출입문의 개폐를 방해하여 열차운행에 지장을 초래하는 행위
10) 그 밖의 공중의 안전 및 질서유지를 위하여 흡연이 금지된 철도시설 또는 철도차량 안에서 흡연하는 행위, 철도종사자의 허락 없이 철도시설 또는 철도차량에서 광고물을 부착하거나 배포하는 행위, 역시설(물류시설·환승시설·편의시설을 포함한다)에서 철도종사자의 허락 없이 기부를 청하거나 물품을 판매·배부 또는 연설·권유를 하는 행위, 철도종사자의 허락 없이 선로 변에서 총포를 이용하여 수렵하는 행위

사. 철도종사자의 직무상 지시 준수
1) 열차 또는 철도시설을 이용하는 자는 철도안전 및 보호와 질서유지를 위하여 행하는 철도종사자의 직무상 지시에 따라야 함
2) 누구든지 폭행·협박으로 철도종사자의 직무집행을 방해하여서는 안됨
   ※ 철도종사자의 권한표시 : 복장, 모자, 완장, 증표 등

자. 공중 또는 여객에 대한 퇴거조치

1) 여객열차 안에서 위해물품을 휴대한 자 및 그 위해물품
2) 운송금지 위험물을 탁송 또는 운송하는 자 및 그 위험물
3) 국토교통부장관의 행위금지·제한 또는 조치명령에 따르지 아니하는 자 및 그 물건
4) 여객열차 안에서의 금지행위를 한 자 및 그 물건
5) 철도보호 및 질서유지를 위한 금지행위를 한 자 및 그 물건
6) 철도종사자의 직무상 지시를 따르지 아니하거나 직무집행을 방해하는 자

## 3-4 철도사고 조사 및 처리

### 3-4-1 철도사고 등의 발생 시 조치

가. 철도운영자 등은 철도사고 등이 발생한 때에는 사상자 구호, 유류품 관리, 여객수송 및 철도시설 복구 등 인명 및 재산피해를 최소화하고 열차를 정상적으로 운행할 수 있도록 필요한 조치를 하여야 한다.

나. 철도사고 등의 발생 시 조치사항
  1) 사고수습 또는 복구 작업을 하는 때에는 인명의 구조 및 보호에 가장 우선순위를 둘 것
  2) 사상자가 발생한 경우에는 법 제8조의 규정에 의하여 수립한 비상대응계획에서 정한 절차(이하 "비상대응절차"라 한다)에 따라 응급처치, 의료기관에의 긴급이송, 유관기관과의 협조 등 필요한 조치를 신속히 할 것
  3) 철도차량 운행이 곤란한 경우에는 비상대응절차에 따라 대체교통수단을 마련하는 등 필요한 조치를 할 것

다. 국토교통부장관은 철도운영자 등으로부터 사고보고를 받은 후 필요하다고 인정하는 경우에는 철도운영자 등에게 사고수습 등에 관하여 필요한 지시를 할 수 있다. 이 경우 지시를 받은 철도운영자 등은 특별한 사유가 없는 한 이에 응하여야 한다.

### 3-4-2 사고보고

가. 국토교통부장관에게 즉시 보고하여야 하는 철도사고
  1) 열차의 충돌·탈선사고
  2) 철도차량 또는 열차에서 화재가 발생하여 운행을 중지시킨 사고
  3) 철도차량 또는 열차의 운행과 관련하여 3인 이상의 사상자가 발생한 사고
  4) 철도차량 또는 열차의 운행과 관련하여 5천만 원 이상의 재산피해가 발생한 사고
  5) 보고사항

- 사고발생 일시 및 장소
- 사장자 등 피해사항
- 사고발생 경위
- 사고수습 및 복구계획

나. 사고통보 : 국토교통부장관은 '가'의 철도사고 등을 보고 받은 경우 지체 없이 위원회에 통보

다. '가' 이외의 철도사고 등은 철도운영자 등이 사고조사를 하여 국토교통부장관에게 보고
- 초기보고 : 사고발생현황
- 중간보고 : 사고수습·복구현황
- 종결보고 : 사고수습·복구결과

## 3-5 벌칙

### 3-5-1 벌칙 항목

가. 5년 이하의 징역 또는 5천만 원 이하의 벌금
  폭행·협박으로 철도종사자의 직무집행을 방해한 자(제49조제2항)

나. 3년 이하의 징역 또는 3천만 원 이하의 벌금
  1) 탁송 및 운송금지 위험물을 탁송하거나 운송한 자(제43조)
  2) 위험물을 운송한 자(제44조제1항)
  3) 금지행위를 한 자(제48조제1호 내지 제4호)

다. 2년 이하의 징역 또는 2천만 원 이하의 벌금
  1) 거짓 그 밖의 부정한 방법으로 제15조제3항, 제16조제3항, 제28조제1항, 제35조제4항, 제36조제4항 또는 제37조제3항의 규정에 의한 기관의 지정을 받은 자
  2) 제14조제1항(제15조제5항 및 제16조제5항에서 준용하는 경우를 포함한다), 제28조제3항 및 제35조제6항(제36조제7항 및 제37조제5항에서 준용하는 경우를 포함한다)의 규정에 의한 업무정지 기간 중에 해당 업무를 한 자
  3) 거짓 그 밖의 부정한 방법으로 품질인증을 받은 자(제27조)
  4) 제30조의 규정을 위반하여 품질인증표시 또는 이와 유사한 표시를 한 자
  5) 인증품 표시의 제거·정지 또는 판매의 정지 등의 명령에 따르지 아니하는 자(제32조)
  6) 술을 마시거나 마약류를 사용한 상태에서 업무를 한 자(제41조제1항)
  7) 확인 또는 검사에 불응한 자(제41조제2항)
  8) 정당한 사유 없이 위해물품을 휴대하거나 적재한 자(제42조제1항)

9) 제45조제1항의 규정에 의한 신고를 하지 아니하거나 동조 제2항에 의한 명령에 따르지 아니하는 자

라. 1년 이하의 징역 또는 1천만 원 이하의 벌금
1) 운전면허를 받지 아니하고(운전면허의 효력이 정지된 경우를 포함한다) 철도차량을 운전한 자 및 그로 하여금 철도차량의 운전업무를 하게 한 자(제10조제1항)
2) 거짓 그 밖의 부정한 방법으로 운전면허를 받은 자
3) 철도차량의 운전업무수행에 필요한 요건을 갖추지 아니하고 철도차량의 운전업무에 종사한 자 및 그로 하여금 철도차량의 운전업무를 하게 한 자(제21조)
4) 관제업무수행에 필요한 요건을 갖추지 아니하고 관제업무에 종사한 자 및 그로 하여금 관제업무를 하게 한 자(제22조)
5) 제23조제1항의 규정에 의한 신체검사와 적성검사를 받지 아니하거나 동조 제3항의 규정을 위반하여 신체검사와 적성검사에 합격하지 아니하고 제23조제1항의 규정에 의한 업무를 한 자 및 그로 하여금 동 업무를 하게 한 자
6) 제35조제1항의 규정에 의한 성능시험을 받지 아니하고 철도차량을 판매한 자
7) 제36조제1항의 규정에 의한 제작검사를 받지 아니하거나 제작검사를 받지 아니한 철도차량을 판매한 자
8) 제37조제1항의 규정을 위반하여 사용내구연한을 초과한 철도차량을 운행한 자
9) 제38조제1항의 규정에 의한 종합시험운행을 실시하지 아니하고 철도노선을 운영한 자

마. 500만 원 이하의 벌금
제47조제5호를 위반하여 철도종사자와 여객 등에게 성적 수치심을 일으키는 행위를 한 자

바. 과태료의 부과·징수
1) 국토교통부장관은 법 제81조제1항의 규정에 의하여 대통령이 정하는 바에 의하여 과태료를 부과·징수한다.
2) 국토교통부장관은 과태료처분대상자의 위반행위의 정도 및 횟수 등을 참작하여 과태료부과금액의 2분의 1의 범위 안에서 가중 또는 감경할 수 있다. 이 경우 과태료를 늘리더라도 과태료의 총액은 법 제81조제1항에 따른 과태료 금액의 상한을 초과할 수 없다.

### 3-5-2 과태료 범위

가. 800만 원
법 제9조제1항 및 동조 제2항의 규정을 위반하여 개선명령을 따르지 아니한 때(제81조제1항제3호)

나. 500만 원
  1) 법 제7조제1항, 동조 제3항 및 동조 제4항의 규정을 위반하여 안전관리규정의 승인을 얻지 아니하거나 안전관리규정을 준수하지 아니하거나 또는 변경명령에 따르지 아니한 때(제81조제1항제1호)
  2) 법 제8조제1항 및 동조 제2항의 규정을 위반하여 비상대응계획의 승인을 얻지 아니하거나 변경명령에 따르지 아니한 때(제81조제1항제2호)
  3) 법 제24조제1항의 규정을 위반하여 교육을 실시하지 아니한 때(제81조제1항제5호)
  4) 법 제61조제1항의 규정을 위반하여 보고를 하지 아니하거나 허위로 보고한 때(제81조제1항제12호)
  5) 법 제73조제1항의 규정을 위반하여 보고를 하지 아니한 때(제81조제1항제14호)
  6) 법 제73조제1항의 규정에 의한 자료제출요청을 거부·기피 또는 방해한 때(제81조제1항제15호)

다. 300만 원
  1) 법 제9조제1항 및 동조 제2항의 규정을 위반하여 개선결과를 보고하지 아니한 때(제81조제1항제3호)
  2) 법 제31조제2항의 규정에 의한 조사·열람 또는 수거를 거부 또는 방해한 때(제81조제1항제7호)

라. 200만 원
  1) 법 제29조제2항의 규정에 의한 지위승계 신고를 하지 아니한 때(제81조제1항제6호)
  2) 법 제48조제7호 및 제9호의 규정을 위반한 때(제81조제1항제10호)

마. 100만 원
  1) 법 제31조제2항의 규정에 의한 조사·열람 또는 수거를 기피한 때(제81조제1항제7호)
  2) 법 제48조제5호의 규정을 위반하여 선로 또는 철도시설 안에 철도운영자 등의 승낙 없이 통행하거나 출입한 때(제81조제1항제9호)
  3) 법 제49조제1항의 규정을 위반하여 철도종사자의 직무상 지시에 따르지 아니한 때(제81조제1항제11호)
  4) 법 제61조제2항의 규정을 위반하여 보고를 하지 아니하거나 허위로 보고한 때(제81조제1항제12호)
  5) 법 제73조제1항의 규정을 위반하여 허위로 보고한 때(제81조제1항제14호)

바. 50만 원
  법 제47조제1호 내지 제3호의 규정을 위반하여 여객열차 안에서의 금지행위를 한 때(제81조제1항제8호)

사. 10만 원
   1) 법 제20조제3항의 규정을 위반하여 운전면허증을 반납하지 아니한 때
      (제81조제1항제4호)
   2) 법 제47조제4호의 규정을 위반하여 여객열차 안에서의 금지행위를 한 때
      (제81조제1항제8호)

[철도공사 관제센터 전경]

[부산교통공사 관제센터 전경]

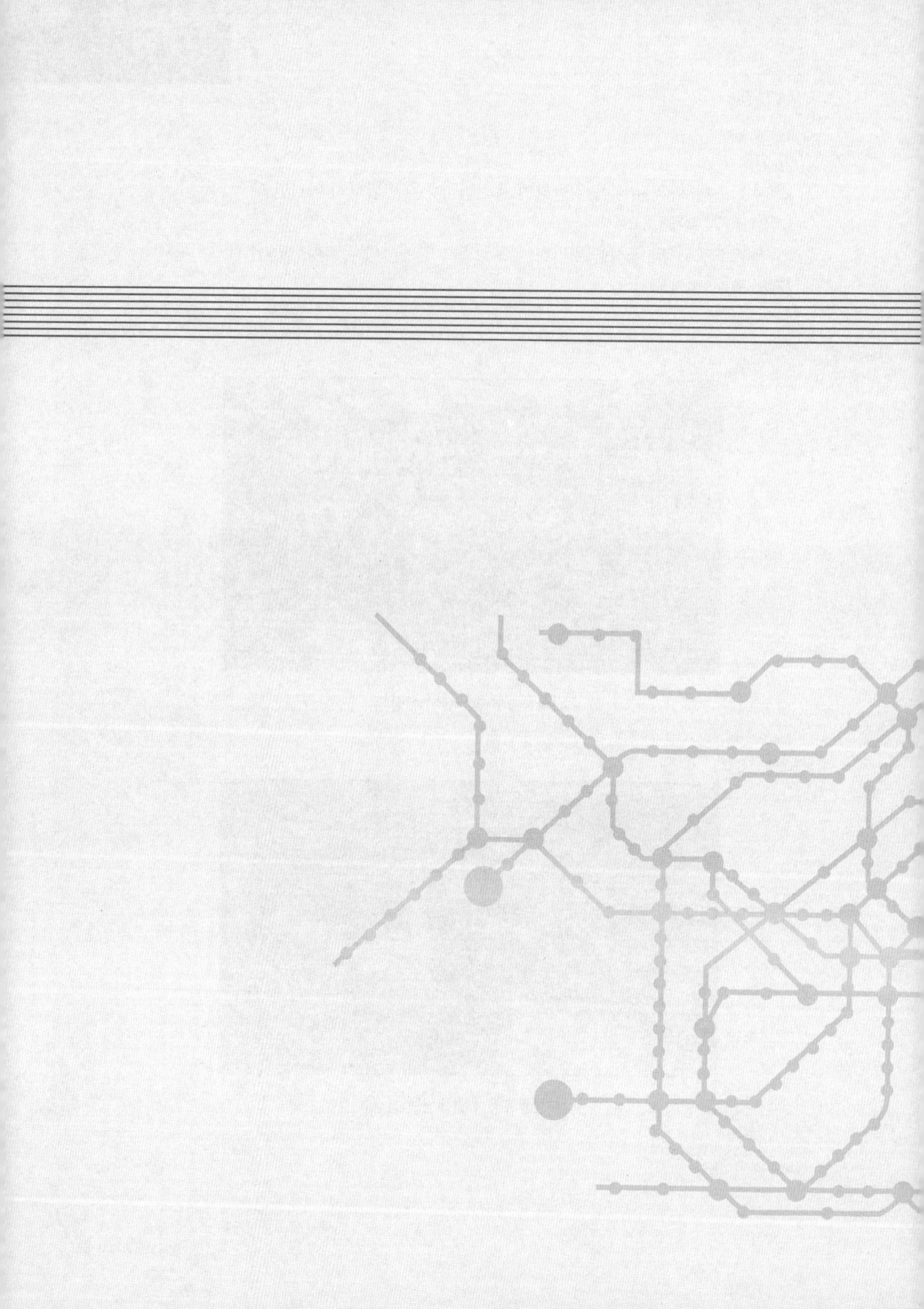

# II 철도교통관제사가 되려면

제1장. 철도교통관제사의 자격기준

제2장. 철도교통관제사의 교육

제3장. 철도교통관제사의 업무

제4장. 철도교통관제사의 실무

# 제1장 철도교통관제사의 자격기준

1-1. 우리나라 철도교통관제사의 자격조건

1-2. 해외 철도교통 관제업무 종사자 자격제도

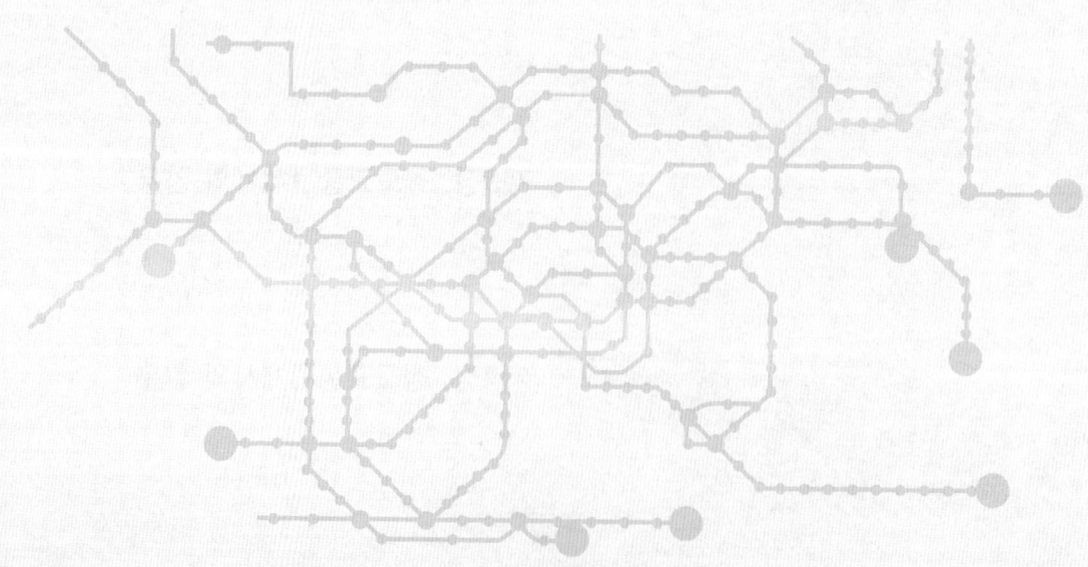

## 제 1 장 철도교통관제사의 자격 기준

### 1-1 우리나라 철도교통관제사의 자격조건

지금까지 철도교통관제사는 신체검사와 적성검사에 합격하고, 지정된 기관에서 필요한 교육을 이수한 후 현장에서 실무수습 교육을 마쳐야만 관제사로 근무를 할수 있다.
하지만 2017년 7월 25일 이후에는 철도기관사 자격증과 같이 지정된 교육기관에서 교육을 이수하고, 필기시험과 실기시험에 합격하여 자격증을 취득하고, 각 철도운영기관에서 현장 실무수습 교육을 이수해야만 철도교통관제사로 근무를 할 수 있다.
철도교통관제사의 자격조건은 다음과 같다

가. 관제업무종사에 적합한 신체 상태를 갖추고 있는지 여부를 확인하기 위한 [표 1] 항목 기준의 신체검사에 합격해야 한다.

나. 관제업무종사에 적합한 적성을 갖추고 있는지의 여부를 확인하기 위한 [표 2] 기준의 적성검사에 합격해야 한다.

다. 교육훈련기관에서 관제업무 수행에 필요한 교육훈련을 360시간 이 상 이수 할 것
  ※ 운전업무종사자와 철도신호기·선로전환기 또는 조작판 등을 취급하는 철도종사자가 해당 업무에 5년 이상 종사한 경력이 있는 경우에는 교육훈련 일부 면제하여 105시간 이상 이수 하여야 함

라. 교육훈련이수 후 관제업무수행에 필요한 기기취급, 비상시 조치, 열차운행의 통제·조정 등에 관한 실무수습·교육을 100시간 이상 받을 것
  ※ 관제업무종사자는 교육훈련을 수료한 날부터 5년마다 국토교통부장관이 정하는 35시간 이상의 교육훈련을 받아야 함

[광주도시철도 종합관제실 전경]

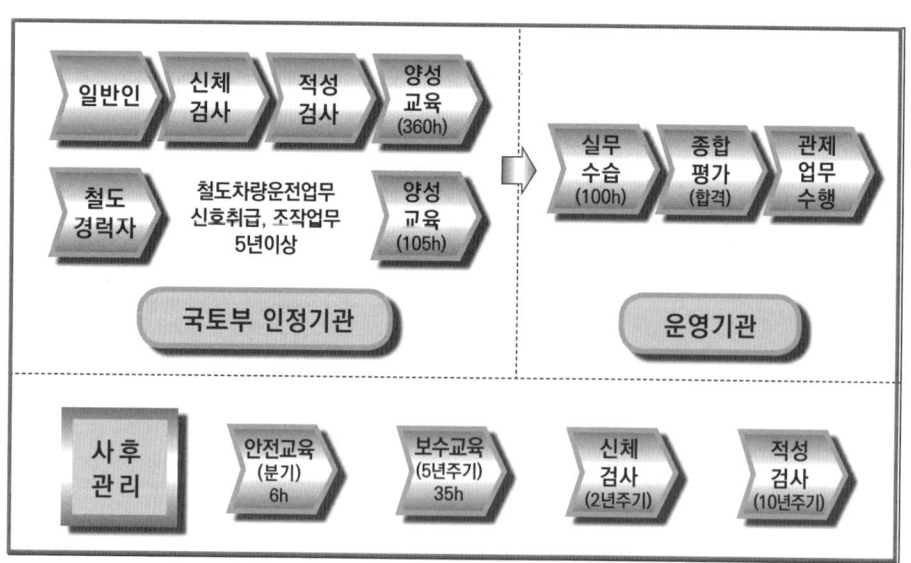

[철도교통관제사의 양성 과정 및 관리]

## [표 1] 신체검사 항목 및 불합격 기준

| 검사 항목 | 불합격 기준 | |
|---|---|---|
| | 최초검사·특별검사 | 정기검사 |
| 가. 일반 결함 | 1) 신체 각 장기 및 각 부위의 악성종양<br>2) 중증인 고혈압증(수축기 혈압 180mmHg 이상이고, 확장기 혈압 110mmHg 이상인 경우)<br>3) 이 표에서 달리 정하지 아니한 법정 감염병 중 직접 접촉, 호흡기 등을 통하여 전파가 가능한 감염병 | 1) 업무수행에 지장이 있는 악성종양<br>2) 조절되지 아니하는 중증인 고혈압증<br>3) 이 표에서 달리 정하지 아니한 법정 감염병 중 직접 접촉, 호흡기 등을 통하여 전파가 가능한 감염병 |
| 나. 코·구강·인후 계통 | 의사소통에 지장이 있는 언어장애나 호흡에 장애를 가져오는 코·구강·인후·식도의 변형 및 기능장애 | 의사소통에 지장이 있는 언어장애나 호흡에 장애를 가져오는 코·구강·인후·식도의 변형 및 기능장애 |
| 다. 피부 질환 | 다른 사람에게 감염될 위험성이 있는 만성 피부 질환자 및 한센병 환자 | |
| 라. 흉부 질환 | 1) 업무수행에 지장이 있는 급성 및 만성 늑막 질환<br>2) 활동성 폐결핵, 비결핵성 폐질환, 중증 만성 천식증, 중증 만성기관지염, 중증 기관지확장증<br>3) 만성 폐쇄성 폐질환 | 1) 업무수행에 지장이 있는 활동성 폐결핵, 비결핵성 폐질환, 만성 천식증, 만성 기관지염, 기관지확장증<br>2) 업무수행에 지장이 있는 만성 폐쇄성 폐질환 |
| 마. 순환기 계통 | 1) 심부전증<br>2) 업무수행에 지장이 있는 발작성 빈맥(분당 150회 이상)이나 기질성 부정맥<br>3) 심한 방실전도장애<br>4) 심한 동맥류<br>5) 유착성 심낭염<br>6) 폐성심<br>7) 확진된 관상동맥질환(협심증 및 심근경색증) | 1) 업무수행에 지장이 있는 심부전증<br>2) 업무수행에 지장이 있는 발작성 빈맥(분당 150회 이상)이나 기질성 부정맥<br>3) 업무수행에 지장이 있는 심한 방실전도장애<br>4) 업무수행에 지장이 있는 심한 동맥류<br>5) 업무수행에 지장이 있는 유착성 심낭염<br>6) 업무수행에 지장이 있는 폐성심<br>7) 업무수행에 지장이 있는 관상동맥질환(협심증 및 심근경색증) |
| 바. 소화기 계통 | 1) 빈혈증 등의 질환과 관계있는 비장종대<br>2) 간경변증이나 업무수행에 지장이 있는 만성 활동성 간염<br>3) 거대결장, 게실염, 회장염, 궤양성 대장염으로 난치인 경우 | 업무수행에 지장이 있는 만성 활동성 간염이나 간경변증 |
| 사. 생식이나 비뇨기 계통 | 1) 만성 신장염<br>2) 중증 요실금<br>3) 만성 신우염<br>4) 고도의 수신증이나 농신증<br>5) 활동성 신결핵이나 생식기 결핵<br>6) 고도의 요도협착<br>7) 진행성 신기능장애를 동반한 양측성 신결석 및 요관결석<br>8) 진행성 신기능장애를 동반한 만성신증후군 | 1) 업무수행에 지장이 있는 만성 신장염<br>2) 업무수행에 지장이 있는 진행성 신기능장애를 동반한 양측성 신결석 및 요관결석 |

| | | |
|---|---|---|
| 아. 내분비 계통 | 1) 중증의 갑상선 기능 이상<br>2) 거인증이나 말단비대증<br>3) 애디슨병<br>4) 그 밖에 쿠싱증후근 등 뇌하수체의 이상에서 오는 질환<br>5) 중증인 당뇨병(식전 혈당 140 이상) 및 중증의 대사질환(통풍 등) | 업무수행에 지장이 있는 당뇨병, 내분비질환, 대사질환(통풍 등) |
| 자. 혈액이나 조혈 계통 | 1) 혈우병<br>2) 혈소판 감소성 자반병<br>3) 중증의 재생불능성 빈혈<br>4) 용혈성 빈혈(용혈성 황달)<br>5) 진성적혈구 과다증<br>6) 백혈병 | 1) 업무수행에 지장이 있는 혈우병<br>2) 업무수행에 지장이 있는 혈소판 감소성 자반병<br>3) 업무수행에 지장이 있는 재생불능성 빈혈<br>4) 업무수행에 지장이 있는 용혈성 빈혈(용혈성 황달)<br>5) 업무수행에 지장이 있는 진성적혈구 과다증<br>6) 업무수행에 지장이 있는 백혈병 |
| 차. 신경 계통 | 1) 다리·머리·척추 등 그 밖에 이상으로 앉아 있거나 걷지 못하는 경우<br>2) 중추신경계 염증성 질환에 따른 후유증으로 업무수행에 지장이 있는 경우<br>3) 업무에 적응할 수 없을 정도의 말초신경질환<br>4) 두개골 이상, 뇌 이상이나 뇌 순환장애로 인한 후유증(신경이나 신체증상)이 남아 업무수행에 지장이 있는 경우<br>5) 뇌 및 척추종양, 뇌기능장애가 있는 경우<br>6) 전신성·중증 근무력증 및 신경근 접합부 질환<br>7) 유전성 및 후천성 만성근육질환<br>8) 만성 진행성·퇴행성 질환 및 탈수조성 질환(유전성 무도병, 근위축성 측색경화증, 보행 실조증, 다발성 경화증) | 1) 다리·머리·척추 등 그 밖에 이상으로 앉아 있거나 걷지 못하는 경우<br>2) 중추신경계 염증성 질환에 따른 후유증으로 업무수행에 지장이 있는 경우<br>3) 업무에 적응할 수 없을 정도의 말초신경질환<br>4) 두개골 이상, 뇌 이상이나 뇌 순환장애로 인한 후유증(신경이나 신체증상)이 남아 업무수행에 지장이 있는 경우<br>5) 뇌 및 척추종양, 뇌기능장애가 있는 경우<br>6) 전신성·중증 근무력증 및 신경근 접합부 질환<br>7) 유전성 및 후천성 만성근육질환<br>8) 업무수행에 지장이 있는 만성 진행성·퇴행성 질환 및 탈수조성 질환(유전성 무도병, 근위축성 측색경화증, 보행 실조증, 다발성 경화증) |
| 카. 사지 | 1) 손의 필기능력과 두 손의 악력이 없는 경우<br>2) 난치의 뼈·관절 질환이나 기형으로 업무수행에 지장이 있는 경우<br>3) 한쪽 팔이나 한쪽 다리 이상을 쓸 수 없는 경우(운전업무에만 해당한다) | 1) 손의 필기능력과 두 손의 악력이 없는 경우<br>2) 난치의 뼈·관절 질환이나 기형으로 업무수행에 지장이 있는 경우<br>3) 한쪽 팔이나 한쪽 다리 이상을 쓸 수 없는 경우(운전업무에만 해당한다) |
| 타. 귀 | 귀의 청력이 500[Hz], 1000[Hz], 2000[Hz]에서 측정하여 측정치의 산술평균이 두 귀 모두 40[dB] 이상인 경우 | 귀의 청력이 500[Hz], 1000[Hz], 2000[Hz]에서 측정하여 측정치의 산술평균이 두 귀 모두 40[dB] 이상인 경우 |
| 파. 눈 | 1) 두 눈의 나안(裸眼) 시력 중 어느 한쪽의 시력이라도 0.5 이하인 경우(다만, 한쪽 눈의 시력이 0.7 이상이고 다른 쪽 눈의 시력이 0.3 이상인 경우는 제외한다)로서 두 눈의 교정시력 중 어느 한쪽의 시력이라도 0.8 이하인 경우(다만, 한쪽 눈의 교정시력이 1.0 이상이고 다른 쪽 눈의 교정시력이 0.5 이상인 경우는 제외한다) | 1) 두 눈의 나안 시력 중 어느 한쪽의 시력이라도 0.5 이하인 경우(다만, 한쪽 눈의 시력이 0.7 이상이고 다른 쪽 눈의 시력이 0.3 이상인 경우는 제외한다)로서 두 눈의 교정시력 중 어느 한쪽의 시력이라도 0.8 이하인 경우(다만, 한쪽 눈의 교정시력이 1.0 이상이고 다른 쪽 눈의 교정시력이 0.5 이상인 경우는 제외한다)<br>2) 시야의 협착이 1/3 이상인 경우 |

| 파. 눈 | 2) 시야의 협착이 1/3 이상인 경우<br>3) 안구 및 그 부속기의 기질성, 활동성, 진행성 질환으로 인하여 시력 유지에 위협이 되고, 시기능장애가 되는 질환<br>4) 안구 운동장애 및 안구진탕<br>5) 색각이상(색약 및 색맹) | 3) 안구 및 그 부속기의 기질성, 활동성, 진행성 질환으로 인하여 시력 유지에 위협이 되고, 시기능장애가 되는 질환<br>4) 안구 운동장애 및 안구진탕<br>5) 색각이상(색약 및 색맹) |
|---|---|---|
| 하. 정신 계통 | 1) 업무수행에 지장이 있는 정신지체<br>2) 업무에 적응할 수 없을 정도의 성격 및 행동장애<br>3) 업무에 적응할 수 없을 정도의 정신장애<br>4) 마약·대마·향정신성 의약품이나 알코올 관련 장애 등<br>5) 뇌전증<br>6) 수면장애(폐쇄성 수면 무호흡증, 수면발작, 몽유병, 수면 이상증 등)이나 공황장애 | 1) 업무수행에 지장이 있는 정신지체<br>2) 업무에 적응할 수 없을 정도의 성격 및 행동장애<br>3) 업무에 적응할 수 없을 정도의 정신장애<br>4) 마약·대마·향정신성 의약품이나 알코올 관련 장애 등<br>5) 뇌전증<br>6) 업무수행에 지장이 있는 수면장애(폐쇄성 수면 무호흡증, 수면발작, 몽유병, 수면 이상증 등)이나 공황장애 |

[표 2] 적성검사 항목 및 불합격 기준

| 신규검사 | • 지능<br>• 작업태도<br>• 품성 | • 주의력<br>  − 선택적 주의력<br>  − 주의배분능력<br>• 민첩성<br>  − 적응능력<br>  − 판단력<br>  − 동작 정확력<br>  − 정서 안정도 | • 지능검사 점수가 85점 미만인 사람(해당 연령대 기준 적용)<br>• 작업태도 검사, 선택적 주의력 검사, 주의배분능력 검사, 적응능력 검사 중 부적합 등급이 2개 이상이거나 작업태도 검사와 반응형 검사의 점수 합계가 50점 미만인 사람<br>• 품성검사 결과 부적합자로 판정된 사람 |
|---|---|---|---|
| 정기검사 | • 작업태도 | • 주의력<br>  − 선택적 주의력<br>  − 주의배분능력<br>• 민첩성<br>  − 적응능력<br>  − 판단력<br>  − 동작 정확력<br>  − 정서 안정도 | • 작업태도 검사와 반응형 검사의 점수합계가 40점 미만인 사람 |
| 특별검사 | • 지능<br>• 작업태도<br>• 품성 | • 주의력<br>  − 선택적 주의력<br>  − 주의배분능력<br>• 민첩성<br>  − 적응능력<br>  − 판단력<br>  − 동작 정확력<br>  − 정서 안정도 | • 지능검사 점수가 85점 미만인 사람(해당 연령대 기준 적용)<br>• 작업태도 검사, 선택적 주의력검사, 주의배분능력 검사, 적응능력 검사 중 부적합 등급이 2개 이상이거나 작업태도 검사와 반응형 검사의 점수 합계가 50점 미만인 사람 |
| | | | • 품성검사결과 부적합자로 판정된 사람 |

## 1-2 해외 철도교통 관제 업무 종사자 자격제도

프랑스, 일본, 영국, 스웨덴 등 외국의 철도 관제 업무종사자의 자격제도 내용을 살펴보고 그들의 장점에 대한 사항은 우리나라에서도 추가 적용하였으면 한다.

### 가. 프랑스 SNCF의 교통관제 종사자의 자격제도

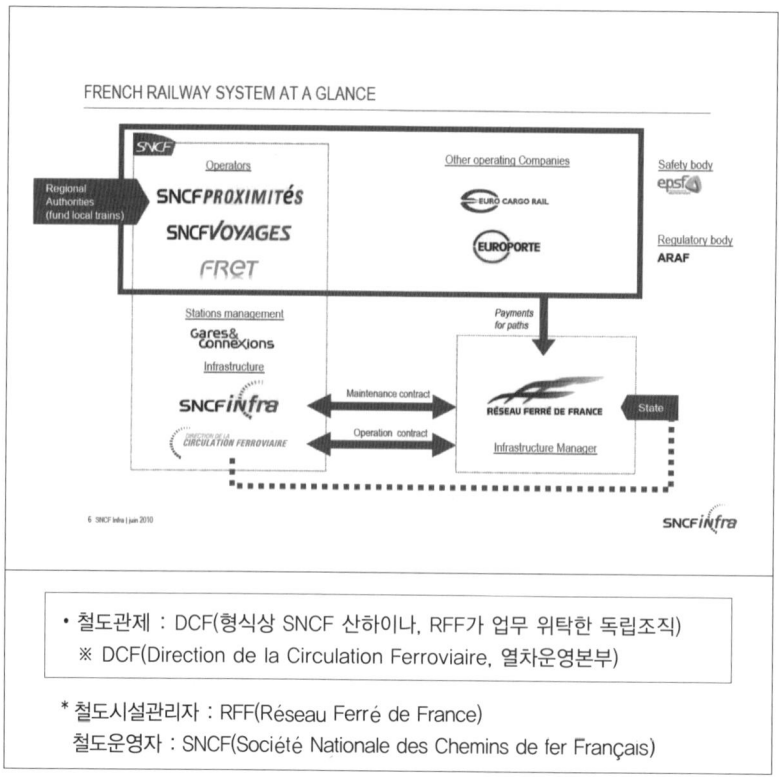

- 철도관제 : DCF(형식상 SNCF 산하이나, RFF가 업무 위탁한 독립조직)
  ※ DCF(Direction de la Circulation Ferroviaire, 열차운영본부)
- 철도시설관리자 : RFF(Réseau Ferré de France)
  철도운영자 : SNCF(Société Nationale des Chemins de fer Français)

프랑스에서는 필요한 수요의 관제요원에 대한 선발 및 채용은 정부에서 위탁받은 SNCF가 담당하고 있으며, 국가안전공단에서 검증을 받아 시행하고 있다.

실무요원, 수장급요원, 간부급요원으로 나뉘어 채용이 이루어지며, 각 단계에 맞는 학력과 지정된 교육을 이수하고 평가를 거쳐 이를 통과한 사람만이 업무에 투입된다. 실무요원의 교육기간은 총 18개월이며, 기본교육 2개월, 전문교육 9개월, 실무병행교육 7개월의 기간으로 집합교육과 관제실 현장교육으로 이루어진다.

수장급 및 간부요원의 교육기간은 총 24개월이다. 기본교육과 전문교육 12개월, 집합교육과 제어교육 12개월의 교육을 시행하고 종합평가를 거쳐 근무를 하게 된다.

[프랑스 SNCF 사령요원의 자격 요건]

| 전문지식 | 수완(자격) | 능력(자격) |
|---|---|---|
| • 열차운행 다이아에 관한 구조, 부호 및 약어<br>• 시간표 및 기본수송의 합리화 계획<br>• 조직의 특별한 제도(전반적 조직)<br>• 사용된 차량 및 동력차의 주요 특성<br>• 안전규정<br>• 정보처리 도구<br>• 지방 및 지역 지시사항<br>• 노선 지식(현장 파악)<br>• 정보유형 및 관련 부서<br>• 고객 집단의 요구 등 | • 열차운행 변화의 종합 및 예측<br>• 상황 판단을 위한 다양한 매개변수의 통합<br>• 혼란을 최적으로 해결하기 위한 수송계획에 대한 실무경험과 지식의 동원<br>• 위급 정도의 판단에 의한 정보 분류<br>• 의사결정의 타당성 납득 및 이에 대한 동의 획득<br>• 상대방과의 대화 적응<br>• 안전규정의 활용<br>• 정보처리시스템 활용<br>• 운전 다이아 작도<br>• 전기통신시스템 활용<br>• 열차 교번 작용<br>• 자기 활동구역에 대한 사령실 제어 등 | • 의사결정과 독창력 소유<br>• 특정 상황 자료의 신속한 비교분석<br>• 다른 사람 의견 경청 및 통합능력 보유<br>• 재빠른 분석 및 결정<br>• 반응의 검증<br>• 신중과 냉정 소유<br>• 어떤 결정에 대한 순응력<br>• 엄격한 자세 소유<br>• 외부압력에 저항 능력<br>• 스스로의 적응력<br>• 비판정신과 주의력 |

나. 일본의 철도교통관제 자격제도

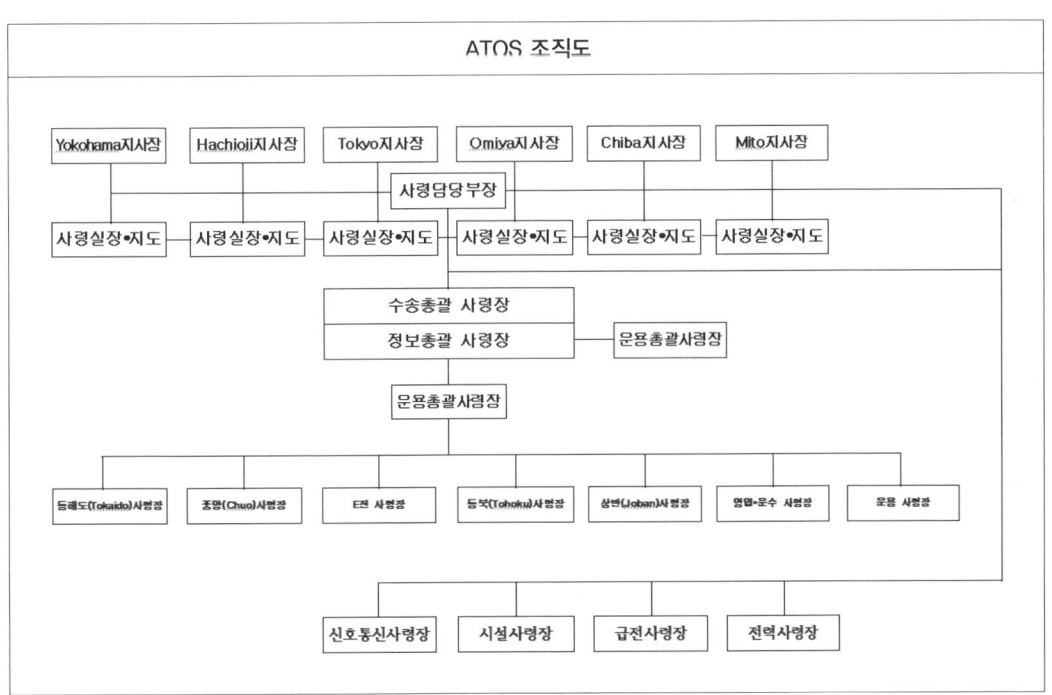

일본은 우리나라와 유사하게 운영하고 있다.

철도교통관제사에 대한 자격인증은 따로 없으며, 지정된 교육만 이수하면 철도교통관제사로 근무가 가능하다.

동경종합사령실의 경우 교육은 관련 담당자가 파견되어 10일 정도 시행하며, 이론 및 근무자와 병행한 실무 교육을 사령실 내에서 신규 발령 직원에 한하여 시행하며, 수시로 세미나 형식의 교육을 실행한다.

신간선지령실도 근무자에 대한 특별한 요구조건을 가지지 않는다. 근무자 대부분이 관련부서에서 근무한 경력직원이며, 월 1회 정기적 교육을 시행하고 있다. 지진 등 이례사항에 대해서는 지령실 전체로 모의훈련 및 교육을 시행하고 있다.

다. 영국의 철도교통관제 자격제도

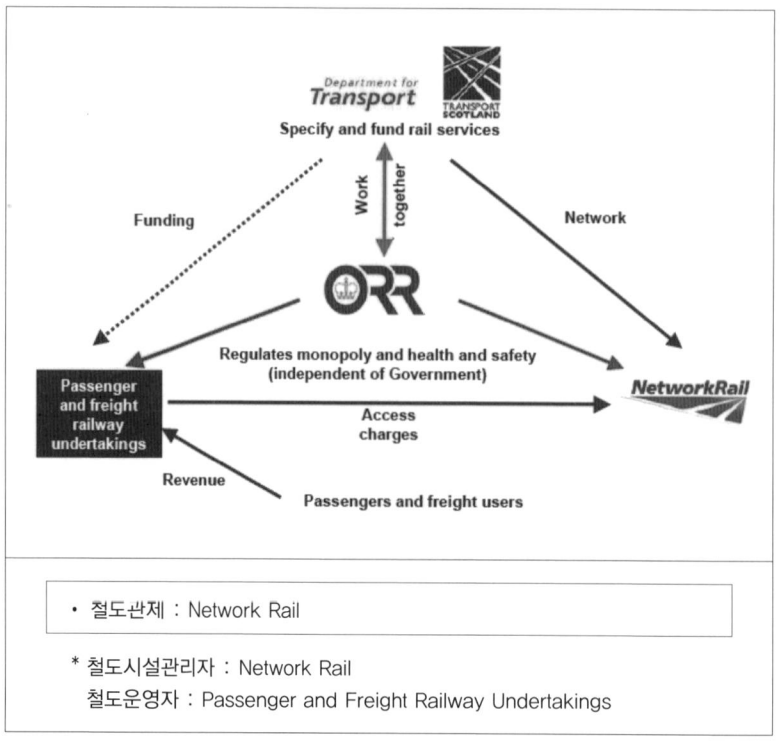

- 철도관제 : Network Rail

* 철도시설관리자 : Network Rail
  철도운영자 : Passenger and Freight Railway Undertakings

철도 교통관제소의 자격제도는 국가 직업자격제와 연결되어 시행되고 있으며, 운전, 신호운영, 관제시설운영, 승객 서비스 등으로 분류된다.

철도 관제요원의 자격취득 절차는 전문교육기관에서 필기 및 실기 시험을 합격하고, 근무를 시행할 해당 관제소에서 면접 및 실습교육을 이수하고 근무를 시행한다.

철도 관제요원 외에 관리요원 역시 자격을 필요로 한다. 또한 지역별로 철도교통관제 자격증을 달리하여 관리하고 있다.

### 라. 스웨덴의 철도관제(BV Traffic) 자격제도

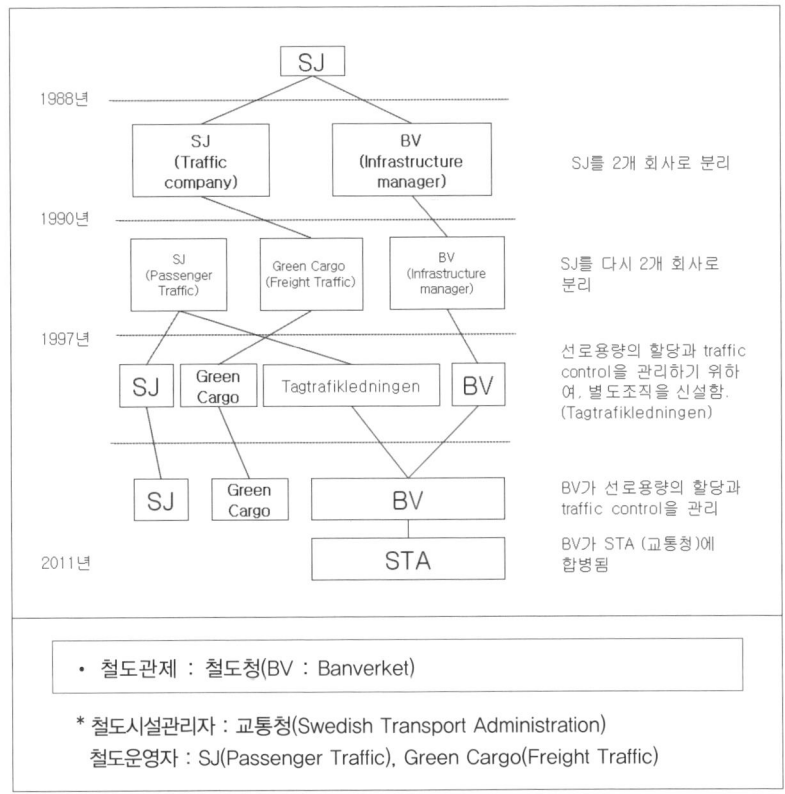

- 철도관제 : 철도청(BV : Banverket)
* 철도시설관리자 : 교통청(Swedish Transport Administration)
  철도운영자 : SJ(Passenger Traffic), Green Cargo(Freight Traffic)

스웨덴은 철도청(BV : Banverket)소속의 철도관제의 관제요원에 대한 자격제가 운영 중이나, 관제요원이 많지 않아 전문적인 교육보다는 현장 실무교육 위주의 관제실 선임자로부터 교육을 진행하고 있다. 단, 신규자의 교육에는 전문교육기관에서 시행하고 있으며, 지역별로 문화적 차이가 있고 운영회사 별로 업무 절차가 상이하여 관제요원 선발 시 경험자를 크게 고려하지 않고 있다.

### 마. 미국 BNSF의 관제사 자격제도와 교육제도

미국에서 관제사로 근무하기 위해서는 기본조건을 구비하고, BNSF가 승인한 교육기관에서 Dispatcher(Train) 16주 교육과정을 성공적으로 이수해야만 관제사로 근무가 가능하다.

# 제2장 철도교통관제사의 교육

## 2-1. 철도교통관제사의 필요 교육

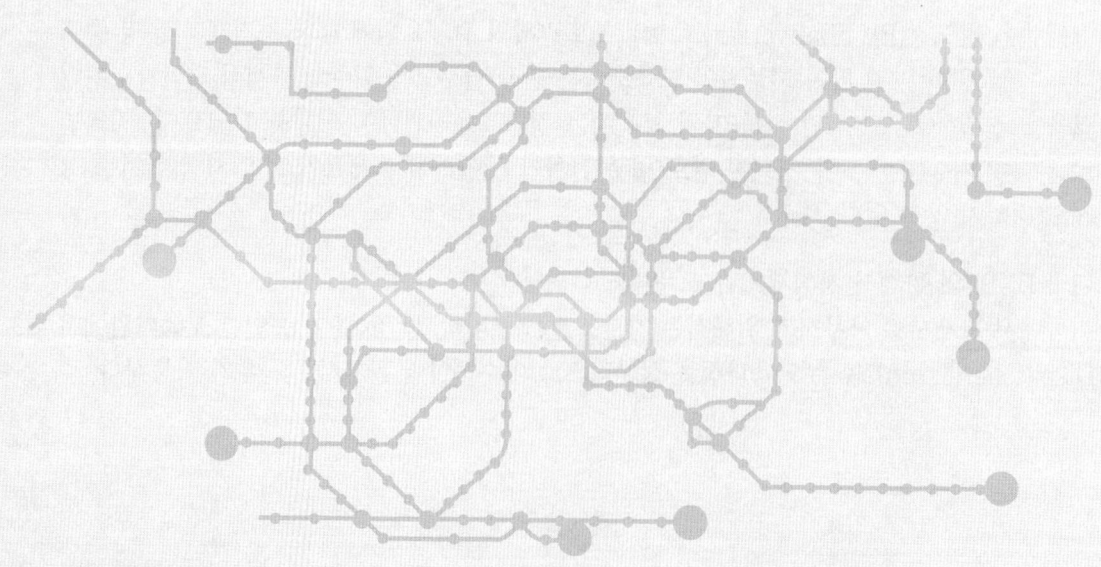

## 제 2 장 철도교통관제사의 교육

### 2-1 철도교통관제사의 필요 교육

지정된 자격조건을 갖춘 철도교통관제사는 업무를 수행하기 위한 필요한 교육을 시행한 후 업무가 이루어진다.

각 운영기관마다 교육 내용은 달리하고 있으나 철도안전법 및 산업안전보건법으로 지정된 교육은 수행해야 한다. 교육 내용을 살펴보면 다음과 같이 나열할 수 있다.

[철도교통관제사 교육 항목 및 내용]

| 과 정 | 대 상 | | 시 간 | 담 당 |
| --- | --- | --- | --- | --- |
| 보수교육 | 철도교통관제사 | | 매 5년마다 35시간 이상 | 인재개발원 |
| | 전기관제사 | | 매 5년마다 4주 이상 | |
| 실무수습교육 | 관제사 임용 전 | 일반권역 배치 예정 | 100시간 이상(근무일기준 : 일근 4, 교대 8) | 계획부장 관제부장 |
| | | 고속권역 배치 예정 | 176시간 이상(근무일 기준 : 일근 4, 교대 16) | |
| | 전기관제사 임용 후 | | 100시간 이상(근무일 기준 : 일근 4, 교대 8) | 전기운용부장 |
| 안전·보건 교육 | 전 직원 | | 매월 1회 2시간 이상 | 계획부장 |
| 지적확인 환호응답교육 | 철도교통관제사 | | 반기 1회(특별교육대상자는 분기 1회) | 계획부장 |
| 비상대응훈련 | 철도교통관제사 | | 반기 1회 이상 | 관제부장 |
| 경력 전입자 교육 | 철도교통관제사 | | 36시간 이상(근무일 기준 : 교대 4) | 관제부장 |
| | 전기관제사 | | 36시간 이상(근무일 기준 : 교대 4) | 전기운용부장 |
| 업무공백 후 근무 시 (30일 이상) | 철도교통관제사 | | 9시간 이상(근무일 기준 : 교대 1) | 관제부장 |
| 순환근무교육 | 고속권역에서 일반권역으로 이동 예정인 관제사 | 일반권역 경력자 | 야간근무 포함 18시간 이상 (근무일 기준 : 교대 2) | 관제부장 |
| | | 일반권역 무 경력자 | 36시간 이상(근무일 기준 : 교대 4) | 관제부장 |
| | 일반권역에서 고속권역으로 이동 예정인 관제사 | 고속권역 경력자 | 36시간 이상(근무일 기준 : 교대 4) | 관제부장 |
| | | 고속권역 무 경력자 | 108시간 이상(근무일 기준 : 교대 12) | 관제부장 |
| | 권역 내 이동 관제사 | | 이동 전 근무시간 활용 8시간 이상 교육 시행 | 관제부장 |
| 수시교육 | 전 직원 | | 이례사항 또는 긴급을 요하는 사항 발생 시 | 각 부장 |

# 제3장 철도교통관제사의 업무

3-1. 철도교통관제사의 일상적 업무

3-2. 이례상황(비상)시 업무

3-3. 상황보고 체계 및 보고요령

3-4. 재난상황관리 및 이상기후 시 조치

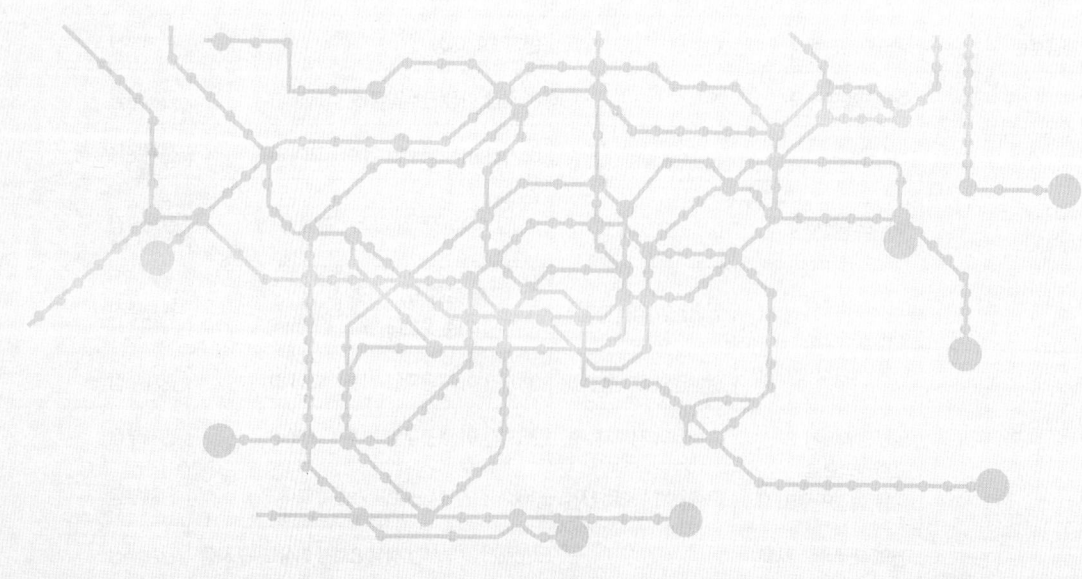

## 제 3 장 철도교통관제사의 업무

철도교통관제사는 대형모니터(LDP)와 제어 콘솔, 그리고 통신설비 등을 활용하여 철도차량 운전상태와 각종 운전설비의 가동상태 그리고 열차의 운행상태를 실시간으로 감시·제어·통제하는 업무를 수행한다.
업무는 크게 일상적 업무와 이례상황 시 업무로 구분할 수 있으며, 열차를 운행하는 데 유인운전시스템인지 무인운전시스템인지에 따라 일상적 업무도 일부 달라질수 있다.
무인운전시스템의 경우 철도교통관제사는 열차를 통제하는 설비 및 기능이 추가되어 업무가 증가되었으며, 유인운전시스템의 경우는 철도운영기관 대부분 유사하게 업무가 진행된다.
이례상황 시 업무는 무인운전과 유인운전시스템 모두 철도교통관제사의 업무는 유사하게 진행된다.

### 3-1 철도교통관제사의 일상적 업무

철도교통관제사의 일상적 수행업무는 철도 각 운영기관의 규정이나 내규 등으로 정하고 있으며, 각각의 운영기관마다 약간의 차이를 있지만 대부분 대동소이한 업무가 수행되어진다. 특히 도시철도의 경우는 매우 유사하며, 전국의 철도운행과 KTX 등 운행속도와 종류가 다른 열차를 관리하는 철도공사(korail)의 경우는 수행하는 업무가 약간의 차이를 가지고 있다.
철도교통관제사가 수행하는 평상 시 업무 중에는 LDP와 MMI를 통해서 열차운행을 감시하며, 열차가 정시로 운행될 수 있도록 운전정리를 시행하고, CCTV를 통해 각 역사 승강장의 승객동향과 PSD 이상유무를 현시각으로 감시하여 열차와 여객이 안전하게 이용할 수 있도록 하고 있다. 또한 운행열차에 대한 각 실적 정리와 그를 토대로 통계분석을 시행한다.
통계분석에는 열차 정시운행률 분석, 지령식(비상모드) 운행 분석, 작업현황 분석 등도 포함되며 이를 통해 사전 장애 예방의 역할을 수행하기도 한다.
다음은 철도교통관제사가 평상시 수행하는 업무의 일부이다.

가. 열차의 감시, 통제
   철도교통관제사의 가장 주된 업무이다.
   각 운영기관마다 1일 열차의 운행횟수에 차이는 있지만 운행되는 열차마다 안전하게 정시로 운행될 수 있도록 감시하고 통제해야 한다.

나. 각종 장애나 고장 관리
   관제사가 근무하는 장소는 바로 종합관제실이다.
   용어 그대로 종합관제실은 모든 분야를 총괄 관리하고 있다.
   차량, 신호, 통신, 시설, 선로, 역사 등 열차운행에 필요한 모든 부분의 설비에 이상유무를 실시간으로 확인하여 정상 동작하도록 하고 있다.

이로 인해 어느 한 부분에서 장애나 고장이 발생되었을 때 가장 빨리 안전하게 조치될 수 있도록 후속업무를 수행한다.

다. 민원의 처리

열차 지연에 대한 민원이나, 정신지체장애자, 미아발생, 응급환자 등 열차운행에 있어 발생되는 모든 민원에 대한 처리도 철도교통관제사가 담당하고 있다.

정신지체장애자나 미아의 발생 시 운행하는 전 열차에 통보 및 전 역사에 인상착의, 착용의복, 특징 등을 상세히 전파하여 보호자에 인계될 수 있도록 후속업무를 처리하고 있다.

또한 갑자기 발생되는 응급환자의 경우도 발생 즉시 119 출동요청 및 역무원으로 하여금 신속하게 장비를 휴대하여 응급구호 조치를 할 수 있도록 후속업무를 처리해 주고 있다.

라. 실적정리 및 통계분석

열차가 안전하게 운행되면 그 실적을 정리하여 보관하여야 한다.

철도교통관제사는 일, 월, 분기, 반기, 연 단위로 열차운행 실적을 정리하여 보관하고, 그 실적에 대한 통계분석을 시행하여 교육자료로 활용하는 한편, 열차지연 예방을 위한 개선사항이 무엇이 있는지를 도출하기 위한 자료로 사용된다.

1) 열차 정시 운행율 분석

열차는 계획된 구간 및 시간에 정확히 일치하게 운행되어져야 한다.

이를 위해 운행열차에 대한 계획대비 지연시분을 월, 분기, 연도 별로 산출 분석하여 각종 자료로 활용함으로써 열차가 정시로 운행될 수 있도록 유도하고 있다.

□ **2015년 누적 정시율 및 운행실적**(4월 30일 기준)  [단위 : 열차횟수]

| 누적 정시율 | 총열차수 | 정시열차 | 총지연열차 | 정시율 지연열차 |
|---|---|---|---|---|
| 99.99% | 43,328 | 43,325 | 85 | 3 |

□ **열차 정시운행율**  [단위 : 열차횟수]

| 구 분 | 추진실적 | | | 대비 | |
|---|---|---|---|---|---|
| | '15년 4월 | '15년 3월 | '14년 4월 | 전월대비 | 전년대비 |
| 운행열차[회] | 10,830 | 11,191 | 12,660 | ↓ 361 | ↓ 1,830 |
| 지연열차[회] | 1 | 0 | 1 | ↑ 1 | - |
| 정시운행률[%] | 99.99% | 100% | 99.99% | ↓ 0.01% | - |

□ **1/4분기 지연열차 현황**(1분 이상)  [단위 : 열차횟수]

| 구분 | | 열차지연현황 | | | 대 비 | |
|---|---|---|---|---|---|---|
| | | '15년 4월 | '15년 3월 | '14년 4월 | 전월 대비 | 전년 대비 |
| 지연시간별 [회] | 1~3분미만 | 1,778 | 1,309 | 8,185 | ↑ 469 | ↓ 6407 |
| | 3~5분미만 | 168 | 146 | 427 | ↑ 22 | ↓ 259 |
| | 5분이상 | 41 | 10 | 1 | ↑ 31 | ↑ 40 |
| | 계 | 1,987 | 1,465 | 8,613 | ↓ 128 | ↓ 6995 |
| 1개 열차 당 지연시분 | | 22초 | 24초 | 72초 | ↓ 2초 | ↓ 50초 |

[출처 : 공항철도(주) 정시 운행율 분석보고서(2015. 4.)]

2) 지령식(비상모드) 운행 분석

열차는 자동보호장치(ATP)[1]가 안전하게 동작하는 운전방식인 ATC[2] 방식으로 운행되어져야 한다. 하지만 신호장애나 차량장애 등 기타 여러 가지 요인들에 의해 ATC 운행이 불가한 경우 열차 자동보호장치(ATP)가 동작하지 않은 비상운전방식(EM)[3]으로 운행된다. 이 비상운전방식은 시스템적인 보호를 전혀 받지 못하고 오로지 기관사의 확인과 판단에 의한 운전이 이루어져 매우 위험한 상태의 운전이라 할 수 있다.

이러한 비상모드운전(EM)방식으로 운행되어진 사례를 월, 분기, 연 단위로 세부 분석하여 그 위험요인을 사전 제거하고 교육, 전파하여 안전운전 및 불안전 요인을 사전 예방하고 있다.

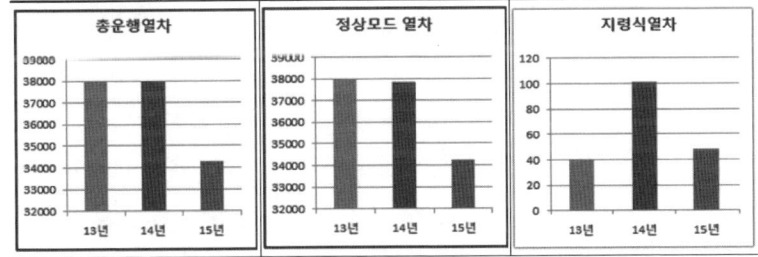

[출처 : 공항철도(주) 지령식 운행 분석보고서(2015. 4.)]

마. 열차운행 스케줄 관리

계획된 열차의 운행은 미리 작성된 열차운행 스케줄에 의해 운행되지만 임시로 운행되는 시운전열차 및 기능 시험을 위한 열차운행 등은 철도교통관제사가 임시 열차운행 스케줄을 작성하여 열차를 운행시킨다.

1) 열차운행 방법 모색

철도운영기관은 각 기관의 특성에 맞게 열차운행 노선을 가지고 있다. 이러한 주어진 열차운행 노선에서 관제사는 각 특성에 맞도록 열차운행 방법을 모색하여야 한다.

---

1) ATP(Automatic Train Protection) : 자동 열차보호
2) ATC(Automatic Train Control) : 자동 열차제어
3) EM(Emergency Mode) : 비상모드

열차운행 방법이 모색되지 않은 상태에서 열차사고 등 중대한 사고가 발생되어지면 원활한 열차운행을 시행할 수 없기 때문이다.
이러한 상황에 미리 대처하고자 이례상황을 가정한 열차운행 방법을 각 철도운영기관은 자체적으로 마련하고 있다.
공항철도의 경우도 지리적 특성 및 공항철도의 주변 환경적 특성에 맞게 열차운행 방법을 마련해 놓고 있다.

○ 구간별 열차탈선 시 열차운행(안)

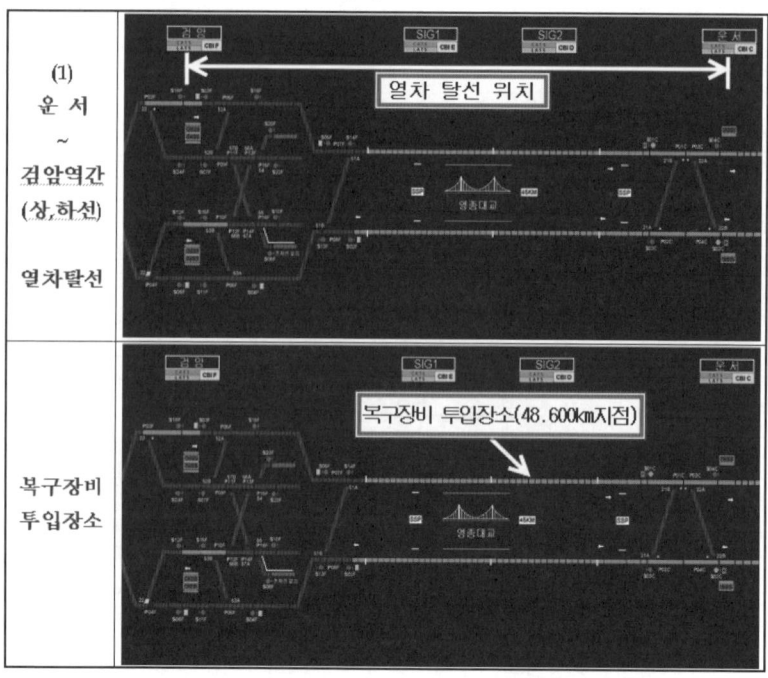

[출처 : 공항철도(주) 열차탈선 시 열차운행방안(2012. 2.)]

바. 열차 운행선 작업관리

철도교통은 24시간 운행되어지다보니 선로의 보수나 운행선 주변에서 많은 작업이 수행되어진다.
이를 철도교통관제사는 운행선 작업과 철도보호지구 작업 등으로 분류하여 안전하게 작업이 진행되도록 철도안전법에 준하여 작업통제를 시행한다. 최근에 많은 철도운행선 작업이 진행되어 순간의 작업통제 실수는 큰 사고로 이어질 수 있어 많은 신경과 관심을 가져야 할 업무이다.

1) 작업현황 분석

관제사의 주요 업무 중 하나인 작업통제 부분에 있어 그 주요 사안별로 분석하고, 작업시행 건수를 통계처리하며, 공항철도 열차 운행선 인접 작업에 대한 내용을 정리하고 있다. 이를 통해 관제사의 업무에 대한 중요성을 부각시키며, 작업 안전의 중요성을 인식시키는 자료로 활용된다.

□ **상반기 운행선 작업 현황 분석**

[단위 : 건]

| 구 분 | 요청 작업 | 승인 불가 | 취소 건수 | 작업 시행 |
|---|---|---|---|---|
| 1월 | 1,117 | 6 | 103 | 1,008 |
| 2월 | 971 | 6 | 84 | 881 |
| 3월 | 1,130 | 12 | 58 | 1,060 |
| 4월 | 1,211 | 16 | 92 | 1,103 |
| 5월 | 1,058 | 5 | 84 | 969 |
| 6월 | 1,160 | 14 | 73 | 1,073 |
| 합계 | 6,647 | 59 | 494 | 6,094 |
| 평균 | 1,107 | 9 | 82 | 1,015 |

[출처 : 공항철도(주) 운행선 작업현황 분석보고서(2015. 7.)]

## 3-2 이례상황(비상) 시 업무

관제사가 일상적 업무를 수행하는 중에 선로장애, 차량고장, 신호장애, 전력공급장애, 통신장애, 자연재해 등 사고(장애)나 이례상황 발생 시 가장 안전하고 신속한 방법으로 상황을 처리해야 한다.

이때 관제사의 실질적 경험을 바탕으로 정해진 표준운영절차(SOP)와 이례상황(비상)시 운영절차(EOP) : Emergency Operation Procedure) 등에 따라 정해진 Flow Chart에 의해 업무가 수행된다.
2015년 국토교통부에서는 표준운영절차(SOP)와 이례상황 시 운영절차(EOP)를 하나의 매뉴얼로 일원화한 현장조치매뉴얼로 명칭을 통일하여 사용하고 있다.

[의정부경전철 종합관제실 전경]

〈종합관제실 업무분장표〉

| 구 분 | 평상 시 | 아래상황 발생 시 |
|---|---|---|
| 팀장 | - 근무팀별 업무총괄<br>- 타 부서와의 업무조율<br>- 각종 장애 기록 및 보고서 작성<br>- 종합관제실 소개(브리핑)<br>- 각종 일지 및 보고서 작성 | - 상황처리 총괄<br>- 상황발생 시 관제사별 업무분장<br>- 대·내외 보고 및 보고서 작성<br>- 상황에 따른 부서 간 업무 조율<br>- 긴급 문자 전송 |
| 운전관제사 | - 열차운행 감시, 통제<br>- 영업 준비상태 확인<br>- 운영설비의 동작상태 확인<br>- 열차운행 실적정리 및 관리<br>- 차량고장 시 응급조치 업무<br>- 이상기후 시 열차 안전운행 조치<br>- 기타 열차 운행에 필요한 사항 | - 상황별 열차운행 통제 및 지시<br>- 각종 운전정리 시행<br>- 신호시스템(신호, 진로) 제어<br>- 열차운행 스케줄 제어<br>- 상황별 내용 기록유지 |

| | | |
|---|---|---|
| 전력관제사 | - 전철전력계통 감시, 통제<br>- 변전소 및 전기실 출입자 통제<br>- 전력사용량 등의 데이터 관리<br>- 급전계통 작업통제<br>- 전력관제시스템의 운영 및 관리<br>- 시스템분석 및 성능개선 업무 | - 상황별 긴급조치 및 통제<br>- 전력 공급 계통 변경<br>- 관계처 통보 및 복구지시<br>- 각종 장애 내용 이벤트 분석<br>- 장애 위치 및 내용 파악<br>- 전력분야 상황 기록정리 |
| 설비관제사 | - 기계 및 화재설비 제어, 감시<br>- 기계설비 작업 통제<br>- 기계설비 운영결과 분석<br>- 기계설비 장애현황 관리<br>- 기상정보 등 외적요인 파악 | - 기계설비 긴급정지<br>- 화재 시 119 및 112 전파<br>- 장애 내용 파악<br>- 유관기관 긴급연락 관련 업무<br>- 장애 또는 사고 시 긴급 복구지시 |
| 여객관제사 | - 본선 선로 내 작업의 승인, 통제<br>- 작업 모터카 운행 통제<br>- 각종 민원의 접수 및 처리<br>- 고객 서비스 개선 업무<br>- 보안 및 출입통제 관리<br>- 철도보호지구 작업 통제 | - 역사 안내방송 및 여객취급<br>- 지연료 지급 및 대체교통편 수배<br>- 승차권 강제발매, 반환 관리<br>- 유관기관 업무연락<br>- 위탁역 상황전파 및 업무 지시 |

## 3-2-1 이례상황(비상) 시 근무자세

가. 모든 상황 및 장애 발생 시 전체근무자가 상황내용을 공통으로 인지한다.

나. 열차통제 시 당황하지 않고 침착하게 수행하고 중요사항은 Supervisor 및 조원과 협의 후 시행한다.

다. 관제업무는 열차운행과 안전에 직결됨을 명심하여 관련규정 준수로 안전과고객의 입장에서 조치한다.

라. Supervisor는 조원에게 신속한 업무분담과 조치지시 등으로 상황을 지휘한다.
　1) 상황발생 Zone의 콘솔에서 열차무선으로 열차통제 담당
　2) 그 외 콘솔은 현장정보파악 및 상황전파 등 담당
　3) 업무지시는 간단·명료하게, 고객의 입장에서 안전 및 생명을 최우선으로 하여 병발사고가 나지 않도록 시행

마. Supervisor는 팀장, 실장, 본부장, 사장 등에 상황보고와 A, B콘솔의 부족부분을 보완 지시한다.
　- 인력지원요청, 관제방송, 운전명령, 반대열차 통제, Pan하강 등

바. 운전관제원은 상황조치 시 중요사항은 조원들이 서로 인지할 수 있도록 큰소리로 복창 후 시행한다.

사. 열차 및 역 등 현장에 지시 및 통보 시에는 조치 후 통보하라는 형태로 한다.
— 현장과 통화 시는 책임자(팀장, 분소장, 역장)에게 조치통보 등을 시행한다.

아. 모든 연락통화는 간단, 명확하게 녹음되는 관제전화를 사용하며, 순서 및 대응요령에 따라 일관성 있고 분별력 있게 응대한다.

자. 업무와 관련된 현상, 현장지시, 통화내용 등은 개인 노트에 일시, 통화자, 지시내용, 명령 및 승인번호 등 빠짐없이 기록유지하고 이를 습관화 한다.

차. 상황종료 시 일련의 조치과정과 기록내용을 점검하고 조원 간 업무 토의를 거쳐 향후 동종 사고 및 장애 확산과 열차지연 예방에 적극 노력한다.

### 3-2-2 이례상황(비상) 발생 시 단계별 대응체계

| 단 계 | 조치사항 | 비 고 |
|---|---|---|
| 1 단계<br>(발생초기) | 초 동 조 치 | - 관련부서 상황통보<br>- 상황파악 및 자체 응급조치<br>- 필요시 현장 제어(LOCAL)로 전환 |
| 2 단계<br>(초기통제) | 열차운행 통제 | - 열차 및 역에 안내방송 지시<br>- 회차역에 대한 열차운행 통제<br>- 복구지연 시 열차운행 변경 |
| 3 단계<br>(정상운행) | 본선개통 및<br>정시운행 회복 | - 장애 임시복구 완료<br>- 현장취급을 중앙제어로 전환<br>- 열차 정상운행 지시 |
| 4 단계<br>(상황완료) | 원 인 분 석 | - 완전복구 및 재발방지 대책 강구<br>- 원인분석 및 상황보고 |

## 3-2-3 이례상황(비상) 발생 시 대응 요령

### 상 황 접 수

- 발생일시 : 월, 일, 시간
- 발생장소 : 구체적 장소(상, 하선, 승강장 어느 곳, 대합실 어느 곳)
- 내    용 : 상황내용, 규모, 진행정도, 원인, 초동조치 여부
- 보 고 자 : 소속, 직위, 성명

### 상황판단 및 초동조치

- 상황판단 : 본선운행 가능여부, 고객취급 가능여부, 초기조치 가능여부
- 응급조치 : 사고확산 방지를 위한 기관사 및 발견자가 가능한 조치
- 초동보고 : 사고보고 계통도에 따라 유선보고
- 관련부서 상황통보 : 발생장소, 내용, 필요한 조치, 현재상태

### 조 치 및 복 구

- 진행상황 파악 : 상황조치 정도, 상황복구 예정시간
- 추가조치 : 열차운행상황 파악, 대고객 안내방송(열차, 역사), 복구차량 운행여부 등
- 운전정리 : 간격조정, 운행중단, 임시열차 출고, 차량교환 등

### 상 황 보 고

- 상황보고서 작성 : 구체적으로 작성
- 현재 사고 진행정도 : 조치내용, 피해사항, 열차운행상황
- 사고원인 : 현재까지 파악된 원인, 향후 필요한 조치

## 3-3 상황보고 체계 및 보고요령

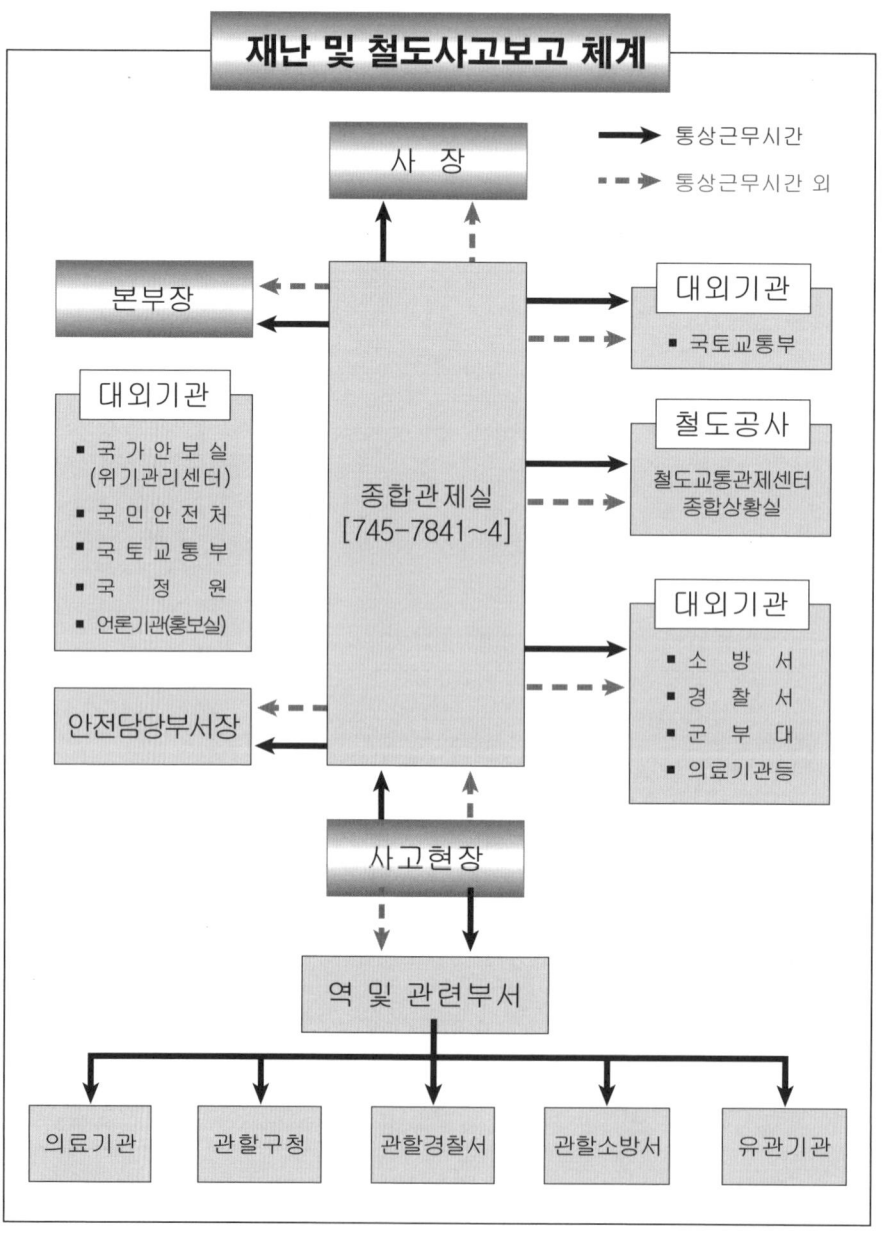

[공항철도(주) 사고보고 계통도]

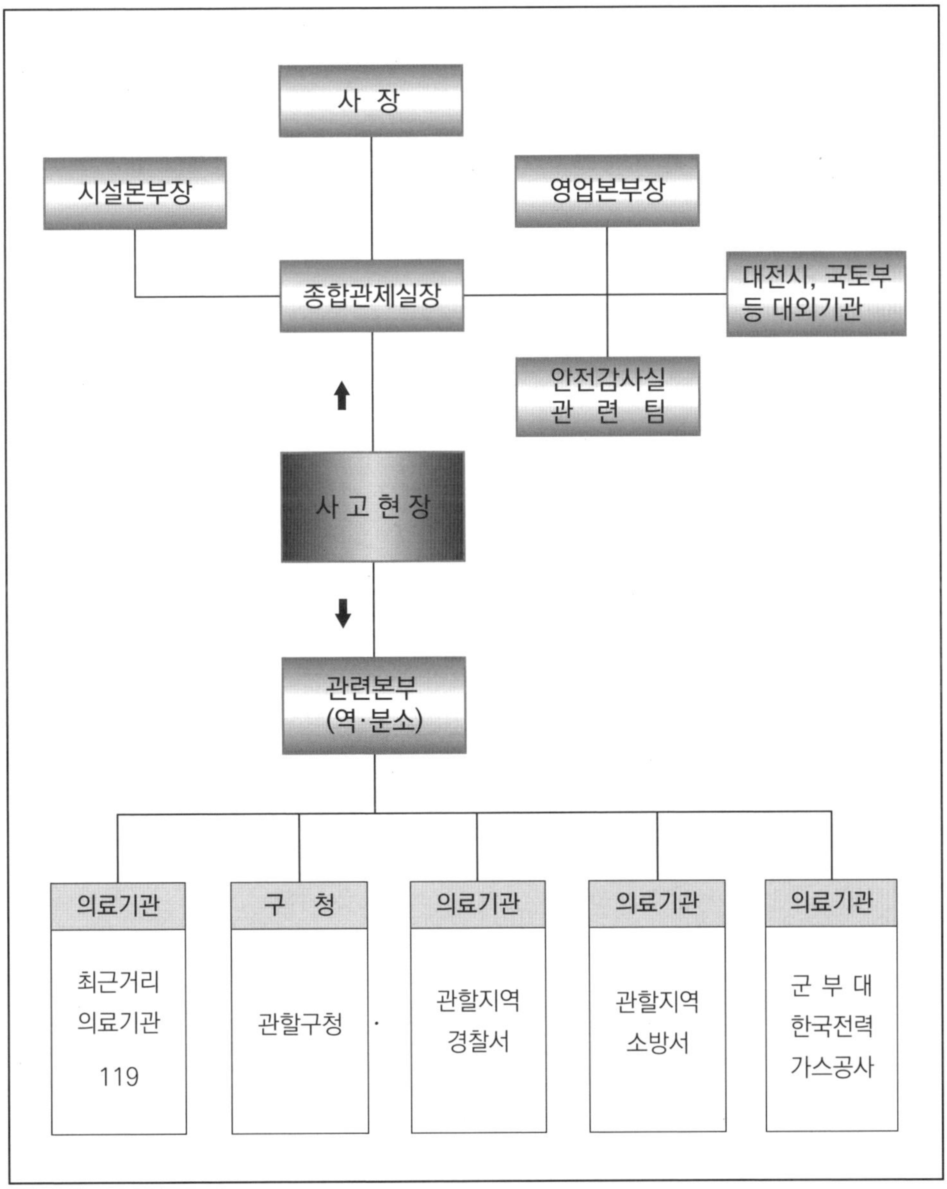

```
                         ┌─────────┐
                         │  사 장  │
                         └────┬────┘
   ┌──────────┐               │          ┌──────────┐
   │ 시설본부장 │               │          │ 영업본부장 │
   └─────┬────┘               │          └─────┬────┘
         │          ┌─────────┴─────┐          │     ┌──────────────┐
         └──────────│   종합관제실장  │──────────┴─────│ 대전시, 국토부 │
                    └─────────┬─────┘                │ 등 대외기관    │
                              │                      └──────────────┘
                              │                ┌──────────────┐
                              ▲                │  안전감사실    │
                              │                │  관 련 팀     │
                              │                └──────────────┘
                    ┌─────────────────┐
                    │   사 고 현 장    │
                    └─────────┬───────┘
                              ▼
                    ┌─────────────────┐
                    │   관련본부       │
                    │   (역·분소)      │
                    └─────────┬───────┘
   ┌──────┬──────┬────────────┼────────────┬──────┐
 의료기관  구 청   의료기관     의료기관     의료기관
 최근거리 관할구청  관할지역    관할지역    군 부 대
 의료기관         경찰서       소방서     한국전력
  119                                    가스공사
```

[대전도시철도공사 사고보고 계통도]

가. 사고의 보고

철도안전법 제61조, 시행령 제57조, 시행규칙 제86조에 의하여 다음 사항에 대해서는 즉시(사고발생 후 1시간 이내) 사고보고 계통도에 의해 보고하여야 한다.
1) 열차충돌 및 탈선사고
2) 철도차량 또는 열차에서 화재가 발생하여 운행을 중지시킨 사고
3) 철도차량 또는 열차의 운행과 관련하여 3인 이상의 사상자가 발생한 사고
4) 철도차량 또는 열차의 운행과 관련하여 5천만 원 이상의 재산피해가 발생한 사고
5) 보고하여야 할 사항
   ① 사고발생 일시 및 장소
   ② 사상자 등 피해사항
   ③ 사고발생 경위
   ④ 사고수습 및 복구계획

나. 상황보고서 작성요령

사고 및 장애 관련 내용을 정확히 작성하여 사고보고 계통도에 의하여 보고한다.
1) 제    목 : 원인과 내용을 함축하여 기록
2) 발생일시 : 사고발생 연. 월. 일(요일). 시를 기록
3) 발생장소 : 구체적 사고발생 장소
4) 해당열차 : 사고발생 당해열차 또는 사고관련 운행열차를 기록
5) 발생원인 : 사고를 발생시킨 직접적인 요인이나 추정되는 사항 기록
6) 발생내용 : 6하 원칙(5W1H)에 의거 간단명료하게 기록
7) 조치내용 : 운전관제원이 사고와 관련하여 조치한 내용을 기재
8) 지연열차 : 사고로 인하여 지연된 열차의 지연된 시, 분을 기록
9) 기타사항 : 사고와 관련된 사실로 참고가 되는 사실을 기록

## 3-4 재난상황관리 및 이상기후 시 조치

### 3-4-1 이상기후 시 조치

가. 이상기후(풍수해, 설해) 예보 시
   1) 기상청사이트 기후상태 수시파악
   2) 기상특보 발표에 따른 상황전파 및 사전대비 지시(운전명령)

3) 각 역, 본선 및 입, 출고열차 안전운행확보 독려
   ① 관제전화 및 열차무선 All-Call 통보
   ② 역사주변 및 본선열차운행 중 이상개소 발견 시 관제보고 등
4) 재난종합상황실 운영대비 사전 준비
   ① 업무연락 문안 사전 작성
   ② 재난종합상황실 운영일지, 상황보고, 업무보고, 비상근무일지
   ③ 공사 시설본부, 영업본부, 운영본부 등 비상근무자 명단 파악
   ④ 야간근무(공휴일 포함) 시 SMS문자전송 준비
   ⑤ 관련 유관기관 및 재난·재해관련 시 관계자 비상연락망 확보

나. 기상특보(호우주의보, 대설예비특보) 발령 시
   1) 재난종합상황실 1단계 운영
      ① 전부서(노동조합 포함) 재난종합상황실 운영 알림 업무연락
         - 야간근무시 각 부서(분소) 당일 근무자 2명에게 SMS 통보·전체역사에 업무연락 문서 모사전송(Fax)
      ② 시설본부, 영업본부, 운영본부 등 SMS문자전송
         - 야간근무(공휴일 포함) 시 사장, 각 본부장, 기술분야 팀장 및 주무차장
      ③ 재난종합상황실 운영일지 작성
         - 재난종합상황실 운영일지, 상황보고, 비상근무일지, 업무보고
         - MIS에 금일 재난종합상황 등록

다. 기상특보(호우경보, 대설주의보) 2, 3단계 발령 시
   1) 단계별 비상근무 발령
      ① 종합관제실장 보고 후 시설본부장 지시에 의거 비상근무 발령
         - 시설, 영업, 운영본부 및 위탁역별 각 1명 비상근무(2단계)
         - 시설, 영업, 운영본부, 종합관제실, 안전감사실 및 위탁역 별 각 2명(팀장포함) 비상근무(3단계)
      ② 비상근무자 명부 및 근무일지 작성
      ③ 재난상황 처리(관리) 및 유관기관과의 협조체계 유지

라. 기상특보(해제) 발령 시
   1) 재난종합상황실 운영 종료
      ① 전부서(노동조합 포함) 재난종합상황실 운영 종료 알림
         - 야간근무 시 각 부서(분소) 당일 근무자 2명에게 SMS 통보
         - 전체역사에 업무연락 문서 모사전송(Fax)

② 재난종합상황실 운영결과 보고
  - 재난종합상황실 운영일지, 상황보고, 비상근무일지

[공항철도(주) 종합관제실 전경]

# 제4장 철도교통관제사의 실무

4-1. 기본업무

4-2. 영업준비 및 영업종료

4-3. 철도교통관제사의 관리 기록부

4-4. 열차운행 감시 및 통제요령

4-5. 선로 내 출입 및 작업통제

4-6. 운전정리 및 열차운행 스케줄 관리

4-7. 임시열차의 운용

4-8. Local 취급 및 주요 운전취급

4-9. 운전명령서 작성 및 발령 절차

# 제 4 장 철도교통관제사의 실무

## 4-1 기본업무

가. 열차운행 관련 업무
　　1) 입, 출고 및 본선 열차운행 감시·통제
　　2) 사고·장애 발생 시 열차통제 및 운전정리
　　3) 영업 준비상태 및 영업종료 확인
　　4) 운전명령 및 관제승인 사항 관리
　　5) 열차운행 관련 실적 및 스케줄 관리
　　6) 야간작업 승인 및 선로출입 통제
　　7) 임시열차운행 관리
　　8) 상황보고 및 대·내외 보고
　　9) 기타 열차운행관련 필요한 지시 등

나. 상황파악 및 관리 업무
　　1) 열차운행 표시판(LDP), 열차무선, 화상설비를 활용한 운행상태 파악
　　2) 열차운행 관련 시스템 정상기능 유지상태 확인
　　3) 중앙제어(TTC) 불능시 현장 운전설비(LOC)의 효율적인 운용
　　4) 이례상황 발생 시 상황전파 및 정상복구 체계 관리
　　5) 이상기후 시 조치 및 재난종합상황 관리

다. 근무자별 업무분장
　　1) 관제팀장(Supervisor)
　　　① 종합관제실 업무 총괄
　　　② 공휴일 및 야간 팀 업무 총괄
　　　③ 상황발생 시 대·내외 보고
　　　④ 열차운행 실적 및 통계관리
　　　⑤ 열차지연 분석 및 이상발생 통계관리
　　　⑥ 관제요원 교육훈련 관리
　　　⑦ 긴급 상황발생 시 열차운행계획 변경
　　　⑧ 고객수송 통제에 관한 사항
　　　⑨ 임시열차운행 시행
　　　⑩ 열차운행 업무 조정 및 협의

　　⑪ 운전관제 설비 보완 및 개선
　　⑫ 재난종합상황실 운영
　2) 운전관제사(A, B Console)
　　① 열차운행 감시 통제 및 운전정리
　　② 운전사고 및 장애 발생 시 긴급조치
　　③ 영업 준비 및 종료상태 확인
　　④ 운전관제 운영시스템 제어 및 감시
　　⑤ 야간 선로작업 승인 및 선로출입 통제
　　⑥ 열차운행 DIA 및 임시열차운행 스케줄 입력
　　⑦ 관제실 출입자 통제 관련 업무
　　⑧ 민원접수 및 처리사항 이첩
　　⑨ 각종 일지 작성 및 MIS 기록사항 입력

## 4-2 영업준비 및 영업종료

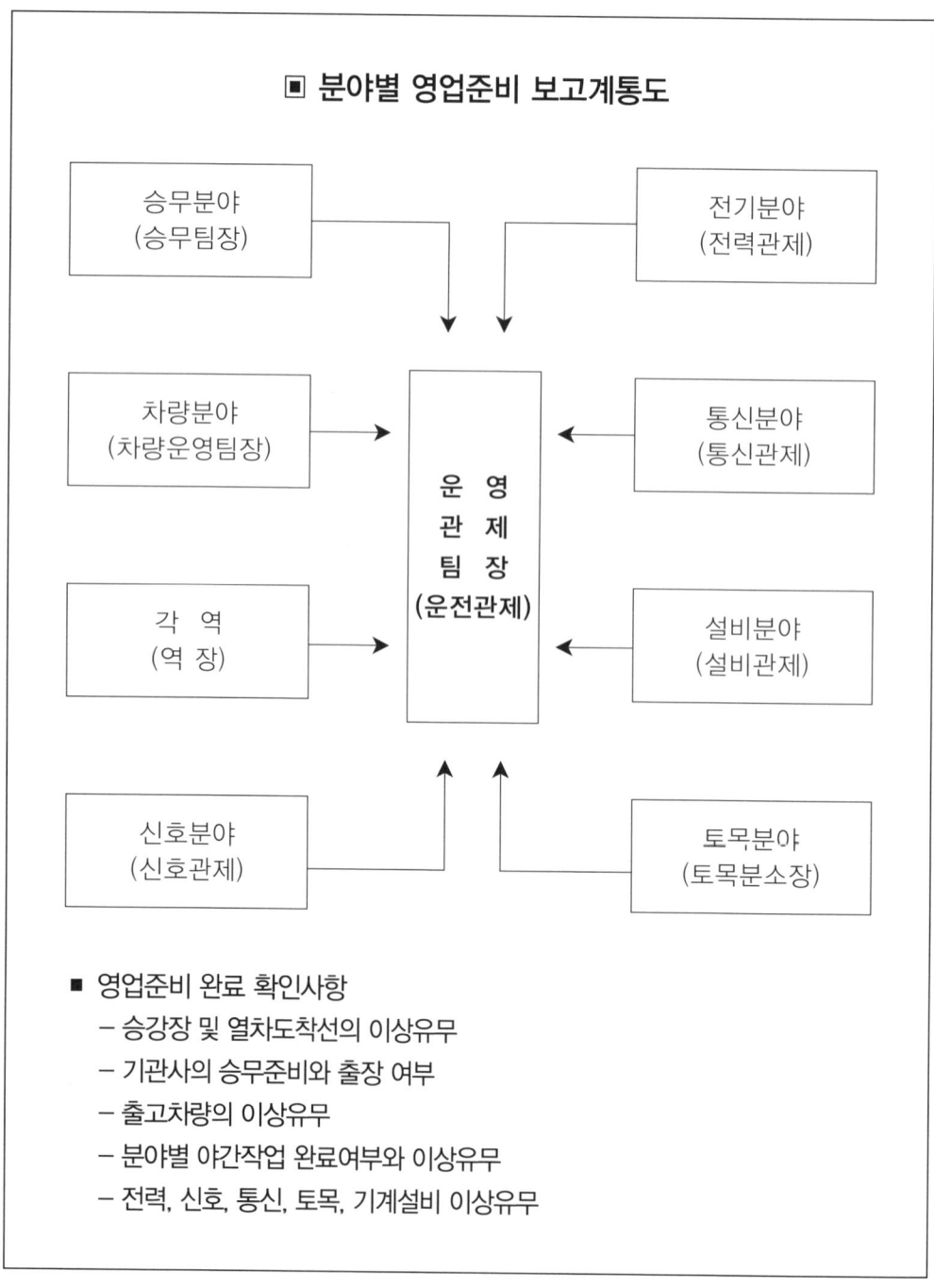

- 영업준비 완료 확인사항
  - 승강장 및 열차도착선의 이상유무
  - 기관사의 승무준비와 출장 여부
  - 출고차량의 이상유무
  - 분야별 야간작업 완료여부와 이상유무
  - 전력, 신호, 통신, 토목, 기계설비 이상유무

가. 영업준비 및 전차선 급전
　　1) 전차선 급·단전시간의 기준
　　　　① 급전시각 : 영업 첫 열차 출발시각 30분 전까지
　　　　② 단전시각 : 마지막 열차 주박지 유치 및 입고 완료 시
　　2) 전차선 급·단전 절차
　　　　① 전차선 급전 계통도

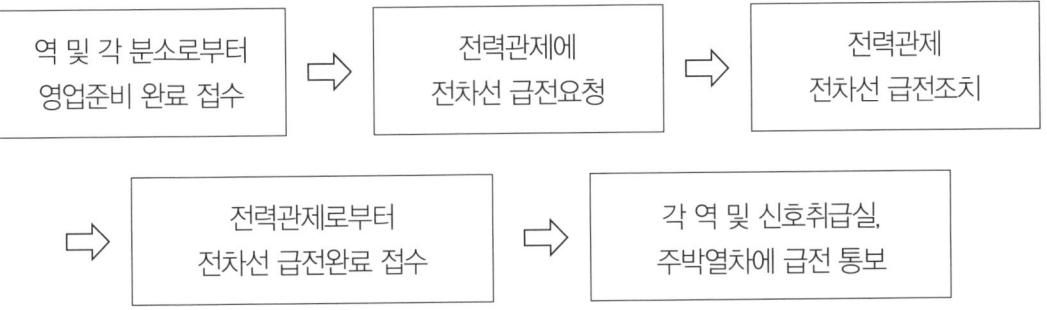

　　3) 시행사항
　　　　① 운전관제는 각 분야별로 영업준비 상태를 확인하고 영업 첫 열차 출발시각 40분 전까지 전력관제에 전차선 급전 요청
　　　　② 운전관제로부터 전차선 급전을 요구받은 전력관제는 전차선 급전 완료 후 운전관제에 전차선 급전시각 통보
　　　　③ 전력관제로부터 급전완료 통보를 받은 운전관제는 급전시각을 각 역, 신호취급실 및 주박열차에 통보

나. 영업종료 후 전차선 단전조치
　　1) 전차선 단전 계통도

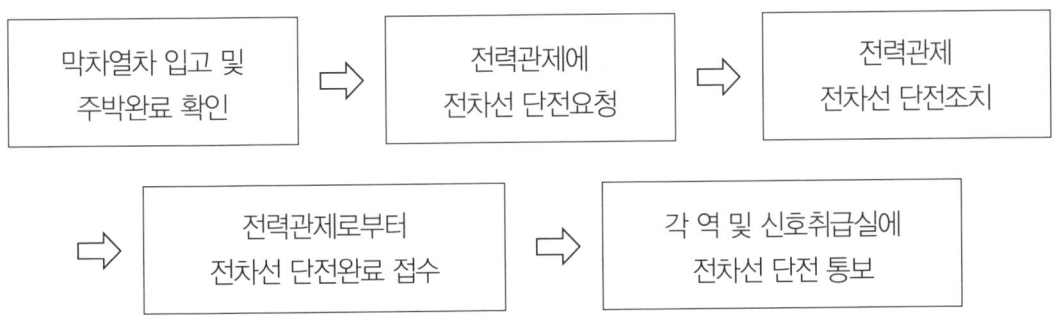

2) 시행사항
① 운전관제는 마지막 열차가 종착역 도착 후 주박위치에 주박완료 여부를 확인한 뒤 전력관제에 전차선 단전요구
② 전차선 단전 요청을 받은 전력관제는 전차선 단전완료 후 운전관제에 전차선 단전시각 통보
③ 전력관제로부터 단전통보를 받은 운전관제는 전차선 단전시각을 각 역 및 신호취급실에 통보

다. 영업개시 준비업무 시행 기준
영업개시 준비업무는 영업 첫 열차 출발시각을 기준으로 한다.

라. 야간작업 및 모터카 운행종료 기록 확인
1) 작업 및 운행종료 사항 기록
야간작업 및 모터카 운행종료를 "선로작업승인사항"에 의하여 해당구역의 담당자는 작업종료 사항을 확인한 뒤 영업 첫 열차 출발시각 50분 전까지 그 이상유무를 MIS에 일괄 기록한다.
2) 작업 및 운행종료 사항 확인
영업준비 시 운전관제는 작업시간과 이상유무를 확인한다.

마. 기 타
1) 각 분야별 이상유무 통보 및 보고 시에는 반드시 보고시간, 통화자 성명, 관계내용 등 기타 주요 사항 등을 업무일지에 기록유지하여야 한다.
2) 기타 제반사항은 관련지침에 의한다.


## 4-3 철도교통관제사의 관리 기록부

가. 업무일지
1) 개 요
운전관제의 당일 업무 중 가장 중요한 업무인 영업준비상태 확인, 신호보안장치 기능점검, 운전관련 사항 등을 종합하여 기록하고 관리한다.
2) 업무일지 기록요령
운전관제 업무일지의 기록은 아래와 같은 내용을 기록한다.
① 날씨 : 해당되는 날의 기상을 확인하고 기록한다.(예 : 맑음, 흐림)
② 근무시간 및 근무자

　　　㉠ 야간근무(01:00 ~ 09:00) : 전일 18:00에 출근한 야간근무조 기록
　　　㉡ 주간근무(09:00 ~ 18:00) : 당일 주간근무조 기록
　　　㉢ 야간근무(18:00 ~ 01:00) : 당일 18:00에 출근한 야간근무조 기록
　③ 이미지 트레이닝 및 일일교육사항
　　　㉠ 이미지 트레이닝 : 각 반별 이미지 트레이닝 내용 기록
　　　㉡ 일일교육 : 주간 단위로 일일교육 내용 기록
　④ 지시사항
　　　㉠ 실장 및 팀장 지시사항 기록
　　　㉡ 교육관련 사항 및 기타 중요한 사항
　⑤ 운전관련사항
　　　㉠ 임시열차 운행 : 관련문서의 번호 및 제목, 운행시간, 관계열차 등을 기록
　　　㉡ 레일연마 작업 : 작업구간 및 전차선 단전유무를 기록
　　　㉢ 기타 열차운행과 관련된 사항 등을 기록
　⑥ 영업준비 상태의 확인
　　　㉠ 수보시간 : 04:00 ~ 04:40
　　　㉡ 확인해야 할 부서
　　　　 - 관제분야 : 전력관제, 신호관제, 통신관제, 설비관제
　　　　 - 운영본부 : 승무팀, 차량운영팀
　　　　 - 전 역사, 각 분야별 취급실과 분소
　　　㉢ 확인 및 기록내용
　　　　상기 해당 부서로부터 당일 열차운행을 위한 영업준비 이상유무를 확인하고 수보시간과 함께 업무일지에 기록한다.
　⑦ 기상정보 확인
　　　기상청, 터널 내 최저·최고기온 기록, 기타 필요구간 기록

나. 열차운행 상황표
　1) 개 요
　　열차운행 상황표는 MIS에 영업시작 및 종료를 위한 전차선 급·단전 시간 및 열차 입·출고 및 주박지를 기록 유지함
　2) 열차운행 상황표 기록내용
　　① 근무시간 및 근무자 기록
　　　㉠ 야간근무(01:00 ~ 09:00) : 전일 18:00에 출근한 야간근무조 기록
　　　㉡ 주간근무(09:00 ~ 18:00) : 당일 주간근무조 기록
　　　㉢ 야간근무(18:00 ~ 01:00) : 당일 18:00에 출근한 야간근무조 기록

② 열차 입·출고 현황
③ 임시열차, 운전휴지, 운전시각 변경·지연시간 및 사유
④ 전차선 단전(단전시간 및 단전시행자 기록)
⑤ 신호장애, 차량고장, 선로지장에 관한 사항
⑥ 기타 필요하다고 인정하는 사항

다. 열차운행 실적일보
1) 개 요
본선 열차운행 실적을 MIS에 영업운전 및 회송으로 나누어 구간별 열차운행 횟수와 열차운행거리를 기록하여 관리한다.
2) 열차운행 실적 기록 내용
① 평일, 휴일 운행실적 기록
② 임시열차, 시운전열차, 열차운휴 등은 상기 실적에 가감하여 기록한다.

## 4-4 열차운행 감시 및 통제요령

가. 이례상황 발생 시 열차통제
1) 개 요
열차운행 중 이례상황 발생 시 보다 신속하고 효율적인 운전정리를 위한 관련 부서별 협조체계 구축은 물론 열차지연 최소화로 이용고객에 대한 불편을 최소화하기 위함
2) 기본방향
① 상황발생 시 초기상황에 대한 정확한 파악
② 정확한 초기대응으로 사고확산 예방노력
③ 각 분야별 유기적인 협조체제 구축으로 열차운행 지연 최소화
3) 주요 시행사항
① 열차운행상황 파악
㉠ 열차운행표시반(LDP), 열차무선, 화상설비 등으로 운행상황 파악
㉡ 중앙제어(TTC) 불능 시 현장 운전설비의 효율적 운용(LOCAL 취급)
  - 신호취급실 기능 정상유지 및 당일 근무자 파악
㉢ 예비차량의 적정 활용
  - 차량기지구 내 예비차량
  - 필요시 본선 유치선에 비상대기 열차 확보
② 사고·장애 발생 시 운전관제의 기본조치

　　　㉠ 2분 이내 : 상황파악 및 초등조치
　　　㉡ 10분 이내 : 상황조치 및 본선개통
　　　㉢ 원상회복 및 정상운행
　　　㉣ 원인분석 및 대책수립

나. 관제승인
　1) 개 요
　　열차운행과 관련된 중요사항 및 선로출입 등에 대하여 종합관제실의 승인에 의하여 원활한 운전정리 및 열차안전운행에 만전을 기하기 위함
　2) 관제 승인사항
　　① 출입문 비연동
　　　출입문이 닫히지 않을 때 출입문안전막을 설치한 후 역 직원을 감시자로 승차시켜 고객에 대한 안전조치를 취한 뒤 전동차 운전실의 전체 출입문 바이패스 스위치를 취급한 경우
　　② 반복변경, 순서변경, 운전시각변경
　　　열차운행 중 차량고장 또는 기타 이상으로 위와 같은 운전정리를 시행하는 경우
　　③ 선로출입 및 작업
　　　영업열차 운행 중 시설물 관리를 위한 순회 또는 점검정비를 위해 열차운전에 지장을 주는 선로·전차선로·신호·통신공사 등을 하는 경우
　　④ 운전방식변경
　　　㉠ 열차운행 중 운전모드의 변경이 필요한 경우
　　　　　- 비상운전(FMC) 시
　　　　　- 야드운전(YARD) 시
　　　㉡ 역 간 통제에 의한 운전인 경우
　　　㉢ 역 진입 중 과주로 인한 되돌이운전 시행 시
　　⑤ LOCAL 취급
　　　현장 신호취급실에서 LOCAL 취급 및 신호, 진로를 제어해야 하는 경우
　　⑥ 임시서행
　　　본선 선로작업 등으로 열차의 해당구간 서행이 필요한 경우
　3) MIS에 관제 승인기록 작성요령
　　① 승인일자(년, 월, 일) 기록
　　② 승인번호의 지정
　　　관제 승인번호는 시행하는 날(日)의 순서에 의해 연번으로 부여한다.
　　③ 시간 : 승인시간을 기록한다.

④ 장소 : 작업구간 또는 장소를 기록한다.
⑤ 구분 : 관제승인 사항 중 구분하여 기록한다.
⑥ 내용 : 발생현상에 대한 승인 또는 작업내용을 기록한다.
⑦ 관계자 : 해당 기관사 또는 작업자
⑧ 승인자 : 당일 해당업무를 승인처리한 담당자

### 4-5 선로 내 출입 및 작업통제

가. 선로 내 출입통제
  1) 개 요
    본선 열차운행 중 터널 내 모터카 또는 시설·설비·장비 등의 보수, 점검 및 야간작업의 사전준비 등을 위해 선로출입이 불가피한 경우 작업자의 안전과 열차의 안전운행 확보를 위하여 출입방법 및 그 절차를 정함
  2) 관련근거
    - 각 운영기관별 관련규정에 의한 선로 내 출입통제
  3) 선로 내 출입의 승인 절차
    ① 선로출입을 하고자 하는 부서에서 작업시간, 작업구간, 작업인원(소속 및 작업책임자), 작업내용을 운전관제에 통보하고 출입승인을 받아야 한다.
    ② MIS에 "선로출입 승인요청"을 작성하여 관할 신호(운전) 취급실로 신청하고 신호(운전) 취급실은 운전관제에 승인을 요청한다.
    ③ 운전관제는 MIS의 "선로출입 승인요청"을 검토 확인 후 승인한다.
    ④ 운전관제는 선로 내 출입을 승인한 경우에는 승인구간 내의 운행 중인 모든 열차에 대하여 주의해서 운행하도록 지시하여야 한다.
    ⑤ 사고 또는 장애 등으로 열차운행에 지장을 주거나 지장이 예상되어 긴급한 점검 또는 보수작업 등이 필요한 경우에는 유선으로 운전관제에 요청하고 운전관제에서 판단하여 유선으로 승인할 수 있다.

나. 모터카 운행 및 선로작업
  1) 개 요
    열차운행 종료 후 선로 내 야간작업 및 모터카 운행구간 등 분야별 작업구간의 조정으로 작업자의 안전과 원활한 야간작업이 될 수 있도록 그 절차를 정함
  2) 관련근거
    - 각 운영기관별 관련규정에 의한 모터카 운행 및 선로작업 승인

3) 선로작업의 승인 절차
① 영업종료 후 모터카 운행 및 선로작업을 하고자 하는 부서에서 운전관제의 선로작업 승인을 받아야 한다.
② 모터카 운행 및 선로작업 요청은 해당 팀장 또는 담당자는 모터카 운행 구간 및 작업구간이 중복되지 않도록 관련부서 간 사전협의 후 MIS에 "선로작업 승인요청"을 작성하여 관제실에 승인을 요청한다.
③ 운전관제사는 MIS의 "선로작업 승인요청"을 검토 확인 후 당일 18:00까지 승인한다.
④ 모터카 운행 및 선로작업 취소를 요청하는 해당 팀장 또는 담당자는 운전관제사에 취소사유를 통보한다.

## 4-6 운전정리 및 열차운행 스케줄 관리

철도교통관제사는 열차의 정상적 운행 시 보다는 이례상황이나 사고발생 시 존재의 가치와 업무의 진가를 인정받게 된다.
열차가 비 정상적으로 운행되면 열차운행을 정상화시키기 위해 열차 운전정리를 시행하며, 이는 운전명령서 작성 지침의 제도를 기본으로 하여 시행하며, 관제승인과 관제 운전명령을 통해 이루어진다.
철도 각 운영기관마다 조건에 맞게 시행하여 내용은 상이하나, 그 과정 및 절차는 대동소이하다.
열차의 자동운행을 위해서는 열차운행 스케줄을 조정함으로써 자동운행과 자동방송 등 부가적인 사항들이 자동으로 이루어 진다.
세부적인 내용은 설명하면 다음과 같다.

### 4-6-1 운전정리

가. 운행변경
열차운행도표에 정해진 대로 정상운행을 하지 않고 열차의 운전상태, 고객 등을 고려하여 중간 역에서 운행을 중단시키거나 연장운행하는 등 운행구간을 변경하는 것을 말한다.

■ 운행변경 절차

```
┌─────────────────────────────────────────────────┐
│                 운행변경 사유 발생                │
│   ■ 차량고장                                     │
│   ■ 고객폭주                                     │
│   ■ 운행선로(전차선) 이상                         │
│   ■ 기타                                         │
└─────────────────────────────────────────────────┘
```

```
┌─────────────────────────────────────────────────┐
│                  운행변경 결정                    │
│   ■ 연장운행 : 운행구간                           │
│   ■ 운행중단 : 고객하차, 반복운행, 입고 또는 대피선 유치 │
│   ■ 기타                                         │
└─────────────────────────────────────────────────┘
```

```
┌─────────────────────────────────────────────────┐
│                  운전명령 시달                    │
│   ■ 운전명령서 작성(작성 전 열차무선, 유선으로 하달)│
│   ■ 기관사 및 관련부서 : 운전명령번호, 변경사유, 운행구간, 운행형태 │
│      ※ 역, 신호취급실, 차량운영팀, 승무팀         │
└─────────────────────────────────────────────────┘
```

```
┌─────────────────────────────────────────────────┐
│                   스케줄 변경                     │
│   ■ 운행중단 : 운휴열차, 운휴구간 지정             │
│   ■ 진로변경 : 종착역 진로                        │
│   ■ 형태변경 : 회송, 영업, 입고                   │
│   ■ 임시열차 : 열차번호, 연장운행 시 스케줄 생성   │
└─────────────────────────────────────────────────┘
```

## 나. 차량교환

차량교환은 일반적으로 차량고장, 기타의 사유로 차량기지에서 예비열차를 출고하여 차량을 교환, 운행토록 하는 것을 말한다.

◨ 차량교환 절차

---

### 차량교환 사유 발생

- 차량고장 : 차량운영팀(기동검사원), 운전관제사 판단
- 기타(차량운영팀 요구)

### 차량교환 결정

- 임시열차 출고시간을 고려한 차량교환 결정 및 임시열차 출고
- 차량교환역 : 차량교환 장소(승강장)

### 운전명령 시달

- 기관사, 관련부서(승무팀, 차량운영팀, 신호취급실)
- 운전명령 번호
- 차량교환 사유
- 차량교환역 : 차량교환 장소(승강장)
- 차량교환 시각

### 스케줄 변경

- 임시열차 생성(입고열차, 출고열차)
- 진로변경 : 차량교환열차, 반복열차, 입·출고열차
- 시각변경 : 차량교환열차, 반복열차(필요시)
- 연결열번 : 차량교환열차, 입·출고열차

## 다. 반복변경

전동차 고장 등의 사유로 열차운행계획도표와 달리 반복운행시키는 것을 말한다.

■ 반복변경 절차

---

**반복변경 사유 발생**

- 차량고장
- 기타 사유

---

---

**반복변경 결정**

- 선행열차 또는 후속열차 스케줄 확인
- 반복변경할 열차 편성 확인 후 차량운영팀 협의
- 반복변경할 역 열차운용 상황

---

---

**반복변경 승인**

- 변경열차 및 고장열차 기관사에게 열차무선으로 통보
  - 반복변경할 역 : 도착 및 출발승강장
  - 고장열차 행선
  - 반복변경 시간

---

---

**스케줄 변경**

- 변경열차 : 진로 및 연결열번, 필요시 시각변경
- 고장열차 : 진로 및 연결열번, 필요시 시각변경

라. 운전시각 변경

열차운행도표에 정해진 시각에 의하지 않고 현 시각 운전 또는 출발시각을 정시보다 일정시간 앞당기거나 늦추는 것을 말한다.

◘ 운전시각 변경 절차

---

**운전시각 변경사유 발생**

- 차량고장 등으로 열차 운행시격 조정 필요시
- 차량고장 또는 운행선로 장애 등으로 소정시각보다 앞당기거나 늦추어 운행할 사유 발생 시
- 순서변경 시 필요할 경우

---

**운전시각 변경시간 결정**

- 운행시격
- 고객수요
- 변경사유 등을 고려

---

**운전시각 변경 승인**

- 기관사에게 열차무선으로 통보
  - 승인번호
  - 운행시각 변경 사유
  - 운행시간 : 출발시간
  - 운행구간 : 변경된 시각으로 운행할 구간

---

**스케줄 변경**

- 변경구간 : 시발역과 종착역
- 출발시간 : 시발역 출발시간

### 4-6-2 상황별 열차운행 스케줄 관리

가. 운행 변경 시
  1) 상황전파 및 지시
    ① 운행변경할 열차 기관사 및 관련부서에 상황통보
      ㉠ 연장운행 및 운행중단 구간 통보
        - 연장운행 및 운행중단 사유
        - 그에 따른 안내방송 시행지시
  2) 스케줄 정리요령
    ① 운행변경할 열차 스케줄 정리
      ㉠ 연장운행
        임시열차 메뉴선택 ⇨ 운행경로가 같은 COPY 할 열차번호 입력 ⇨ 새 열차번호 입력 ⇨ 시발역 도착시간 입력 ⇨ 연결열번 입력 ⇨ 형태변경 선택(영업, 회송, 출고, 입고) ⇨ 진로변경(해당역) ⇨ 변경요구
      ㉡ 운행중단
        운휴열차 선택 ⇨ 운휴구간 선택 ⇨ 운휴지정 ⇨ 변경요구

나. 중간역에서 회차 시
  1) 상황전파 및 지시
    ① 회차열차 기관사에게 통보
      ㉠ 회차역 및 정차위치, 반복 열차번호 통보(운전명령)
      ㉡ 고객하차 및 운전실 교환 후 출발상태 확인
    ② 회차역 안내원 배치 및 승·하차 안내지시
    ③ 선행열차 및 후속열차 열차간격 조정
  2) 스케줄 정리
    ① 구간운휴 조치 : 해당열차, 반복열차
    ② 진로변경 : 해당열차 도착, 반복열차 출발
    ③ 시각변경 : 반복열차

다. 구원연결 후 합병열차 운행 시
  1) 상황전파 및 지시
    ① 고장열차 기관사에게 상황통보
      ㉠ 구원연결에 따른 안내방송 및 고객하차 조치
      ㉡ 열차방호 및 연결기 상태 확인

　　　② 해당역에 상황통보
　　　　　고객하차에 따른 안내방송 및 하차유도 조치
　　　③ 구원열차 기관사에게 상황통보
　　　　　㉠ 차량고장 상황 통보 및 구원지시
　　　　　　　- 고장차량 정차장소 및 구원사유 통보
　　　　　　　- 고객하차에 따른 안내방송 및 하차조치
　　　　　㉡ 구원열차 운행구간 통보
　　　④ 승무팀 및 차량운영팀에 상황통보
　　　　　㉠ 고장상황 및 차량유치 또는 입고 여부
　　　　　㉡ 예비차 출고 지시
　　　　　　　- 예비 기관사 준비
　　　　　　　- 예비차량 준비 및 출고 시간
　　2) 스케줄 정리
　　　① 구간운휴 조치 : 고장열차, 구원열차, 반복열차
　　　② 임시회송열차 생성(열차번호 : 1800단위)
　　　③ 진로변경

라. 차량교환 시
　　1) 상황전파 및 지시
　　　① 고장열차 기관사에게 상황통보
　　　　　㉠ 임시열차 출고시간을 고려한 차량교환 결정
　　　　　㉡ 차량교환 장소 및 편성
　　　② 승무팀 및 차량운영팀에 상황통보
　　　　　㉠ 고장상황 및 차량교환 사항
　　　　　㉡ 예비차 출고 지시
　　　　　㉢ 운전명령서 작성 통보
　　2) 스케줄 정리
　　　① 임시열차 생성 : 입고열차, 출고열차
　　　② 진로, 연결열번 변경 확인

마. 반복변경 시
　　1) 반복변경 대상열차 파악
　　　① 선행열차, 후속열차 스케줄 확인
　　　② 반복변경할 열차 편성 확인 후 차량운영팀 협의

2) 상황전파 및 지시
    ① 반복변경(고장열차, 입고열차) 기관사에게 상황통보
        ㉠ 반복변경 대상열차 번호 및 편성
        ㉡ 반복변경 장소 및 승인번호
    ② 승무팀 및 차량운영팀에 상황통보
        고장상황 및 반복변경 사항
3) 스케줄 정리
    ① 반복변경 대상열차 진로 및 연결열번 변경 확인
    ② 필요시 출발시각 변경

바. 주박열차 운전취급
1) 주박열차 주박위치 변경 시 취급순서
    ① 관련 부서(분소)로부터 주박위치 변경요청 접수
    ② 해당구간의 모터카 운행 및 기타 주박위치 변경에 따른 문제점 검토
        ㉠ 타 분야 해당 유치선 작업에 대한 협조여부 확인
        ㉡ 당일 분야별 해당구간 작업내용 및 모터카 운행사항 검토
        ㉢ 주박위치 변경 시 타 분야 모터카 운행 및 작업지장 여부
    ③ 주박위치 결정
    ④ 주박위치 변경사항 통보
        ㉠ 운영본부 승무팀(기관사 출무 전 사전교육)
        ㉡ 해당 신호취급실 및 관련역
    ⑤ 진로 및 스케줄 변경

사. 운전명령서 작성
운전명령서는 철도교통관제사가 평상 및 이례상황 시 차량 또는 열차의 운전에 관련되는 사항을 사장을 대신하여 서면이나 열차무선으로 특별히 지시하는 것을 말한다.

1) 임시열차(시운전) 운행
   시운전 등 열차운행 계획에 없는 열차를 임시로 운행

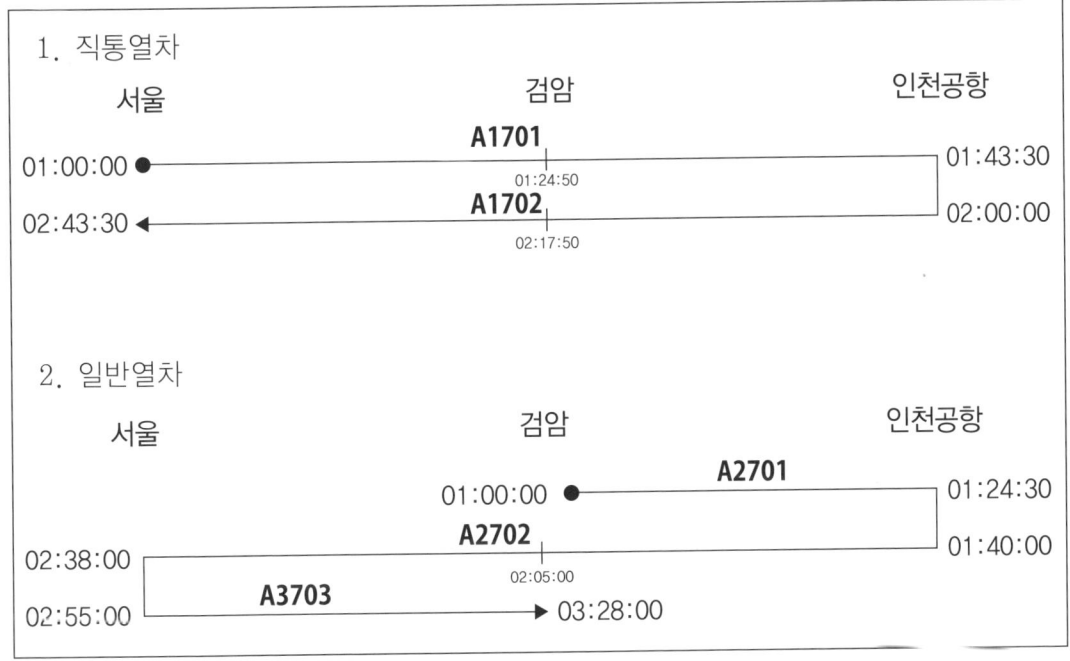

[공항철도(주) 작성 사례]

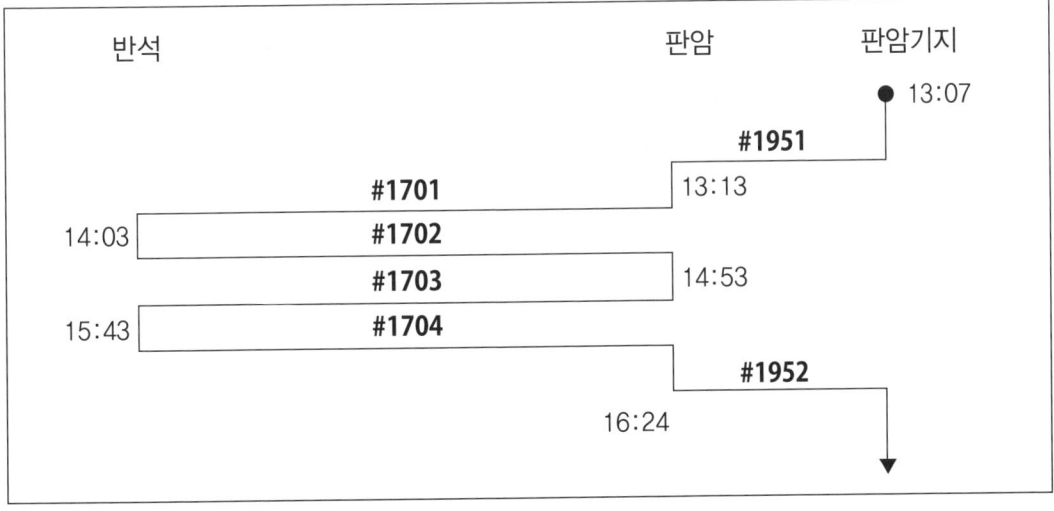

[대전도시철도공사 작성 사례]

2) 차량교환(예비차 출고)
   차량고장 등으로 예비차량을 출고하여 다른 차량과 교환

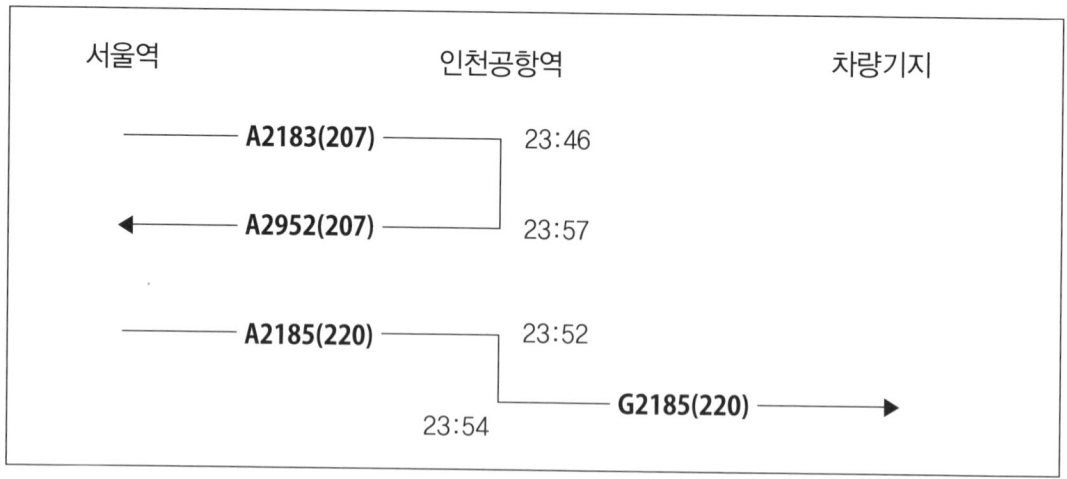

[공항철도(주) 작성 사례]

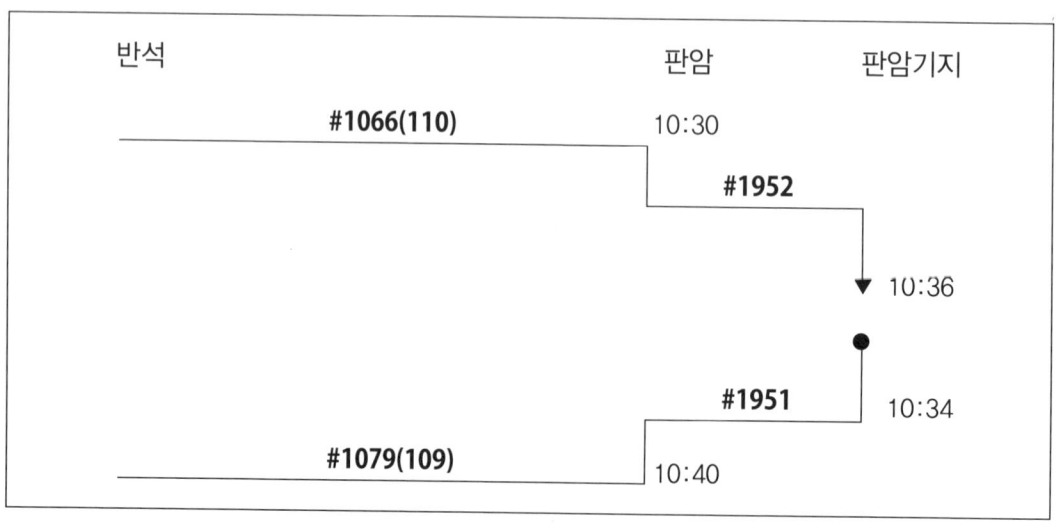

[대전도시철도공사 작성 사례]

3) 반복변경
   열차가 종착역 또는 반복 역에서 열차운행도표에 정해진 열차번호로 운행시키지 않고 다른 열차번호로 반복 운행시킴

```
1. 201편성 ATC점검을 위하여
   A2093열차는 인천공항역에서 A2114열차로 반복운행 함
2. 행로

   서울역                                        인천공항역

   ──────────── A2093(205) ────────┐   15:32
                                                 │
   ◄─────────── A2114(205) ────────┘   15:44
```

[공항철도(주) 작성 사례]

4) 구원운전

KTX 열차의 고장 등으로 KTX 열차로 구원연결하여 합병열차로 운전할 때 발행

```
1. KTX713열차(신친) 차량고장으로 운휴
   (운휴구간 : 인천공항역 ~ 수색직결선)
2. 회송 KTX526열차와 KTX713열차와 구원(합병), 회송
   (회송구간 : 인천공항역 ~ 수색직결선)
3. 열차운행 실적
   - KTX713열차 : 45.1km 운휴
   - 회송 KTX713열차 : 45.1km 증가
```

[공항철도(주) 작성 사례]

5) 특별지시사항

이상기후나 테러, 기타 상부 기관 등의 열차운행에 관련한 특별한 지시를 전달할 필요가 있는 경우 발령

2015년 1월 6일(화), 06:00분부로 공항철도 전 구간에
"강풍주의보"를 발령합니다.
　※ 예상 풍향 풍속 : 북서 – 북, 10 ~ 16m/s


- 공 통
  - 관내 순찰활동 강화
  - 각종 시설물 상태 확인 철저

- 각 역
  - 역사 외부 시설물 이상여부 확인

- 승 무 처
  - 전도주시 철저 및 운전취급엄정(선로변 인접공사 현장 상태 등)
  - 운전정보 교환 철저 및 정시운행 확보
  - 조기출장으로 교대 및 출고지연 방지

- 시설처, 전기처
  - 운전주의개소 집중관리
  - 법면유실 우려개소 및 선로변 인접공사 지역 등 선로순회 점검 강화
  - 변전소 및 전기실 상태 점검 확인철저

[공항철도(주) 작성 사례]

## 4-7 임시열차의 운용

### 4-7-1 임시열차의 운행

가. 임시열차 운행기준
 정기열차 이외의 필요한 경우에 일시 운행되는 열차
 1) 사전계획의 유무에 의한 분류
  ① 계획에 있는 임시열차 : 공문, 전보(문서)에 의해 시행(운전계획부서) 시운전열차, 특별열차(증편, 연장운행 사유발생 시), 행사열차 등
  ② 계획에 없는 임시열차 : 운전명령으로 시행(운전관제원) 차량 교환을 위한 임시열차, 운전정리로 인한 임시열차, 특별열차(증편, 연장운행 사유발생 시), 주박위치 변경을 위한 회송열차 등
 2) 고객승차 유무에 의한 분류
  ① 회송열차 : 고객을 승차시키지 않는 경우
  ② 영업열차 : 고객을 승차시키는 경우

나. 임시열차 운행 절차

| 계획에 있는 임시열차 | 계획에 없는 임시열차 |
|---|---|
| ⇩ | ⇩ |
| 계획된 운행 스케줄 검토 | 임시열차 운행사유 발생 |
| ⇩ | ⇩ |
| 관련부서 확인 | 임시열차 운행계획 검토 및 관련부서 협의 |
| ⇩ | ⇩ |
| P-콘솔, MMI스케줄 입력 | 운전명령서 작성 및 유·무선으로 운전명령 하달 |
| ⇩ | ⇩ |
| 시 행 | 운전명령서 송부 |
|  | ⇩ |
|  | MMI스케줄 입력 |
|  | ⇩ |
|  | 시 행 |

다. 임시열차 운행 시 열차통제
　　1) 본선 시운전 열차의 경우
　　　　① 확인 및 주의사항
　　　　　　㉠ 출고확인 및 선행 열차와의 간격 수시 확인
　　　　　　㉡ 승강장 안내방송 및 행선 안내게시기 표출상태 확인
　　　　　　㉢ 승강장에 안내원 배치여부 확인
　　　　　　㉣ 회차역에서 반복 지연여부 확인
　　2) 고객을 승차시키는 임시열차
　　　　① 확인 및 주의사항
　　　　　　㉠ 출고확인 및 선행 열차와의 간격 수시 확인
　　　　　　㉡ 승강장 안내방송 및 행선 안내게시기 표출상태 확인
　　　　　　㉢ 중간역이 종착지인 경우
　　　　　　　　- 사전 안내방송 지시
　　　　　　　　- 종착지 도착 후 고객하차 상태, 유치진로, 유치상태 확인
　　3) 임시열차 스케줄 작성
　　　　①임시열차 생성
　　　　　　임시열차 메뉴선택 ⇨ 운행경로가 같은 COPY 할 열차번호 입력 ⇨ 새 열차번호 입력 ⇨ 시발역 도착시간 입력 ⇨ 연결열번 입력 ⇨ 형태변경 선택(영업, 회송, 출고, 입고) ⇨ 진로변경(해당역) ⇒ 변경요구
　　　　② 필요시 구간운휴 조치
　　　　③ 시각변경 : 투입시기에 따른 입력

## 4-8 Local 취급 및 주요 운전취급

### 4-8-1 Local 취급

가. Local 취급 시기
　　1) 열차운행 종합제어장치 등 관제시스템 고장 시
　　2) 역간통제에 의한 운전, 단선운전 시
　　3) 전자연동장치, 선로전환기 등 현장신호설비 장애 시
　　4) 영업준비 및 점검 시
　　5) Local 취급 훈련 시

6) 기타 필요한 경우
7) 통신장치 및 신호관제 정보전송장치(DTS) 장애로 관제에서 현장 통제가 불가능할 때

나. Local 취급 장소
본선 신호취급실(판암, 서대전네거리, 정부청사, 구암, 반석)

다. Local 취급 절차

| Local 취급사유 발생 | Local 취급사유 소멸 |
|---|---|
| ⇩ | ⇩ |
| ■ 해당 연동역 신호취급실 호출<br>　- 관제전화, 구내전화<br>　- 일반전화, 핸드폰 | ■ 해당 연동역 신호취급실 호출<br>　- 관제전화, 구내전화<br>　- 일반전화, 핸드폰 |
| ⇩ | ⇩ |
| ■ Local 취급사유 및 승인번호 부여<br>　- 열차운행 상황 인계<br>　- 운행열차 취급에 관한 사항 | ■ TTC 취급 통보<br>　- 열차운행 상황 인수<br>　- 운행열차 취급에 관한 사항 인수 |
| ⇩ | ⇩ |
| ■ Local 취급<br>　- 전열차에 Local 취급 사항 및 상황통보<br>　- 해당구간 열차 감시 철저<br>　- 신호, 진로 감시 철저<br>　- 열차무선 감청 철저 | ■ TTC 취급<br>　- 제어 Mode 변경 선택<br>　- 자동운행 선택 전송<br>　- 전열차에 TTC 취급 사항 통보 |

## 4-8-2 기지 출고열차 이례상황 발생 시

가. 이상기후(폭설, 기온 급강하 등)에 따른 운행장애 예상 시
　1) 기상청 기상정보 수시확인으로 차량고장 및 기타 장애사고 대비
　　- 운전명령 적의발령으로 사전대비 철저
　2) 기지구내 및 지상구간 외기온도 및 기후상태(폭설, 폭우, 안개, 서리 등) 수시확인
　　- 본선구간 시설물 상태 및 기지구내 입환작업 여부 파악
　3) 출고열차 조기출고로 이례상황 발생 시 대처시간 확보

나. 기지 출고열차(주박 포함) 차량고장 발생 시
　1) 차량기지 또는 주박지에서 출고열차 고장 발생 시
　　① 출고순서 변경(후속 출고열차 및 기지 예비차 우선 충당)

② 본선열차 반복변경 등 운전정리 시행
- 차량기지 출고차 고장 시 후속 예비차 출고하여 충당
2) 본선구간 주박열차 고장발생 시
- 임시열차 또는 다른 주박열차를 적의투입하여 열차지연 최소화 및 열차운행 정상화 노력

### 4-8-3 수신호 취급

가. 수신호 취급시기
1) 차내신호 및 임시신호기를 사용할 수 없을 때
2) 신호기가 설치되어 있지 않은 장소에서 신호를 현시할 필요가 있을 때
① 정지수신호
㉠ 선로전환기 고장 등으로 열차를 승강장에 진입 또는 승강장에서 출발시켜서는 아니 될 때
㉡ 열차 또는 차량을 긴급히 정차시킬 사유가 발생하였을 때
② 진행수신호
㉠ 선로전환기의 고장으로 수동 취급하여 열차를 정거장에 진입 또는 정거장에서 출발시키고자 할 때
㉡ 정지수신호에 의하여 정차한 열차를 출발시키고자 할 때
※ 진행수신호는 관계 선로전환기의 쇄정 및 진로에 열차 또는 차량이 없는 것을 확인 후 시행하여야 함
③ 수신호를 생략할 수 있는 경우
㉠ 비상운전을 시행할 때
㉡ 단선운전, 역간통제운전으로 열차를 출발시키기 위해 기관사에게 운전 허가서를 전달하였을 때
㉢ 신호기 또는 진로개통표시기 고장 시 운전취급실 조작반에서 진로 및 선로전환기의 쇄정을 확인하고 운전관제원의 승인을 받아 해당열차에 수신호 생략에 관한 내용을 통보하였을 때
㉣ 단선운전을 시행하는 경우 진로개통표시기가 없는 선로에서 운전관제원의 출발지시에 의할 때

나. 수신호 취급 절차
사유발생 → 종합관제실에서 운전취급자에게 수신호 취급(생략) 승인 → 해당열차에 수신호 취급 및 사유통보

### 4-8-4 비상모드 운전(FMC)

가. 비상모드 운전 시기
   1) 차상 ATC장치 고장 시
   2) 무신호 운전, 되돌이 운전, 밀기운전 시
   3) 구원운전 시 정지신호 현시지점을 넘어서 운전할 때
   4) 지상 ATC장치에 고장이 발생한 경우로서 안전하다고 판단될 경우

나. 비상모드 운전 취급 절차
   1) 열차상태 파악
   2) 승인번호 부여
   3) 운행조건 지시
      ① 운행구간
      ② 운행속도(45km/h 이하의 속도)
      ③ 운행구간 지정 시 진로상태 및 선행열차 운행지점 확인
      ④ 비상모드 열차 운행 시 운행구간 및 운행조건 지시

## 4-9 운전명령서 작성 및 발령 절차

### 4-9-1 운전명령서

가. 개요
   본선열차 운행도중 이례상황 발생 시 운전정리에 필요한 사항 등 정확하고 간결하게 관련부서에 전달하여 관제업무의 효율성 제고와 열차 안전운행에 만전을 기하기 위함

나. 주요 운전명령 사항
   1) 운행변경
      ① 열차운행도표에 정해진 대로 정상운행을 하지 않고 열차의 운전상태 및 고객의 동향 등을 고려하여 중간역에서 운행을 중단시키거나 연장운행을 시키는 경우
      ② 시발역에서 종착역까지 계획된 운행구간을 운행하지 못하는 경우
   2) 종별변경
      전동차 고장 등의 사유로 정기열차를 회송시키는 등 열차의 종별을 변경시키는 경우

3) 단선운전
   선로고장 등으로 상·하행선을 구분하여 사용하지 못하고 한쪽 선로만을 사용하여 열차를 운행시키는 경우
4) 합병운전(구원열차)
   열차운행 중 차량고장 등으로 자력운행이 불가능하여 구원을 받아 구원열차와 연결하여 운전하는 등 2개 이상의 열차를 상호 연결하여 운전시키는 경우
5) 운행중지
   시발역에서 종착역까지 전구간에 대하여 특정열차의 운행을 중지시키는 경우
   ① 운휴 : 시발역에서 종착역까지 전구간 운행중지
   ② 구간운휴 : 시발역에서 종착역까지 일부구간 운행중지
6) 임시열차 운행
   열차운행 기본계획에 없는 열차를 임시로 운행시킬 경우
   ① 열차지연 또는 비상시를 대비하여 본선에 유치 중인 열차를 임시열차 번호로 운행시킬 때
   ② 차량기지에서 예비차를 출고하여 본선에서 임시열차 번호로 운행시킬 때
7) 특별지시 사항
   이상기후, 상황전파 등 특별지시가 필요한 경우

다. 운전명령 발령 절차
   1) 운전명령 사유 발생(운행변경, 종별변경, 단선운전, 합병운전 등)
   2) 운전명령 번호 부여
   3) 종합관제실운영지침 별지 제1호 서식에 운전명령 내용 작성
   4) 운행 중인 열차에는 열차무선으로 운전명령 번호와 내용을 통보
   5) 관련부서 운전명령서 송부
   6) 운전명령서 수신여부 확인

[인천교통공사 2호선 종합관제실 전경]

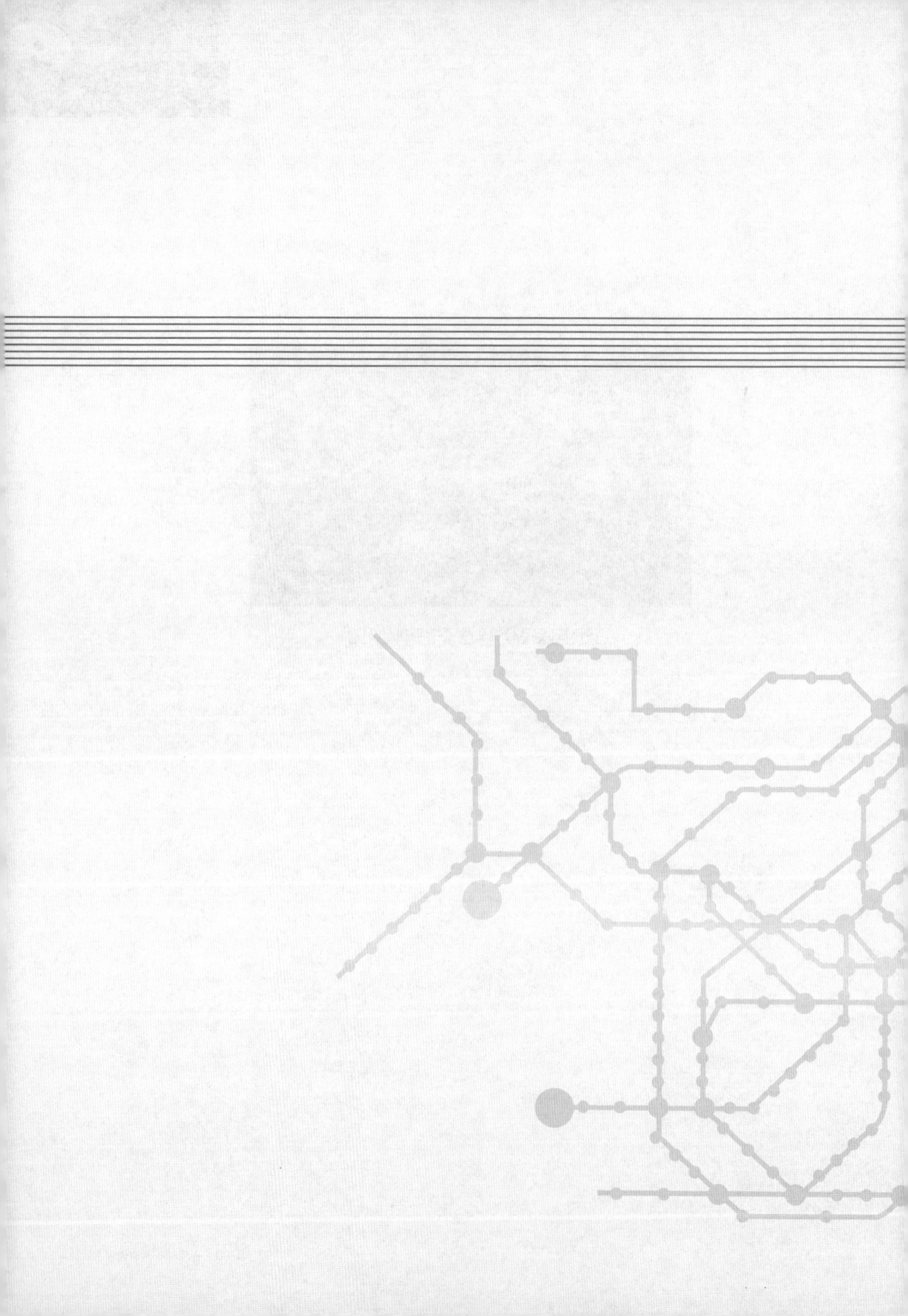

# Ⅲ 사고(장애)발생 시 구간별 열차운행 통제 방안(안)

### -공항철도 구간-

제1장. 전차선의 단전사고 또는 정전 시 열차운행

제2장. 기타 사고(단전 불필요) 발생 시 열차운행

# 제1장 전차선의 단전사고 또는 정전 시 열차운행

## 1-1 인천 ~ 운서SSP(상선) 사고 발생

| 사고(장애)<br>발생장소 | 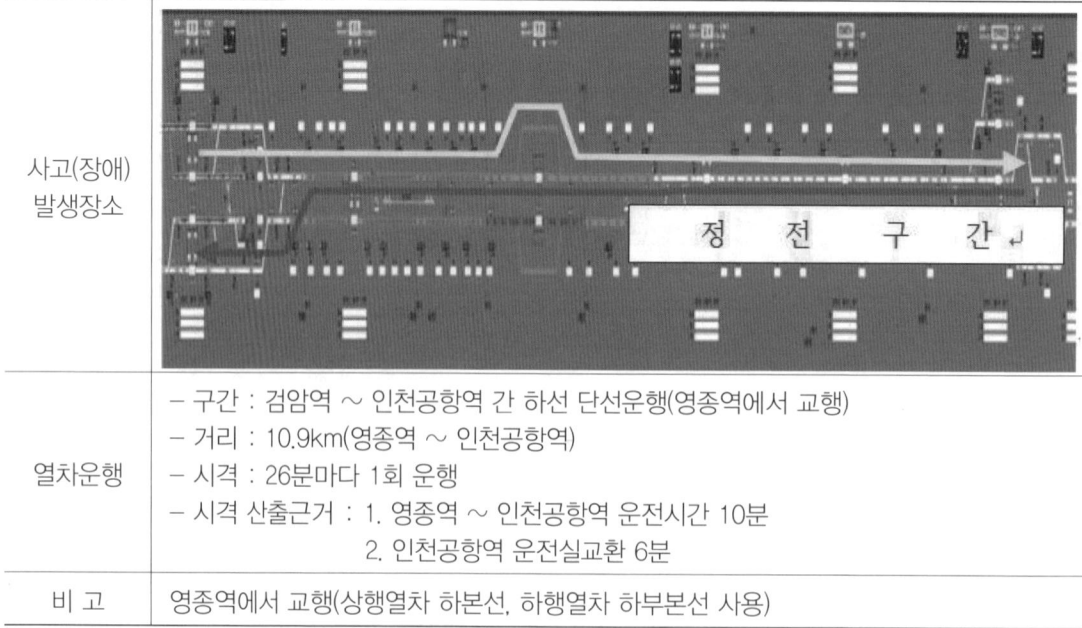 |
|---|---|
| 열차운행 | − 구간 : 검암역 ~ 인천공항역 간 하선 단선운행(영종역에서 교행)<br>− 거리 : 10.9km(영종역 ~ 인천공항역)<br>− 시격 : 26분마다 1회 운행<br>− 시격 산출근거 : 1. 영종역 ~ 인천공항역 운전시간 10분<br>         2. 인천공항역 운전실교환 6분 |
| 비 고 | 영종역에서 교행(상행열차 하본선, 하행열차 하부본선 사용) |

## 1-2 인천 ~ 운서SSP(하선) 사고 발생

| 사고(장애)<br>발생장소 | (정 전 구 간) |
|---|---|
| 열차운행 | − 구간 : 영종 ~ 인천공항 간 상선 단선운행<br>− 거리 : 10.9km(영종역~인천공항역)<br>− 시격 : 26분마다 1회 운행<br>− 시격 산출근거 : 1. 영종 ~ 인천공항역 간 운전시간 10분<br>         2. 인천공항역 운전실교환 6분 |
| 비 고 | 영종역에서 교행(상행열차 상부본선, 하행열차 상본선 사용) |

## 2-1 청라SSP ~ 운서SSP(상선) 사고 발생

| 사고(장애)<br>발생장소 | |
|---|---|
| 열차운행 | - 구간 : 검암 ~ 운서역 간 하선 단선운행(영종역에서 교행)<br>- 거리 : 15.0km(검암 ~ 영종역)<br>- 시격 : 26분마다 1회 운행<br>- 시격 산출근거 : 검암 ~ 영종역 간 운전시간 13분 |
| 비 고 | 영종역에서 교행(상행열차 하본선, 하행열차 하부본선 사용) |

## 2-2 청라SSP ~ 운서SSP(하선) 사고 발생

| 사고(장애)<br>발생장소 | |
|---|---|
| 열차운행 | - 구간 : 검암 ~ 운서역 간 상선 단선운행(영종역에서 교행)<br>- 거리 : 15.0km(검암 ~ 영종역 간)<br>- 시격 : 29분마다 1회 운행<br>- 시격 산출근거 : 1. 검암 ~ 영종역 간 운전시간 13분<br>                         2. 검암역 교행 3분 |
| 비 고 | 영종역에서 교행(상행열차 상부본선, 하행열차 상본선 사용) |

## 3-1 계양SS ~ 청라SSP(상선) 사고 발생

| 사고(장애)<br>발생장소 | 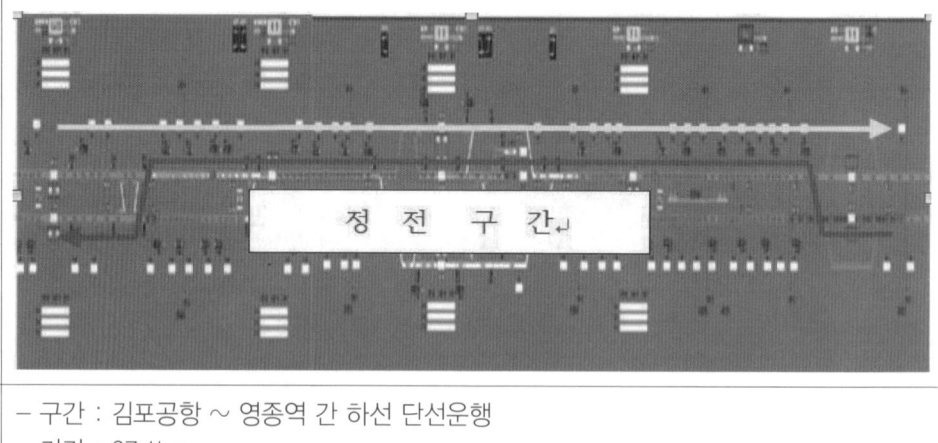 |
|---|---|
| 열차운행 | - 구간 : 김포공항 ~ 영종역 간 하선 단선운행<br>- 거리 : 27.1km<br>- 시격 : 50분마다 1회 운행<br>- 시격 산출근거 : 김포공항 ~ 영종역 간 운전시간 25분 |
| 비 고 | |

## 3-2 계양SS ~ 청라SSP(하선) 사고 발생

| 사고(장애)<br>발생장소 | 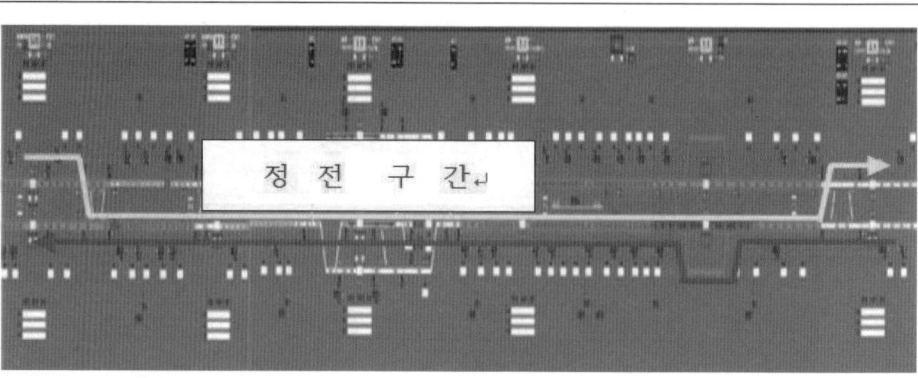 |
|---|---|
| 열차운행 | - 구간 : 김포공항 ~ 운서역 간 상선 단선운행(영종역에서 교행)<br>- 거리 : 27.1km(김포공항 ~ 영종역)<br>- 시격 : 50분마다 1회 운행<br>- 시격 산출근거 : 김포공항 ~ 영종역 간 운전시간 25분 |
| 비 고 | 영종역에서 교행(상행열차 상부본선, 하행열차 상본선 사용) |

## 4-1 김포공항 SSP ~ 계양SS 간(상선) 사고 발생

| 사고(장애)<br>발생장소 | 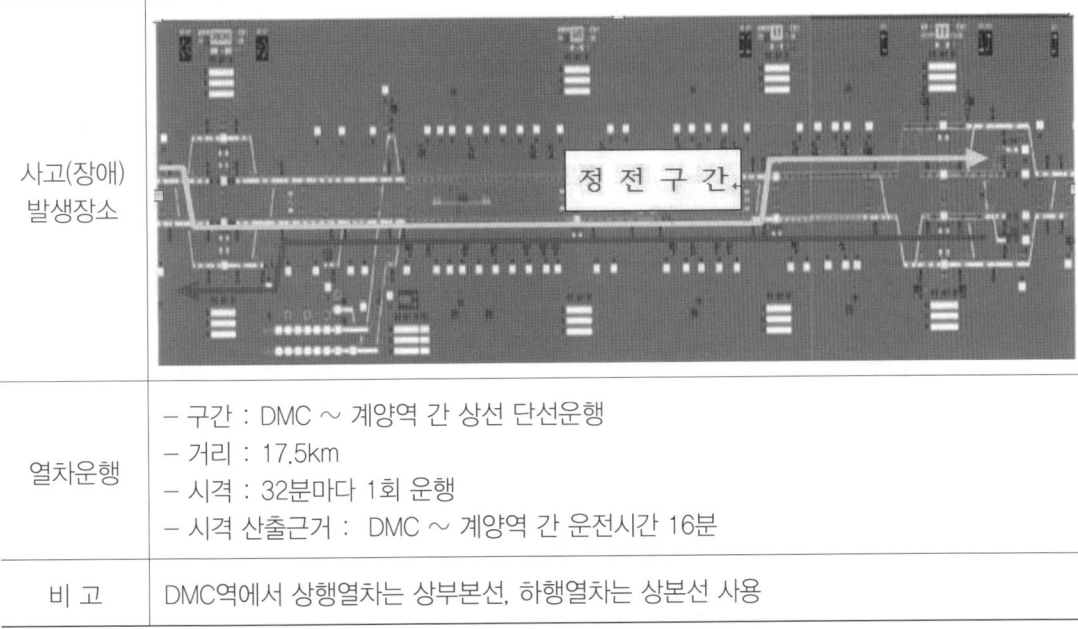 |
|---|---|
| 열차운행 | - 구간 : DMC ~ 검암역 간 하선 단선운행<br>- 거리 : 23.0km<br>- 시격 : 44분마다 1회 운행<br>- 시격 산출근거 : DMC ~ 검암역 간 운전시간 22분 |
| 비 고 | |

## 4-2 김포공항SSP ~ 계양SS 간(하선) 사고 발생

| 사고(장애)<br>발생장소 | |
|---|---|
| 열차운행 | - 구간 : DMC ~ 계양역 간 상선 단선운행<br>- 거리 : 17.5km<br>- 시격 : 32분마다 1회 운행<br>- 시격 산출근거 : DMC ~ 계양역 간 운전시간 16분 |
| 비 고 | DMC역에서 상행열차는 상부본선, 하행열차는 상본선 사용 |

## 5-1 DMC SSP ~ 김포공항SSP간(상선) 사고 발생

| 사고(장애)<br>발생장소 | |
|---|---|
| 열차운행 | – 구간 : DMC ~ 김포공항역 간 하선 단선운행<br>– 거리 : 10.9km<br>– 시격 : 23분마다 1회 운행<br>– 시격 산출근거 : 1. DMC ~ 김포공항역 간 운전시간 10분<br>                    2. 김포공항역 교행 3분 |
| 비 고 | |

## 5-2 DMC SSP ~ 김포공항SSP 간(하선) 사고 발생

| 사고(장애)<br>발생장소 | |
|---|---|
| 열차운행 | – 구간 : DMC ~ 김포공항역 간 상선 단선운행<br>– 거리 : 10.9km<br>– 시격 : 23분마다 1회 운행<br>– 시격 산출근거 : 1. DMC ~ 김포공항역 간 운전시간 10분<br>                      2. 김포공항역 교행 3분 |
| 비 고 | DMC역에서 상행열차 상부본선, 하행열차 상본선 사용 |

## 6-1 서울ATP ~ DMC SSP 간(상선) 사고 발생

| 사고(장애) 발생장소 | 정 전 구 간 |
|---|---|
| 열차운행 | - 구간 : 서울역 ~ 김포공항역 간 하선 단선운행(DMC역 교행)<br>- 거리 : 9.5km(서울역 ~ DMC역)<br>- 시격 : 25분마다 1회 운행<br>- 시격 산출근거 : 1. 서울역 ~ DMC역간 운전시간 10분<br>        2. 서울역 운전실 교환 시간 5분 |
| 비 고 | DMC역에서 교행(상행열차 하본선, 하행열차 하부본선 사용) |

## 6-2 서울ATP ~ DMC SSP 간(하선) 사고 발생

| 사고(장애) 발생장소 | 정 전 구 간 |
|---|---|
| 열차운행 | - 구간 : 서울역 ~ 김포공항역 간 상선 단선운행(DMC역 교행)<br>- 거리 : 9.5km(서울역~DMC역)<br>- 시격 : 25분마다 1회 운행<br>- 시격 산출근거 : 1. 서울역 ~ DMC 간 운전시간 10분<br>        2. 서울역 운전실 교환 시간 5분 |
| 비 고 | DMC역에서 교행(상행열차 상부본선, 하행열차 상본선 사용) |

# 제2장 기타 사고(단전 불필요) 발생 시 열차운행

## 1-1 운서 ~ 인천공항역 간(상선) 사고 발생

| 사고(장애)<br>발생장소 | 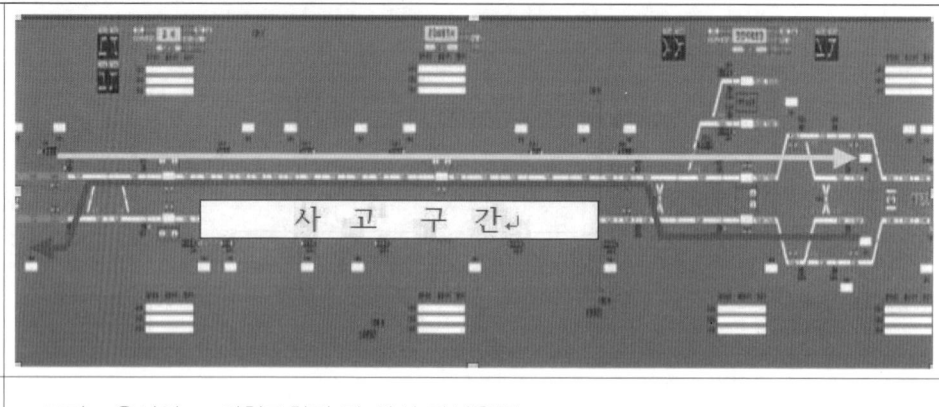 |
|---|---|
| 열차운행 | – 구간 : 운서역 ~ 인천공항역 간 하선 단선운행<br>– 거리 : 6.9km<br>– 시격 : 17분마다 1회 운행<br>– 시격 산출근거 : 1. 운서 ~ 인천공항역 간 운전시간 7분<br>       2. 운서역 교행 3분 |
| 비 고 | |

## 1-2 운서 ~ 인천공항역 간(하선) 사고 발생

| 사고(장애)<br>발생장소 | 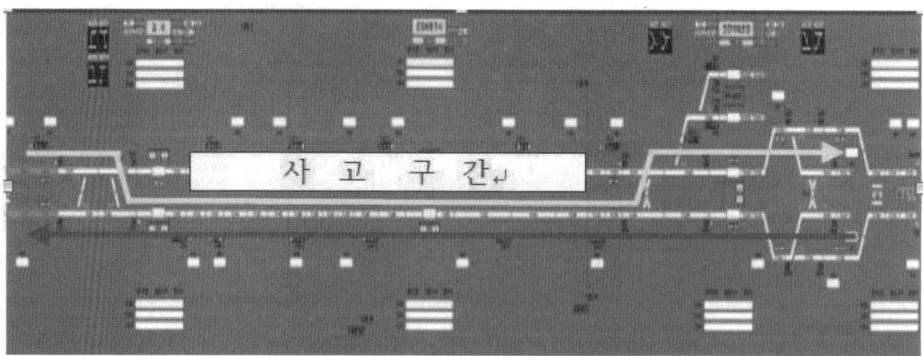 |
|---|---|
| 열차운행 | – 구간 : 운서역 ~ 인천공항역 간 상선 단선운행<br>– 거리 : 6.9km<br>– 시격 : 17분마다 1회 운행<br>– 시격 산출근거 : 1. 운서 ~ 인천공항역 간 운전시간 7분<br>       2. 운서역 교행 3분 |
| 비 고 | |

### 2-1 영종 ~ 운서역 간(상선) 사고 발생

| 사고(장애)<br>발생장소 | |
|---|---|
| 열차운행 | - 구간 : 검암역 ~ 운서역 간 하선 단선운행<br>- 거리 : 18.6km<br>- 시격 : 34분마다 1회 운행<br>- 시격 산출근거 : 검암역 ~ 운서역 간 운전시간 17분 |
| 비 고 | 영종역에서 교행(상행열차 하본선, 하행열차 하부본선 사용) |

### 2-2 영종 ~ 운서역 간(하선) 사고 발생

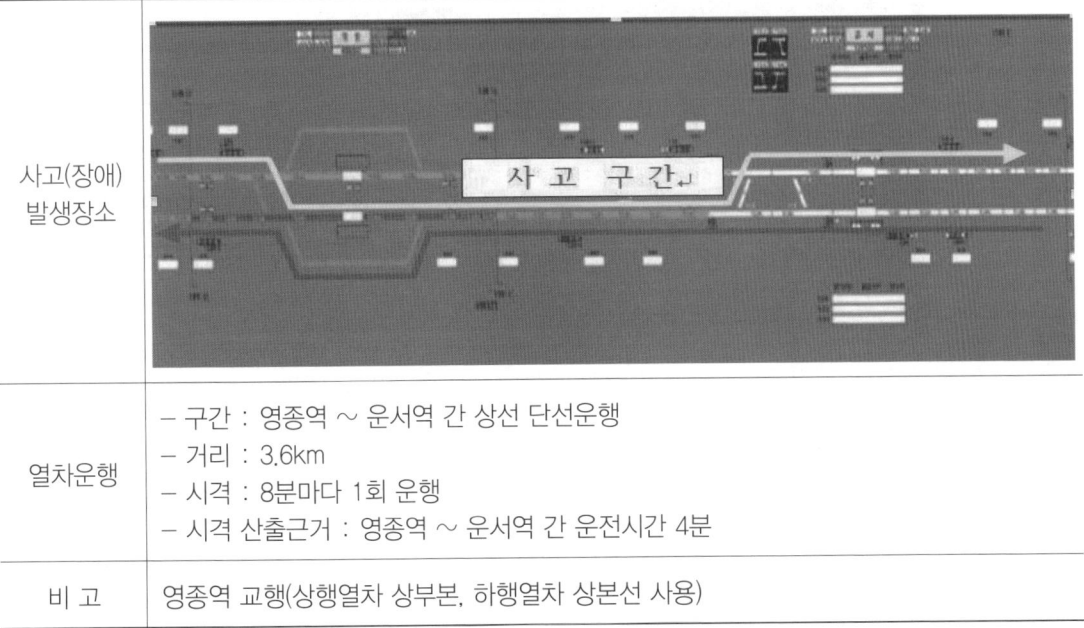

| 사고(장애)<br>발생장소 | |
|---|---|
| 열차운행 | - 구간 : 영종역 ~ 운서역 간 상선 단선운행<br>- 거리 : 3.6km<br>- 시격 : 8분마다 1회 운행<br>- 시격 산출근거 : 영종역 ~ 운서역 간 운전시간 4분 |
| 비 고 | 영종역 교행(상행열차 상부본, 하행열차 상본선 사용) |

## 3-1 검암 ~ 영종역 간(상선) 사고 발생

| 사고(장애) 발생장소 | |
|---|---|
| 열차운행 | - 구간 : 검암역 ~ 영종역 간 하선 단선운행<br>- 거리 : 15.0km<br>- 시격 : 26분마다 1회 운행<br>- 시격 산출근거 : 검암 ~ 영종역 간 운전시간 13분 |
| 비 고 | |

## 3-2 검암 ~ 영종역 간(하선) 사고 발생

| 사고(장애) 발생장소 | |
|---|---|
| 열차운행 | - 구간 : 검암역 ~ 운서역 간 상선 단선운행(영종역에서 교행)<br>- 거리 : 15.0km(검암역~영종역)<br>- 시격 : 29분마다 1회 운행<br>- 시격 산출근거 : 1. 검암역 ~ 영종역 간 운전시간 13분<br>        2. 검암역 교행 3분 |
| 비 고 | 영종역에서 교행(상행열차 상부본, 하행열차 상본선 사용) |

## 4-1 계양 ~ 검암역 간(상선) 사고 발생

| 사고(장애)<br>발생장소 | 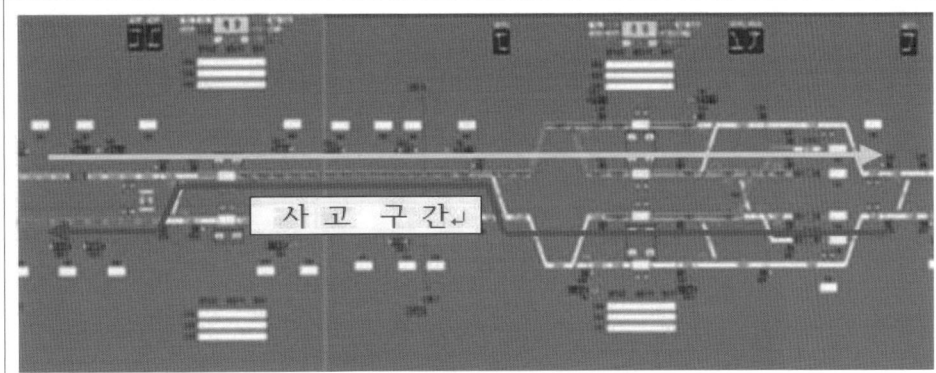 |
|---|---|
| 열차운행 | – 구간 : 계양역 ~ 검암역 간 하선 단선운행<br>– 거리 : 5.5km<br>– 시격 : 16분마다 1회 운행<br>– 시격 산출근거 : 1. 계양 ~ 검암역 간 운전시간 6분<br>                            2. 계양역 교행 4분 |
| 비 고 | |

## 4-2 계양 ~ 검암역 간(하선) 사고 발생

| 사고(장애)<br>발생장소 | 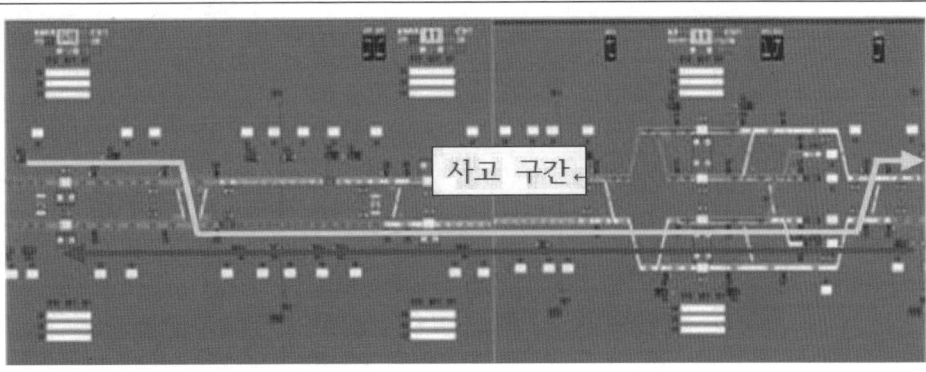 |
|---|---|
| 열차운행 | – 구간 : 김포공항 ~ 검암역 간 상선 단선운행<br>– 거리 : 12.1km<br>– 시격 : 29분마다 1회 운행<br>– 시격 산출근거 : 1. 김포공항 ~ 검암역 간 운전시간 13분<br>                              2. 검암역 교행 3분 |
| 비 고 | |

## 5-1 김포공항 ~ 계양역 간(상선) 사고 발생

| 사고(장애) 발생장소 | |
|---|---|
| 열차운행 | - 구간 : 김포공항 ~ 검암역 간 하선 단선운행<br>- 거리 : 12.1km<br>- 시격 : 26분마다 1회 운행<br>- 시격 산출근거 : 김포공항 ~ 검암역 간 운전시간 13분 |
| 비 고 | |

## 5-2 김포공항 ~ 계양역 간(하선) 사고 발생

| 사고(장애) 발생장소 | |
|---|---|
| 열차운행 | - 구간 : 김포공항 ~ 계양역 간 상선 단선운행<br>- 거리 : 6.6km<br>- 시격 : 12분마다 1회 운행<br>- 시격 산출근거 : 김포공항 ~ 계양역 간 운전시간 6분 |
| 비 고 | |

## 6-1 DMC ~ 김포공항역 간(상선) 사고 발생

| 사고(장애)<br>발생장소 | |
|---|---|
| 열차운행 | – 구간 : DMC ~ 김포공항역 간 하선 단선운행<br>– 거리 : 10.9km<br>– 시격 : 23분마다 1회 운행<br>– 시격 산출근거 : 1. DMC ~ 김포공항역 간 운전시간 10분<br>                          2. 김포공항역 교행 3분 |
| 비 고 | |

## 6-2 DMC ~ 김포공항역 간(하선) 사고 발생

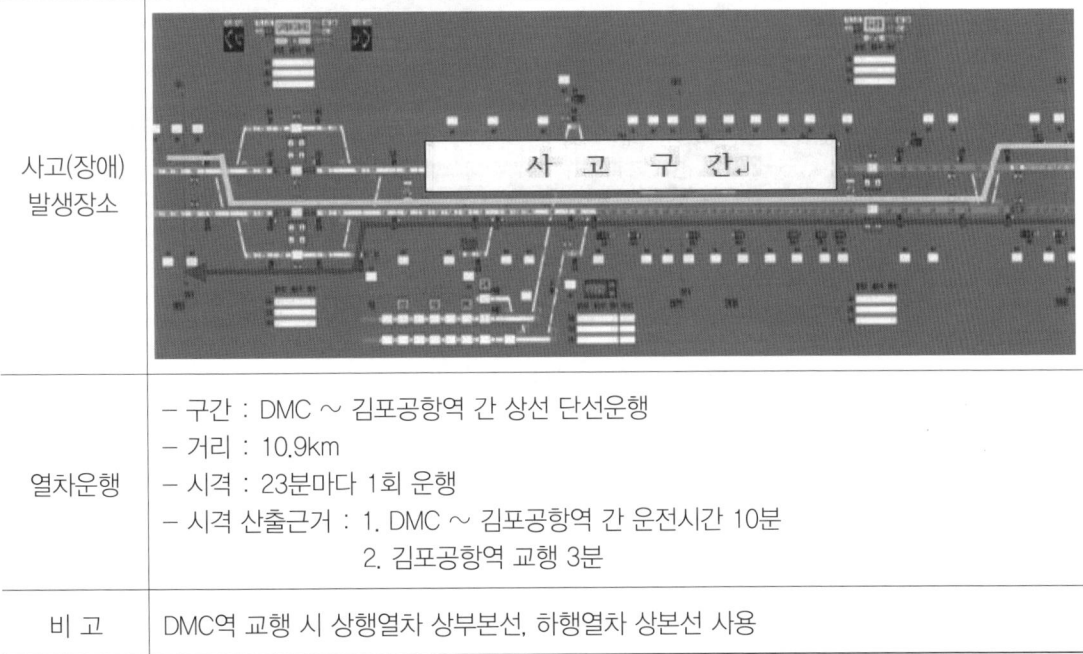

| 사고(장애)<br>발생장소 | |
|---|---|
| 열차운행 | – 구간 : DMC ~ 김포공항역 간 상선 단선운행<br>– 거리 : 10.9km<br>– 시격 : 23분마다 1회 운행<br>– 시격 산출근거 : 1. DMC ~ 김포공항역 간 운전시간 10분<br>                          2. 김포공항역 교행 3분 |
| 비 고 | DMC역 교행 시 상행열차 상부본선, 하행열차 상본선 사용 |

## 7-1 서울 ~ DMC역 간(상선) 사고 발생

| 사고(장애) 발생장소 | 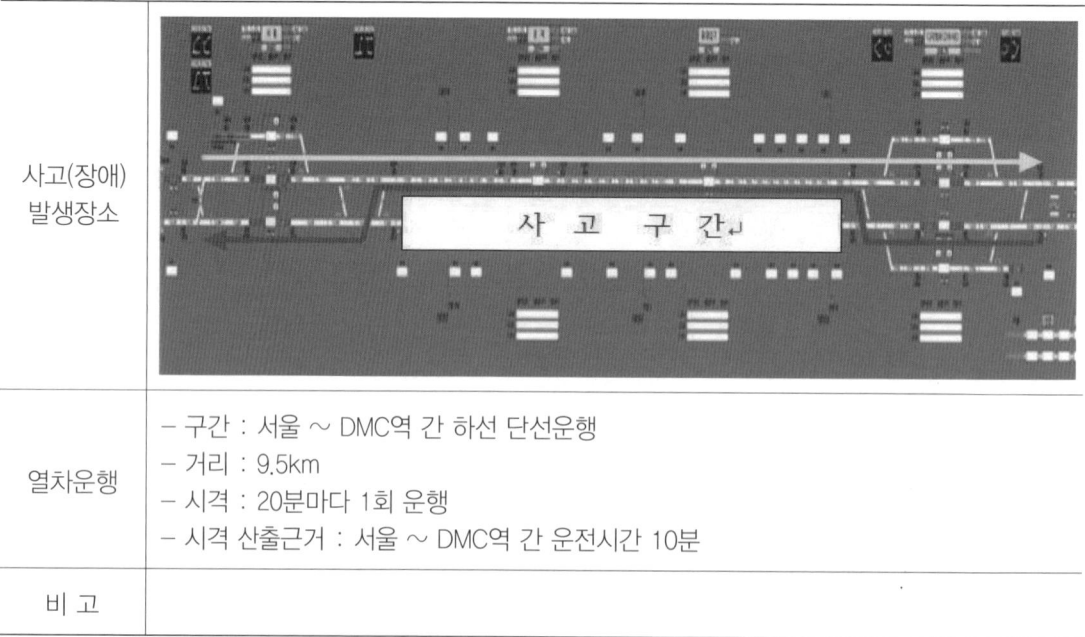 |
|---|---|
| 열차운행 | – 구간 : 서울 ~ DMC역 간 하선 단선운행<br>– 거리 : 9.5km<br>– 시격 : 20분마다 1회 운행<br>– 시격 산출근거 : 서울 ~ DMC역 간 운전시간 10분 |
| 비 고 | |

## 7-2 서울 ~ DMC역 간(하선) 사고 발생

| 사고(장애) 발생장소 | 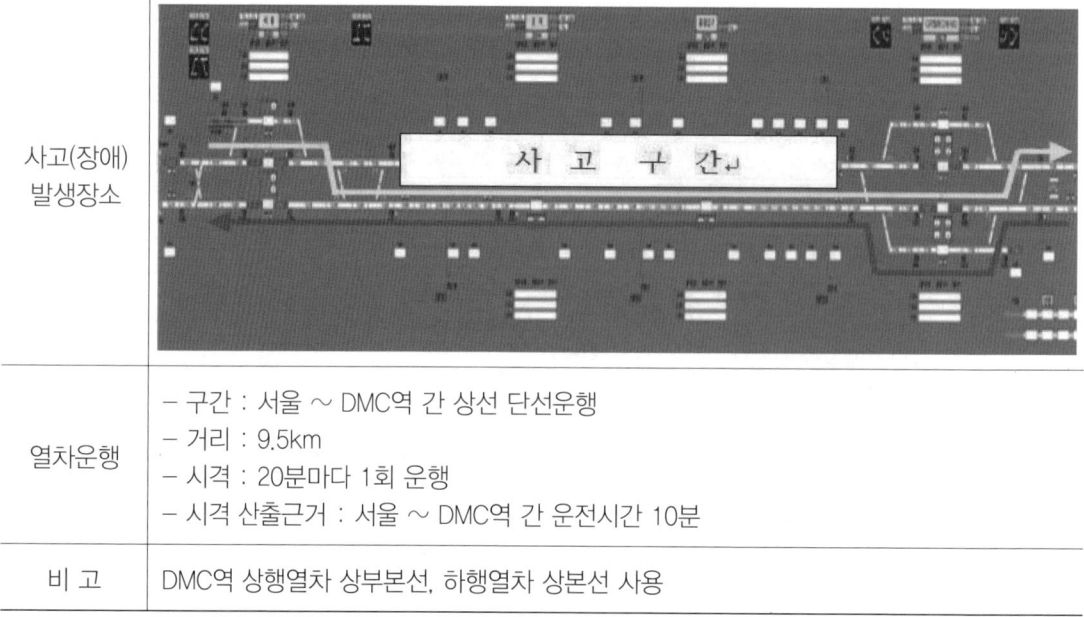 |
|---|---|
| 열차운행 | – 구간 : 서울 ~ DMC역 간 상선 단선운행<br>– 거리 : 9.5km<br>– 시격 : 20분마다 1회 운행<br>– 시격 산출근거 : 서울 ~ DMC역 간 운전시간 10분 |
| 비 고 | DMC역 상행열차 상부본선, 하행열차 상본선 사용 |

[인천공항자기부상철도 종합관제실 전경]

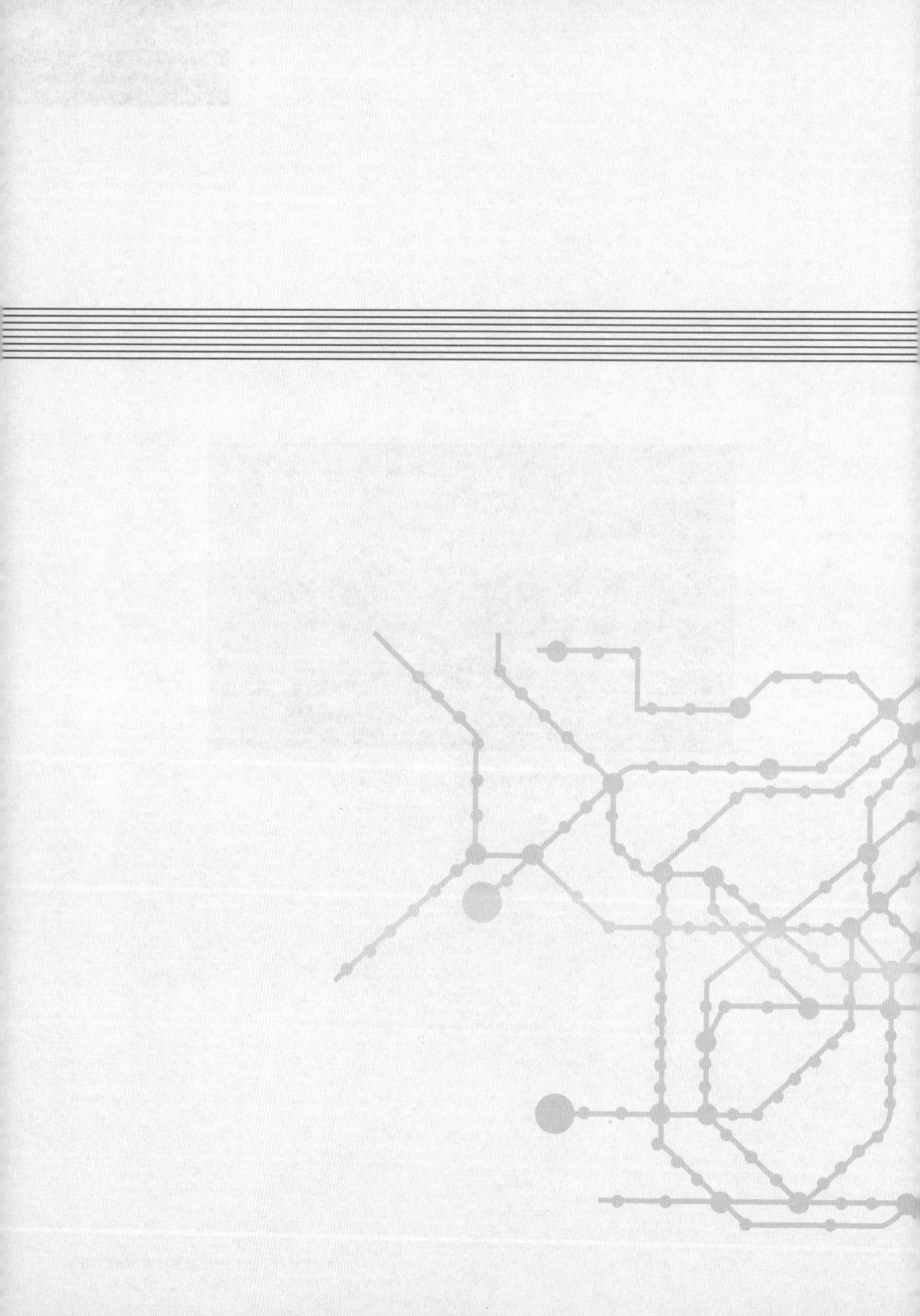

# Ⅳ 종합관제실(센터) 현황

제1장. 종합관제실(센터) 일반현황

제2장. 종합관제실의 시스템 구성 및 활용

# RAILWAY TRAFFIC CONTROLLER GUIDE

[대전도시철도 종합관제실 전경]

# 제1장 종합관제실(센터) 일반현황

1-1. 종합관제실 업무

1-2. 종합관제실 근무형태

1-3. 종합관제실 주요설비

1-4. 종합관제실 분야별 장비 현황

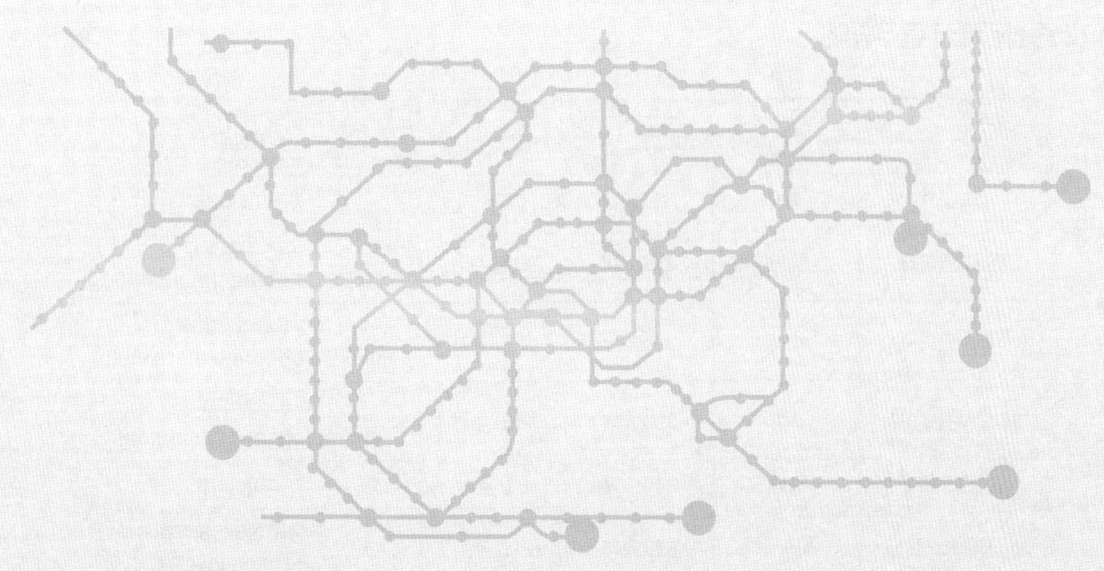

# 제 1 장 종합관제실(센터) 일반현황

철도교통관제사가 근무하는 종합관제실의 주요 임무는 각 철도운영기관의 특성에 따라 약간 차이는 있으나 도시철도의 경우는 거의 동일하다.
철도공사처럼 운전관제와 지원관제(전력 및 기계설비)로 분리된 조직에서는 수행업무가 다를 수 있다.
하지만 현재 종합관제실은 모든 설비를 한곳에서 감시 및 통제가 가능하도록 통합관제의 개념으로 설치되어 운영되고 있으며, 앞으로도 이렇게 진행될 것이라 판단되어 본 서적에서는 도시철도의 통합관제의 개념과 내용을 위주로하여 수록한다.

## 1-1 종합관제실 업무

- 열차운행감시 및 통제
- SCADA 설비의 감시 및 급·단전 시행
- 신호, 통신설비의 감시 및 운용
- 화재 및 승강설비 등의 감시 및 운용

## 1-2 종합관제실 근무형태

| 기 관 | 근무 조건 | 근무 형태 | 근무 주거 | 근무방법 |
|---|---|---|---|---|
| 철도공사 | 숙박 | 3조2교대 | 6일 주기 | 주주야야비휴 |
| 인천교통공사 | 숙박 | 3조2교대 | 21일 주기 | 주주주주주주<br>야비야비야비야비야비야비 |
| 광주도시철도공사 | 숙박 | 3조2교대 | 21일 주기 | 주주주주주주<br>야비야비야비야비야비야비 |
| 대전도시철도공사 | 숙박 | 3조2교대 | 21일 주기 | 주주주주주주<br>야비야비야비야비야비야비 |
| 공항철도(주) | 숙박 | 3조2교대 | 6일 주기 | 주주야야비휴 |
| 서울9호선 | 비숙박 | 6조2교대 | 21일 주기 | 주주주휴야비야비휴휴<br>주주주주휴야비야비휴휴 |
| 신분당선 | 숙박 | 3조2교대 | 6일 주기 | 주주야야비휴 |

앞의 표는 철도운영기관별 근무형태를 나타난 것으로, 종합관제실은 업무의 특성상 연속적으로 24시간 근무가 이루어지며, 업무공백을 방지하기 위해 근무형태를 교대근무로 시행하고 있다. 근무형태는 각 철도운영기관마다 노사합의와 근로기준법을 적용하여 각 기관의 특성에 맞게 달리 적용하고 있다.

## 1-3 종합관제실 주요설비

철도운영기관의 종합관제실 주요설비는 거의 유사하게 설치되어 있으며, 크게 SCADA, 신호, 통신, 기계설비로 나눌 수 있다.

| 구 분 | SCADA | 신 호 | 통 신 | 기계설비 |
|---|---|---|---|---|
| 주요 설비 | • 주컴퓨터<br>• MMS(유지보수컴퓨터)<br>• FEP(전단처리장치)<br>• 주변장치<br>• Work-Station<br>• 프린터장치<br>• 배선반설비<br>• UPS(무정전전원장치)<br>• LDP(대형표시반)<br>• CONSOLE | • TCC<br>(열차운행제어컴퓨터)<br>• MSC(운영관리컴퓨터)<br>• DTS(정보전송장치)<br>• UPS(무정전전원장치)<br>• LDP(대형표시반)<br>• CONSOLE | • DTS(디지털전송설비)<br>• 열차무선설비<br>• 화상 전송설비<br>• 관제전화설비<br>• 전전자교환설비<br>• 관제방송설비<br>• 행선안내게시기<br>• 전기시계설비<br>• 배선반설비<br>• UPS(무정전전원장치) | • EBI SERVER 컴퓨터<br>• EBI STATION<br>(운영자 컴퓨터)<br>• LDP(감시용그래픽패널)<br>• UPS(무정전전원장치)<br>• GATEWAY<br>(통신변환장치)<br>• 배선반설비<br>• 프린터장치 |

## 1-4 종합관제실 분야별 장비현황

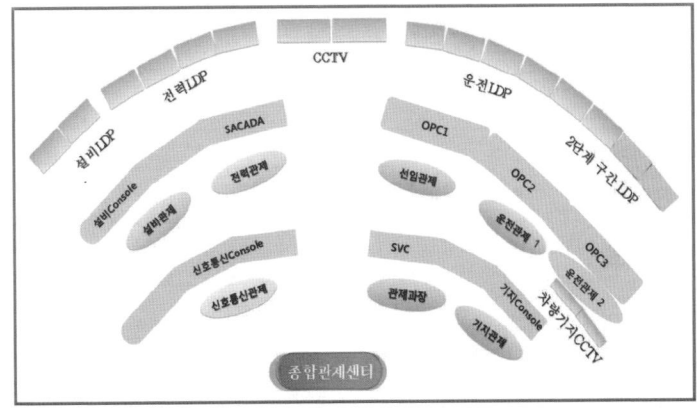

[서울 9호선 종합관제센터 통제실 배치도]

## 가. 운전관제

| 설 비 명 | 설 명 |
|---|---|
| | ■ LDP 화면<br>  - 열차운행 대형표시반 |
| | ■ MMI 화면<br>  - 신호계통의 상태를 감시/제어하는 설비 |
| | ■ CCTV 화면<br>  - 역사의 승강장 상황을 감시하는 설비 |
| | ■ 무선지령장치(TRS CAD)<br>  - 관제실과 열차 및 휴대용 무전기 간 무선통화 설비 |
| | ■ 사령전화(집중전화장치)<br>  - 역(또는 현업)에 관제전화 자장치 간 개별 및<br>    일제호출방식의 유선통화시스템 |
| | ■ OFF-LINE 타임테이블<br>  - OFF-LINE 열차스케줄 작성시스템 |
| | ■ 직통전화기<br>  - 철도관제센터 및 수색취급실 간 직통전화 |
| | ■ 취약개소 녹화설비<br>  - 절연구간/기지U-Type/마곡대교/수색직결선 |
| | ■ 대체지령장치<br>  - TRS MSO 고장 시 열차무선그룹에 한해서<br>    통화가 가능한 무선통화설비 |

## 나. 선력관제

| 설 비 명 | 설 명 |
|---|---|
| | 운영자 시스템(MMI) |
| | 유지보수용 시스템(SMS) |
| | 훈련용 시스템(OTS) |
| | 대형표시반(LDP) |
| | 대형표시반 조작 시스템 |
| | 수색직결선 감시 시스템 |
| | 자료조회 시스템(SMC) |
| | 최대수요장치 시스템 |
| | 사령전화 조작반 |

| 설비명 | 설명 |
|---|---|
| | 전기실 출입문 제어 시스템 |
| | 전기실 CCTV |
| | 전기실 CCTV 조작반 |
| | 펜스 경보 시스템 |
| | 펜스 방송 시스템 |

## 다. 설비관제

| 설비명 | 설명 |
|---|---|
| | 기계설비 자동제어 제어/감시 시스템<br>(공조/환기/냉·난방/승강/배수설비 등) |
| | 자동화재탐지설비 감시 시스템<br>(서울역 외 20개 건축물) |
| | 역사 PSD 감시 모니터링 시스템<br>(서울역 외 10개 역사) |
| | 영종/마곡대교 풍속정보 감시 시스템 |

## 라. 여객사령

| 설비명 | 설명 |
|---|---|
|  | 로컬(LATS) 제어 MMI(Man Machine Interface) |
|  | 전역사 CCTV 영상모니터 및 화상녹화장치 DVR |
|  | 원격(사령)방송장치(제어 모니터, 마이크) |
|  | 여객사령 전화 |
|  | 직결선 고속(MJ81) 선로전환기 융설(히팅)장치 제어판 |

[서울 9호선 종합관제센터 통제실 배치도]

# 제2장 종합관제실의 시스템 구성 및 활용

2-1. 시스템의 구성 개요

2-2. SCADA(Supervisory Control and Data Acquisition) 설비

2-3. 신호설비

2-4. 통신설비

2-5. 방재(화재) 및 기계설비

## 제 2 장 종합관제실의 시스템 구성 및 활용

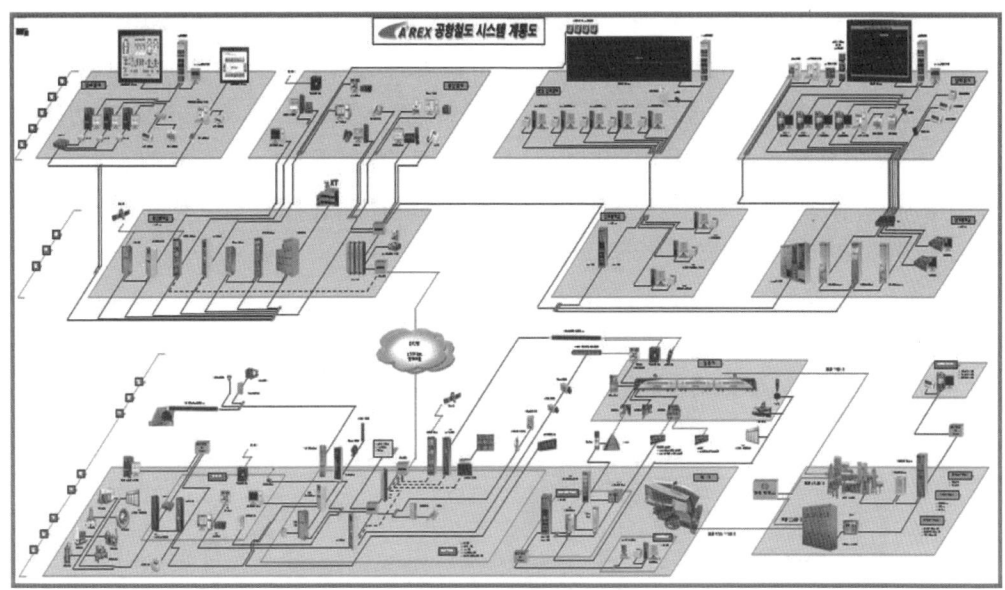

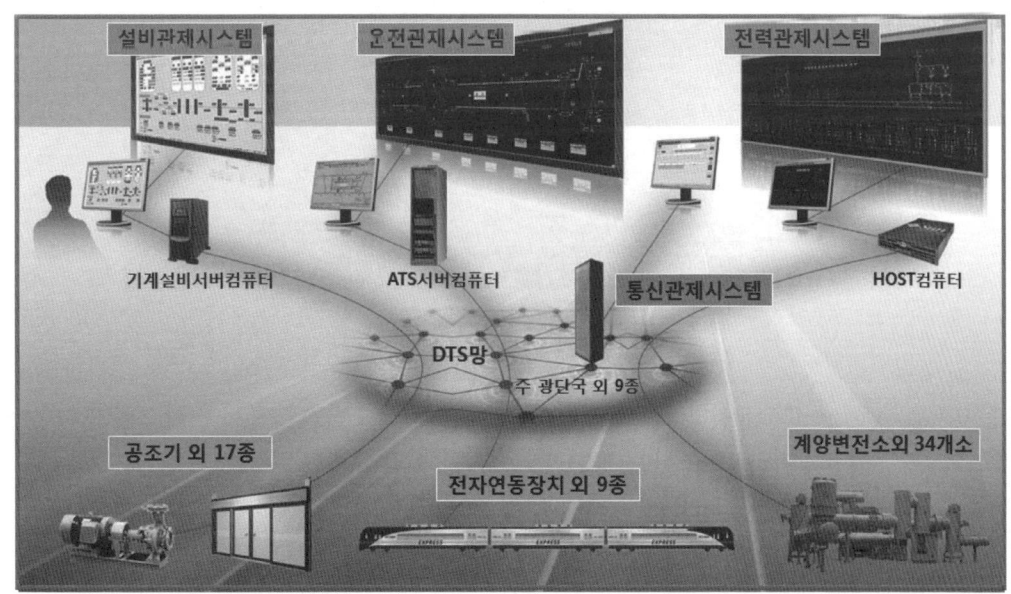

[공항철도 종합관제 시스템 현황]

## 2-1 시스템의 구성 개요

종합관제실의 시스템은 중앙설비와 현장설비로 크게 나누어 지며, 중앙설비에는 SCADA, 신호, 통신, 기계설비 시스템으로 구성되어 있으며, 현장설비는 각 분야별 실제 가동되는 설비로 구분된다. 철도교통관제사는 신호설비의 LDP로 열차의 운행상태를 모니터링하며, 운영자 콘솔(MMI)을 통해 제어·통제 업무를 수행한다.
열차무선장치, 방송장치, 관제전화, CCTV 등의 통신설비를 이용하여 업무가 수행되어진다.
각 분야별 설비에 대하여 상세히 파악해보자.

## 2-2 SCADA(Supervisory Control and Data Acquisition) 설비

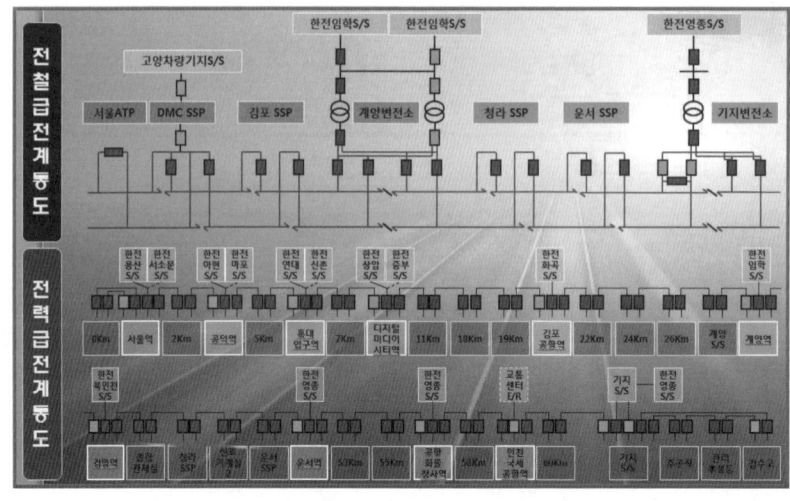

[공항철도(주) SCADA 현황]

SCADA(Supervisory Control and Data Acquisition)란 집중원격감시제어 시스템 또는 감시제어 데이터 수집 시스템이라 고도 하는 SCADA 시스템의 감시제어 기능을 말한다. SCADA시스템은 통신 경로상의 아날로그 또는 디지털 신호를 사용하여 원격장치의 상태 정보 데이터를 CU(Communication Unit)로 수집, 수신·기록·표시하여 중앙제어 시스템이 원격장치를 감시 제어하는 시스템 말한다.
철도의 SCADA 시스템은 변전소, 보조급전구분소, 정거장 전기실, 중앙환기실용 전기실에 설치된 각종 전기설비를 종합관제실 또는 소규모 감시제어장치에서 집중감시제어가 가능하도록 함으로써 원격운전 및 신속한 장애 조치를 하기 위한 설비이다.

또한 지하철 운영기관에서의 SCADA 시스템은 전력감시제어설비로 정의하고 있으며, 변전소 및 전기실이 무인화로 운영됨에 따라 원격에 위치한 장치의 상태정보 데이터를 전력제어통신장치(CU : Communication Unit)로부터 수집하여 종합관제실에 위치한 중앙제어 시스템인 전력관제설비에 기록·표시되며, 이 데이터를 통해 원격집중·제어할 수 있으며, 변전소 및 현장파트에 설치된 소규모 감시제어장치를 통해 감시·제어기능의 보완적 역할을 수행하도록 구성되어 있다. SCADA 시스템은 철도운영기관마다 특성에 맞도록 직류(DC)전원이나 교류(AC)전원을 열차운행의 주 전원으로 사용한다.

교류(AC)전원의 경우 한전변전소로부터 3상 154kV를 수전받아 SCOTT 결선 변압기에 의해 2상 55kV로 변환하고 단권변압기(AT)를 통하여 27.5kV로 전차선로에 전원을 공급하는 단상 AC 25kV AT 급전방식의 전철 급전계통과 한전에서 22.9kV 전압으로 매 역사마다 수전하여 변전소, 보조급전구분소, 각 정거장 및 차량기지 등의 조명, 동력, 신호, 통신, AFC, 고압냉동기 등에 전력을 공급하기 위한 전력 급전계통으로 구성된다.

교류(AC) 전철 급전계통의 장점은 급전거리가 길며, BOOSTER SECTION이 필요없고, 고속대용량 집전에 적합하며, 경제적인 AT 방식을 적용한다.

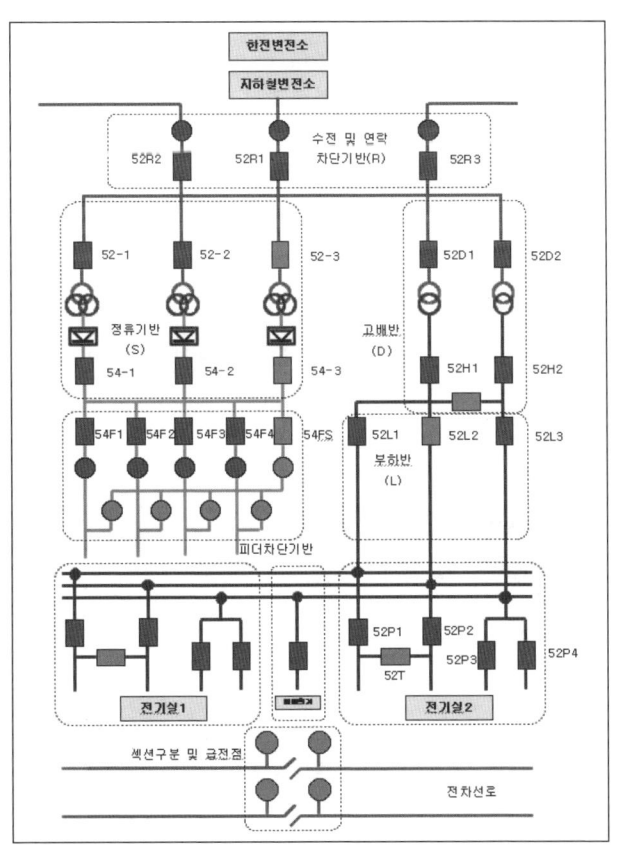

[인천교통공사 SCADA 일부 현황]

전 구간의 전원공급을 감안하여 개략 중간 지점에 변전소를 두어 양방향으로 전원을 공급한다. 변전소의 계획정전 또는 사고정전을 대비하여 예비 변전소를 1개소 또는 2개소를 따로 두어 차량운행 중단사태가 발생하지 않도록 하고 있다.

또한 전차선로 전압강하 및 통신 유도장애를 방지하기 위하여 전철변전소를 기준으로 개략 10km 간격으로 보조급전구분소(SSP) 설비를 두고 있다.

일반전원 전력 급전계통은 한전에서 22.9kV 전압으로 매 역사마다 수전하여 조명용 변압기 2대, 동력용 변압기 2대 및 신호용 변압기 2대를 각각 설치하여 저압부하에 공급하도록 하고, 고압냉동기 및 고압 환기부하에는 22.9kV/6.6kV 강압용 변압기를 설치하여 공급하고 있다.

전원공급의 이상 시를 대비하여 인접 역사에서 연락배전이 될 수 있도록 22.9kV 연락배전 계통을 구성하였고, 역 구내를 벗어난 터널환기실, 신호기계실, 보조급전구분소 등에는 전용 전기실을 설치하여 22.9kV 배전선로에서 분기하여 공급하도록 하고 있다.

모든 전철전력 급전계통은 SCADA 설비로 원격감시 및 제어가 이루어 진다.

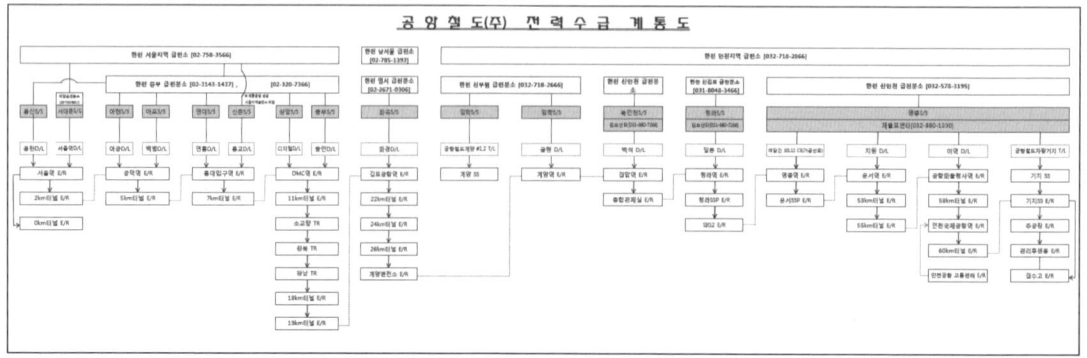

[공항철도(주) 일반전력 수급 및 공급 계통도]

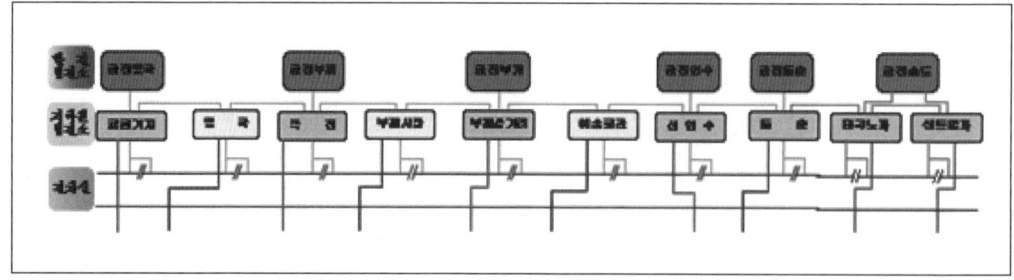

[인천교통공사 일반전력 수급 및 공급 계통도]

## 2-2-1 전철전력 급전계통 운영

가. 전철계통 운영

철도 각 운영기관마다 열차운행의 주 전원인 전철계통의 정상적 운영방안과 이례상황 시의 운용방안을 마련하여 각기 운용하고 있다.

전철전력 운영방안에 대하여 공항철도를 예로 들어 설명하도록 한다.

1) 1단계
   ① 계양변전소는 한전 임학변전소로부터 154kV를 A,B의 2회선을 통해 수전하고 차량기지 변전소는 한전 영종변전소로부터 154kV를 1회선을 통해 수전받고 있다.
   ② 정상 운영 시 계양변전소에서 본선구간의 전원을 모두 공급하고, 차량기지 변전소에서는 기지구내만을 공급한다.
   ③ 한전 임학변전소(S/S)의 장애나 공항철도 계양변전소(S/S)의 장애로 인하여 전원을 공급하지 못하는 경우 차량기지 변전소(S/S)에서 공항철도 전 구간에 전원을 공급한다.
   ④ 한전 영종변전소(S/S)의 장애로 차량기지에 전원을 공급하지 못하는 경우 계양변전소(S/S)에서 차량기지까지 전원을 공급한다.

2) 2단계
   ① 계양변전소는 한전 임학변전소로부터 154kV를 A,B의 2회선을 통해 수전하고 차량기지 변전소는 한전 영종변전소로부터 154kV를 1회선을 통해 수전하며, 이례상황 발생 시 철도공사 KTX 고양 차량기지 변전소에서 전원을 수전받을 수 있도록 예비전원계통을 확보하고 있다.
   ② 정상 운영 시 계양변전소에서 본선구간의 전원을 모두 공급하고, 차량기지변전소에서는 기지구내만을 공급한다.
   ③ 한전 임학변전소(S/S)의 장애나 공항철도 계양변전소(S/S)의 장애로 인하여 전원을 공급하지 못하는 경우 차량기지 변전소(S/S)에서 계양변전소(S/S)까지 전원을 공급하며, 철도공사 KTX 고양 차량기지 변전소에서 전원을 수전받아 서울역부터 계양변전소(S/S)까지 전원을 공급한다.
   ④ 한전 영종변전소(S/S)의 장애로 차량기지에 전원을 공급하지 못하는 경우 계양변전소(S/S)에서 차량기지까지 전원을 공급하도록 운영방안을 마련하여 운용하고 있다.

나. 전력 급전계통 운영방안

1) 전력 급전계통 운영기준
   ① 전원공급은 서울역에서 차량기지 변전소 방향으로 시행한다.
   ② 연장급전 기준
      ㉠ 수전변전소 장애 시 서울기준, 차량기지 방향으로 연장급전한다.

ⓛ 차량기지 변전소는 154kV 수전 및 전력용 변압기 2대를 운용하므로 정전의 우려가 적어 계통변경 대상에서 제외한다.

③ 한전 영종 S/S 정전 시는 다음과 같이 연장급전 및 비상급전을 시행한다.

㉠ 운서역은 영종역으로부터 연장급전한다.
㉡ 공항화물청사역, 인천국제공항역, 차량기지는 인천공항공사 교통센터 전기실에서 수전받아 비상급전한다.
㉢ 비상급전 구간 내 터널 전기실은 설비관제의 요청이 있을 때만 급전을 시행한다.
㉣ 비상급전 구간 내 전기실의 부하는 아래와 같이 제한하여 공급한다.

| 구 분 | | 조 명 | | | 동 력 | | | 신 호 | |
|---|---|---|---|---|---|---|---|---|---|
| | | 1호계 | ATS | 2호계 | 1호계 | ATS | 2호계 | 1호계 | 2호계 |
| 화물청사역 | | ○ | ○ | | ○ | ○ | | ○ | |
| 인천공항역 | | ○ | ○ | | ○ | ○ | | ○ | |
| 차량기지 | 변전소전기실 | ○ | | | | | | | |
| | 관리후생동 | ○ | ○ | | ○ | ○ | | ○ | |
| | 검수고 | ○ | ○ | | | | | | |
| | 주공장 | ○ | ○ | | | | | | |

㉤ 비상급전 시 차량기지 내 검수고 및 주 공장의 작업을 제한할 수 있도록 유선 통보한다.

다. 설비 구성현황

전력관제설비는 전철전력 급전계통을 운영함에 있어 양방향, 다중사용자, 다중처리, 다중작업을 지원하도록 구성되며, 전력제어통신장치(CU)의 증가 또는 관리, 제어해야 할 장치의 증가에 대비하여 충분한 확장성을 가져야 하며, 주 컴퓨터(Master Computer), 통신장치(CU : Communication Unit)의 전단 처리장치(FEP : Front End Processor) 및 고속 Network(스위칭 허브), 대형표시반(LDP : Large Display Panel), 운영자 컴퓨터(W/S : Work Station 또는 MMI : Man-Machine Interface Equipment), 유지보수용컴퓨터(MMC : Maintenance Management Computer 또는 SMC : Supervisory Maintenance Computer), 기록장치 및 통신회선 그리고 관제사 훈련용시스템(OTS : Operator Training System)으로 구성된다.

각 운영기관마다 사용되는 용어가 상이하여 병행하여 기록하였다.

라. SCADA 시스템의 구비조건

전력감시제어설비는 다음의 필수 요소를 만족시켜야 한다.

1) 신뢰성(Reliability)

시스템의 하드웨어와 소프트웨어는 높은 안정성과 신속한 제어 및 모니터링을 위해 완전하게 이중으로 구성되어야 한다.

시스템은 호스트와 백업 시스템의 이중으로 구성되고, 호스트 시스템에서의 작업이 어떤 문제로 인해서 불가능 할 때, 작업은 자동적으로 백업 시스템으로 옮겨져서 계속 수행되어야 된다.

2) 유용성(Availability)

MMI(Man-Machine Interface) 기능을 제공하는 소프트웨어로 구성되고 한글운영이 가능하여 초보자도 쉽게 접근할 수 있다.

그래픽 인터페이스를 통한 실시간 현장 데이터를 직접 보여줌으로써 운영자가 쉽게 상태를 파악하고 처리를 할 수 있다.

보고서 출력, 계산 포인트, 각종 주변 기기 시험, 경보 순위, 이력관리 등과 같은 다양한 작업을 제공해야 한다.

3) 유지보수성(Maintainabiliry)

시스템은 개별 프로세서를 가진 독립된 장치들이 LAN 시스템에 기반한 개방형 구조이며, 조립, 교환, 확장, 변경 및 데이터 베이스의 수정을 용이하게 해야 한다.

4) 안전(Safety)

전체 설비는 자가 진단 기능을 가지며, 진단 결과는 운영자의 모니터(MMI)에 한글과 그래프의 형태로 나타내야 한다.

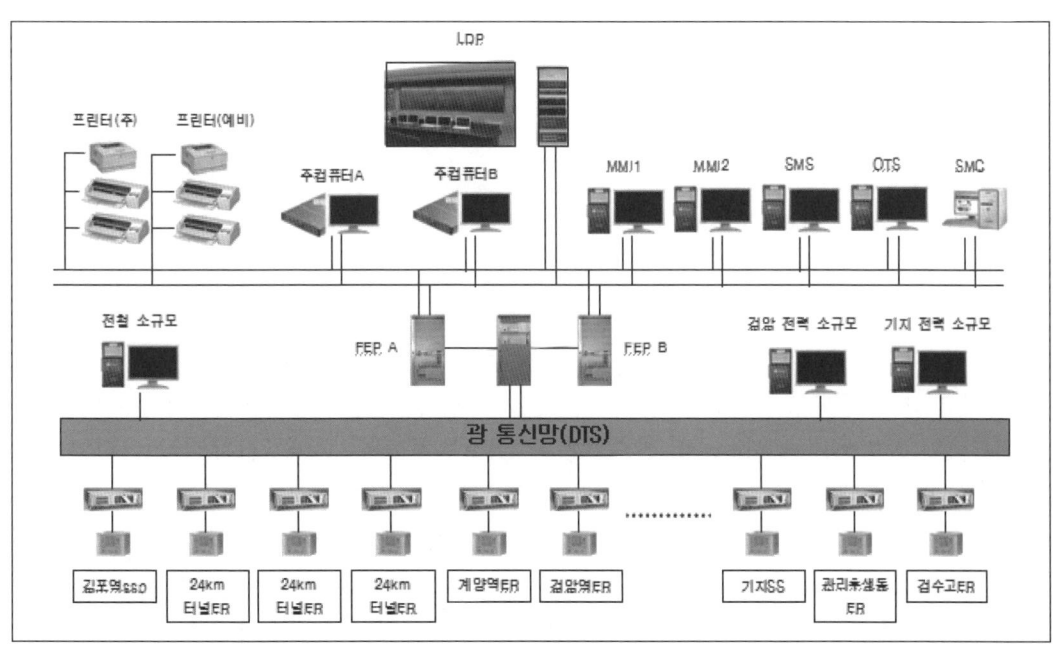

[공항철도 SCADA 시스템 구성도]

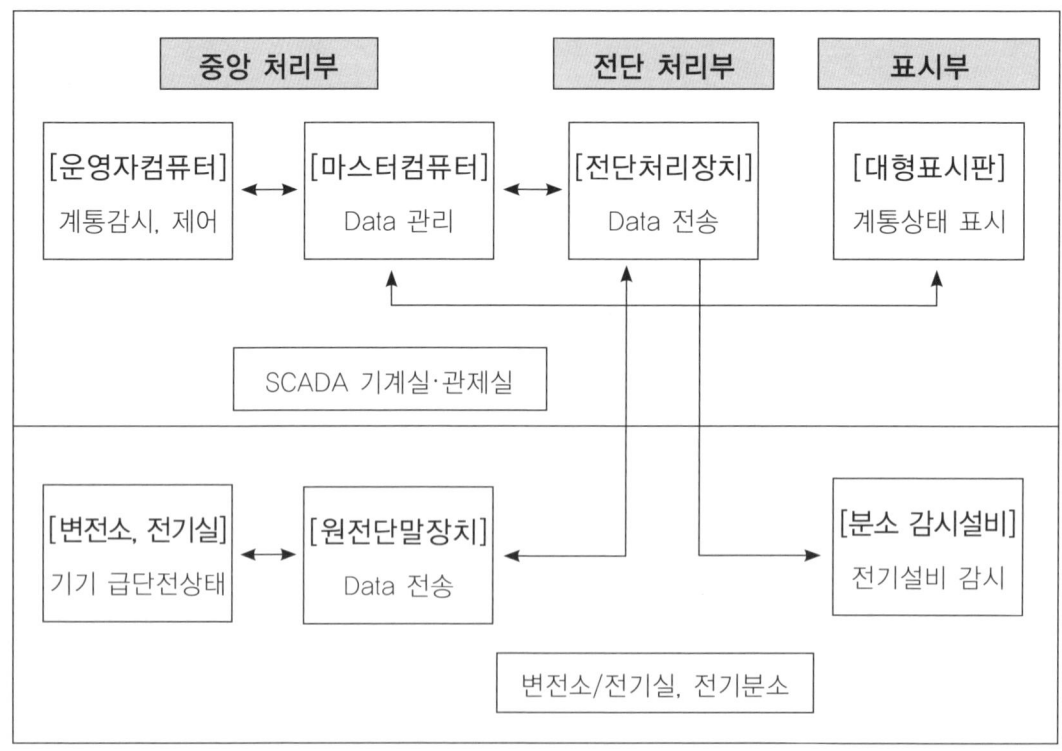

[대전도시철도 SCADA 시스템 구성도]

## 2-3 신호설비

실제 열차가 운행하는 네 있어 꼭 필요한 설비가 신호설비이다.
철도교통관제사는 이 신호설비를 이용하여 열차를 감시하고 통제한다.
신호설비는 짧은 시간동안 가장 많은 변화를 가져왔다.
기존 철도를 운영하던 철도공사의 경우 수도권 ATC구간과 KTX의 고속철도를 제외한 노선에서 사용하는 ATS 신호설비는 단순히 신호를 현시해주는 역할만 담당하였지만 1999년 이후 건설되어 운영되고 있는 기관 즉, 인천교통공사, 대전도시철도공사, 광주도시철도공사, 공항철도(주), 서울메트로9, 신분당선, 부산4호선, 김해경전철, 의정부경전철, 용인경전철, 인천공항자기부상열차 등은 신호설비를 통해 열차의 자동운전과 무인운전 등을 시행하고 있다.
이렇듯 신호설비는 철도문화에서 가장 빠르게 변하고 발전된 분야이며 매우 중요한 설비이다. 각 철도운영기관마다 신호설비를 설치한 회사가 상이하여 모든 기관의 신호설비를 모두 거론하지는 못하지만 본 서적에서는 공항철도(주)와 대전도시철도공사의 신호설비를 바탕으로 설명하기로 한다.

| 철도운영기관 | 시스템 공급사 | | 운영시스템 | 운영버전 |
|---|---|---|---|---|
| 철도공사 | 대아티아이(TI) | | 대아티아이(TI) | UNIX |
| 서울메트로 | 1호선 | 대우 | 텐덤(미국) | UNIX |
| | 2호선 | 삼성SDS | 벡스(미국) | UNIX |
| | 3호선 | LG산전 | 텐덤(미국) | UNIX |
| | 4호선 | | | |
| 서울도시철도공사 | 5호선 | 대우 | 대우엔지니어링 | VMS |
| | 6호선 | LG산전 | LG산전 | UNIX |
| | 7호선 | | | VMS |
| | 8호선 | | | VMS |
| 인천교통공사 | 삼성SDS | | Siemens(독일) | UNIX |
| 광주도시철도공사(주) | LG산전 | | Kyosan(일본) | UNIX |
| 대전도시철도공사(주) | 삼성SDS | | Siemens(독일) | UNIX |
| 공항철도(주) | Alstom | | Alstom(프랑스) | WINDOWS |
| 서울9호선 운영(주) | Alstom | | Alstom(프랑스) | UNIX |

[철도운영기관별 신호설비 현황]

각 회사별 기기의 명칭은 상호 다르나 그 역할과 구성은 대동소이하다. 신호설비의 구성과 역할을 이해하면 각 운영기관의 설비에 대해서도 이해할 수 있으며, 자동열차운전(ATO) 및 무인운전의 개념도 이해할 수 있을 것이다.

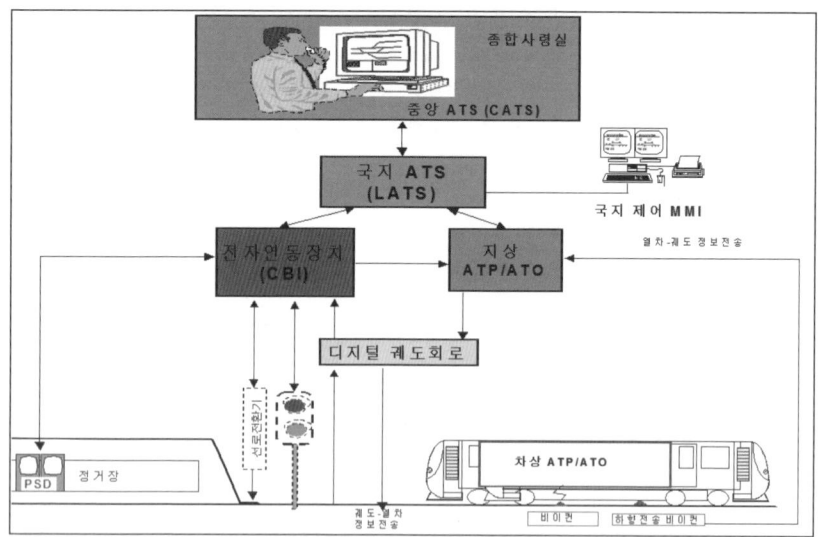

[공항철도(주) 신호설비 구성도]

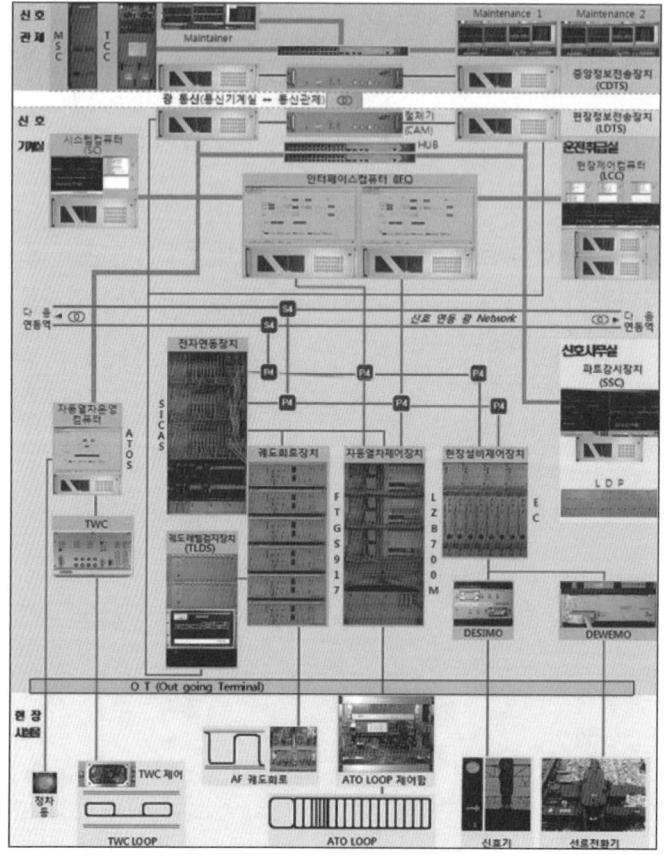

[인천교통공사 신호설비 구성도]

## 2-3-1 관제실 신호설비 구성 및 역할

가. TTC(Total Traffic Control System)

열차운행종합제어장치(TTC)는 컴퓨터에 의한 열차운행 자동제어시스템이다.

TTC 시스템은 전체 노선의 선로상태 정보와 열차의 운행상태를 파악하여 열차의 운행스케줄에 따라 자동 진로설정 및 열차번호에 의한 열차의 운행상태를 표시하는 등 열차의 운영관리에 대한 전반적인 업무를 자동으로 수행한다.

TTC의 주요업무는 다음과 같다.
- 열차운행 스케줄 및 운행정보 관리
- 자동 및 수동진로의 설정
- 열차운행감시
- 열차운행 실적 기록
- 열차 행선지 및 운행정보 전송

나. TTC 설비의 구성

TTC 설비는 열차운행제어컴퓨터(TCC), 운영관리컴퓨터장치(MSC), 정보전송장치(DTS), 대형표시반장치(LDP), 관제사제어용 MMI 또는 콘솔장치(Console)로 구성되어 있다.

각 설비에 대한 기능은 다음과 같다.

1) TCC(TCC : Train Control Computer) 시스템

열차운행제어컴퓨터(TCC)는 제어용 콘솔장치(Workstation) 및 주변장치로 구성된다. TCC 시스템은 운영관리컴퓨터(MSC)에서 작성된 열차운행계획을 받아서 열차운행을 자동으로 제어하고, 운영자로 하여금 열차운행상황을 정확히 파악할 수 있도록 각종 운행관련 정보를 VDU에 표시하며, 운행 중 발생하는 각종 Event를 운영관리컴퓨터(MSC)로 전송한다.

2) MSC(MSC : Management Support Computer) 시스템

운영관리컴퓨터(MSC)는 프로그래머 콘솔 및 주변장치로 구성된다. TTC 운영에 기본적으로 필요한 열차운행계획을 프로그래머 콘솔에서 작성하여 MSC로 전송하면 열차의 운행이 끝난 후에 TCC에 전송한다. MSC는 열차운행계획을 관리하여 그 계획에 따라서 열차운행이 이루어지도록 하며, 열차운행 따른 Event를 TCC에서 정보를 받아서 실적 및 통계처리를 한다.

3) DTS(DTS : Data Transmission System)

중앙 정보전송장치(DTS: Data Transmission System), 대형표시반(LDP)으로 구성된다. 관제실의 TCC 시스템과 현장 신호기계실 간의 정보전송을 담당한다.

4) 철도교통관제사용 MMI 또는 CONSOLE장치

철도교통관제사용 MMI 또는 Console을 통해 열차 및 역 등의 현장정보를 감시하며 관제사가 직접 신호 및 진로 등을 제어하여 열차의 운행을 원활하게 하는 시스템이다.

철도 각 운영기관마다 명칭이 상이하여 MMI 또는 Console로 표기하겠으며, 그 제어방법도 각양각색이므로 각 운영기관에서 근무하게 되면 상황에 맞는 제어방식을 학습해야 하므로 본 서적에서는 인천, 대전, 공항철도의 MMI 또는 Console의 메인화면만을 제시하고, 제어방식에 대해서는 기술하지 않기로 한다.

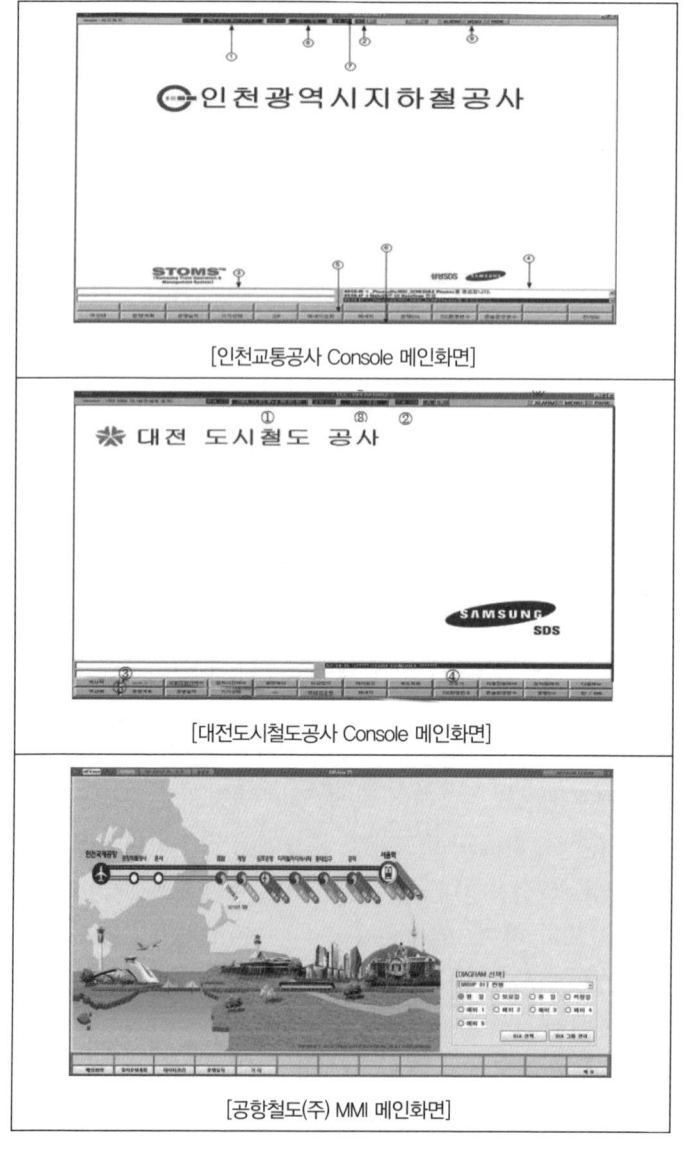

[인천교통공사 Console 메인화면]

[대전도시철도공사 Console 메인화면]

[공항철도(주) MMI 메인화면]

[운영기관별 MMI 및 Console 메인화면]

## 2-3-2 관제 신호설비 제어

TTC 시스템의 제어는 철도운영기관마다 차이는 있으나 최근에 신설된 기관의 경우 크게 3가지 또는 4가지로 구분할 수 있다.
철도교통관제사는 연동장치가 설치된 각 역의 상황에 따라 적절한 제어 모드를 사용할 수 있다.

| 제어모드 | 기 능 |
|---|---|
| TTC 모드 | TCC 컴퓨터에 의한 완전자동 배차관리 |
| LOCAL 모드 | 현장 신호 제어반에 의한 해당 제어권 수동진로 취급 |

### 가. TTC(Total Traffic Control System) 모드(Auto, Manual)

열차운행제어컴퓨터(TCC)에서 운행제어 및 감시를 자동으로 수행하는 제어 방식이다. 운영관리컴퓨터(MSC)에서 지정한 열차운행계획표에 의해서 열차의 운행진로를 자동으로 제어한다. TTC 시스템에서 기본적인 제어모드는 TTC 모드이며, TTC 모드를 세분하면 TTC AUT와 TTC MAN으로 구분할 수 있다.

TTC AUT는 자동제어를 수행하는 자동모드이며, TTC MAN은 이 모드를 설정한 연동장치 역에 대해서 TCC에서 열차운행계획에 의한 자동제어를 수행하지 않고 운영자가 제어 콘솔에서 수동으로 제어하는 모드이다.

### 나. LOC(Local Control Console) 모드(Auto, Manual)

연동장치가 설치된 각 역의 신호취급실 LOC(Local Control Console)에서 제어하는 방식이다. LOC 모드를 세분하면 LOC AUT와 LOC MAN으로 구분할 수 있으며, LOC 모드가 설정되면 관제실에서 연동장치 역을 제어할 수 없고, 현장의 모든 표시정보를 수신하여 LDP 및 VDU에 현장의 기기 동작 상태와 열차의 운행 상태를 표시한다. TTC 모드에서 LOC 모드로 전환하려면 관제실의 허가를 받고 LOC에서 모드변경을 실행하면 된다.

| 모드 | 구분 | 기능설명 | 비 고 |
|---|---|---|---|
| TTC | CATS | 스케줄에 의한 자동진로제어 | 기존공항철도 SCHEDULE Mode |
| CTC | CATS | Regulator에 의한 수동진로제어 | 기존공항철도 MANUAL(withoutARS) Mode |
| LOCAL | LATS | Operator Workstation에 의한 수동진로제어 | 기존공항철도 MANUAL(withoutARS) Mode |

[공항철도(주) TTC 제어모드]

| 표시정보 | TTC | LOC | AUT | MAN |
|---|---|---|---|---|
| 설 명 | 관제 제어 | Local 제어 | 자동제어 | 수동제어 |

[대전도시철도공사 Console 메인화면]

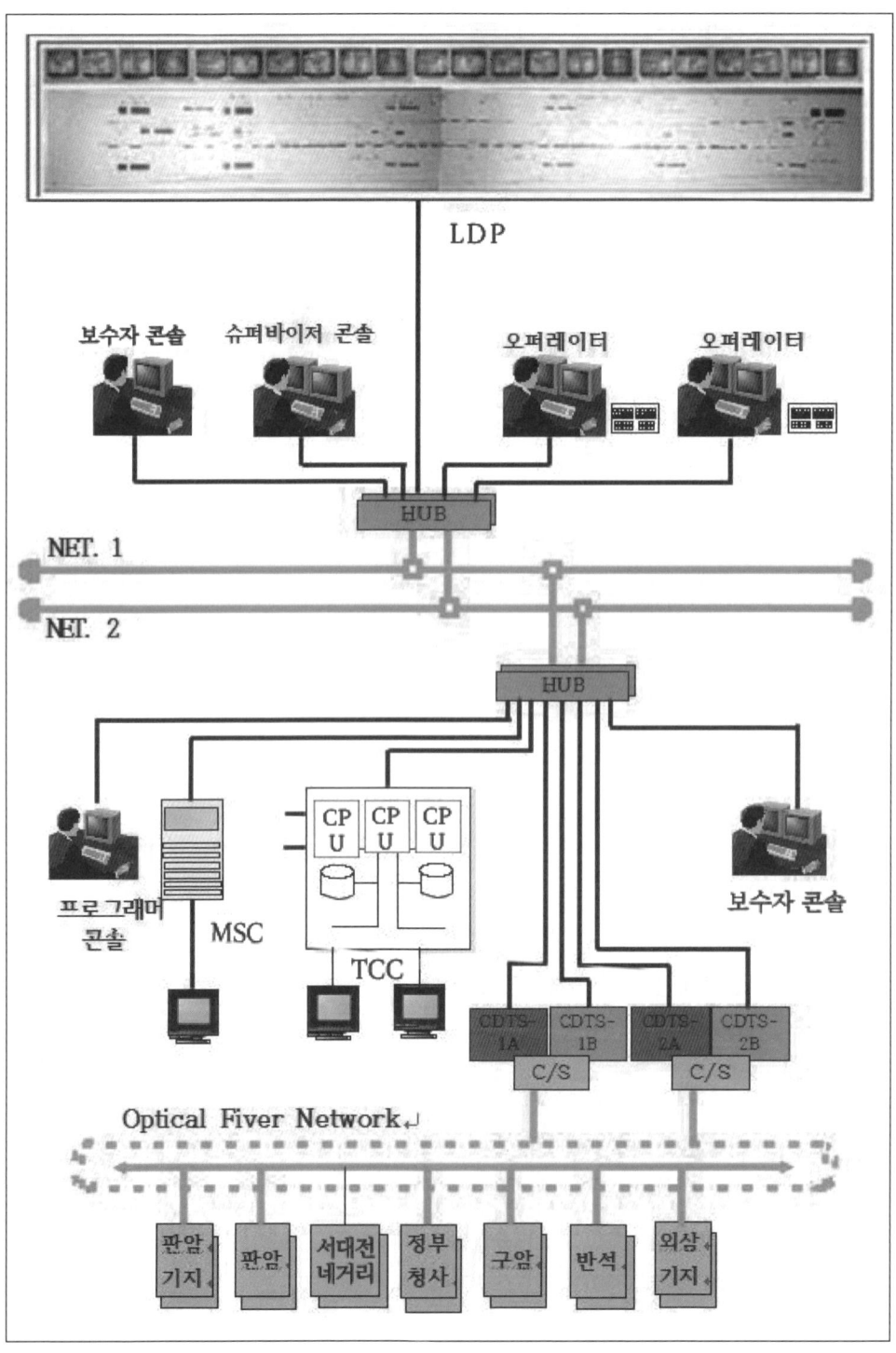

[대전도시철도공사 TTC 시스템 구성도]

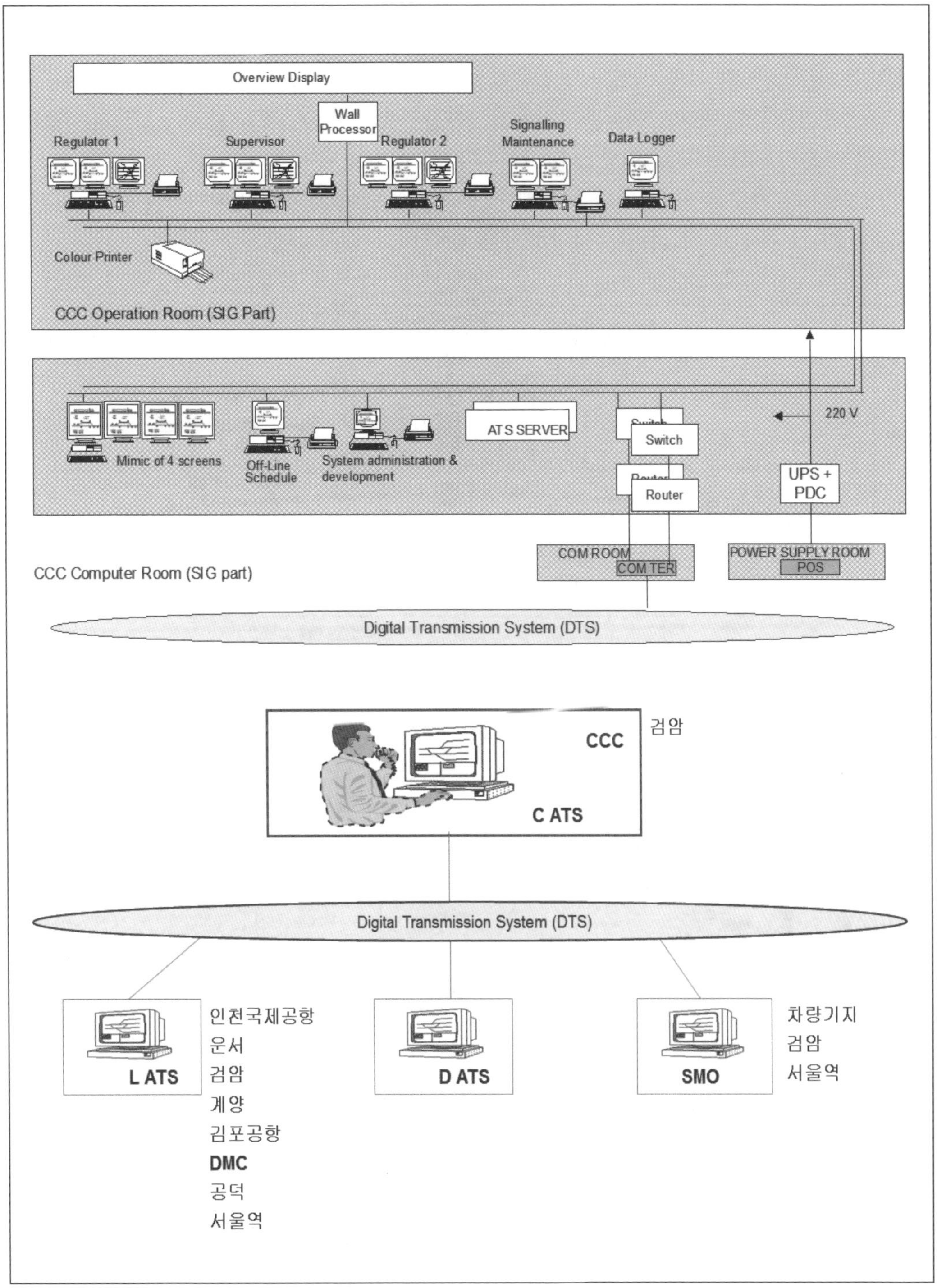

[공항철도(주) TTC 시스템 구성도]

## 2-4 통신설비

통신설비는 신호설비와 더불어 열차 안전운행에 필요한 매우 중요한 설비 중 하나이다. 열차무선설비(TRCP/TRS/CCP), 관제전화기, 화상전송설비(CCTV), 관제방송장치, 행선안내장치 등과 각종 DATA의 통로 역할을 담당하는 DTS 등으로 구성되어 있다.
통신설비 역시 각 철도운영기관마다 약간의 명칭과 사용법에 차이는 있지만 최근에 설치된 운영기관을 대상으로 통신의 각 설비를 설명하기로 한다.

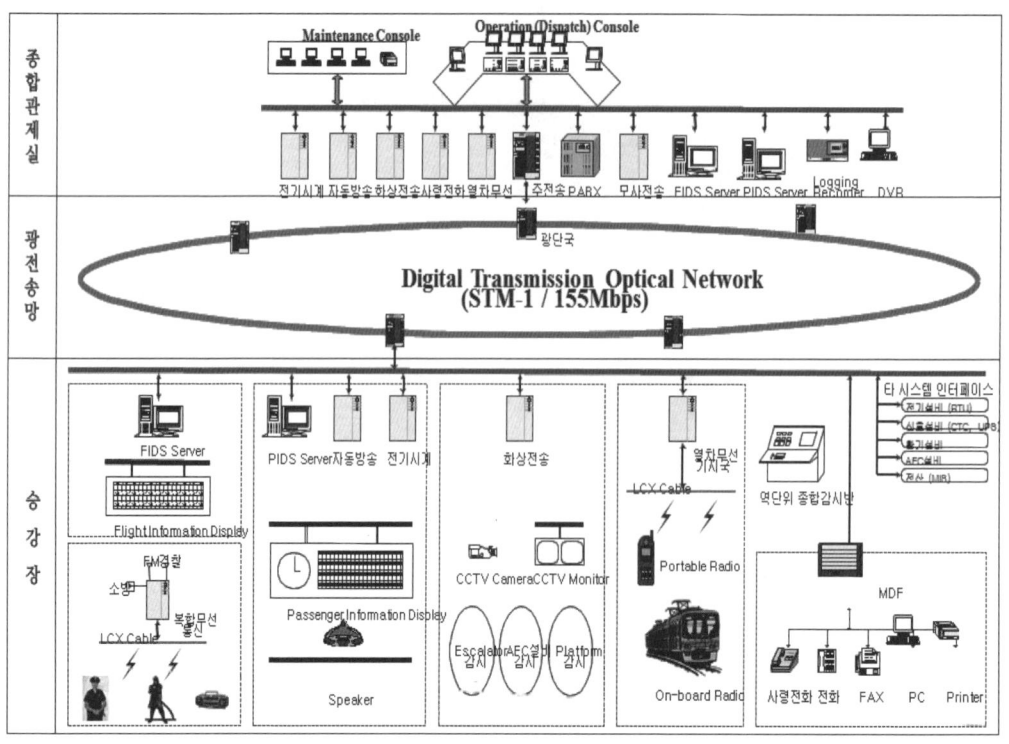

[공항철도 통신설비 구성도]

가. 디지털 전송설비(DTS : Digital Transmission System)

　　DTS는 각 분야별 설비(TTC, 기계설비, SCADA, AFC 등)의 각종 정보(음성, DATA, 영상신호)를 종합적으로 전송하는 통신망의 주체가 되는 시스템으로 각종 정보와의 Interface와 전송로를 제공하고, 해당부서 또는 설비에 신속 정확하게 정보를 송신하거나 수신하는 설비이다.
　　주 통신선로는 광케이블 또는 동축케이블을 통하여 일정한 형태의 정보를 전송하며, 1회선에 수만 채널 이상 수용이 가능하고, 초고속 링크를 실현하여 신속, 정확하게 양질의 통신서비스를 제공하는 설비이다.

1) 전송망 구성

기본 전송망 구성은 종합관제실의 주 디지털 회선분배장치(Main ADM)과 망관리시스템(NMS)을 중심으로 부 디지털 회선분배장치(SUB ADM)를 각 역에 설치하고 이를 링형으로 연결하여 직접 분기하고 결합하는 코아분기 환형(Ring)으로 구성되었다.

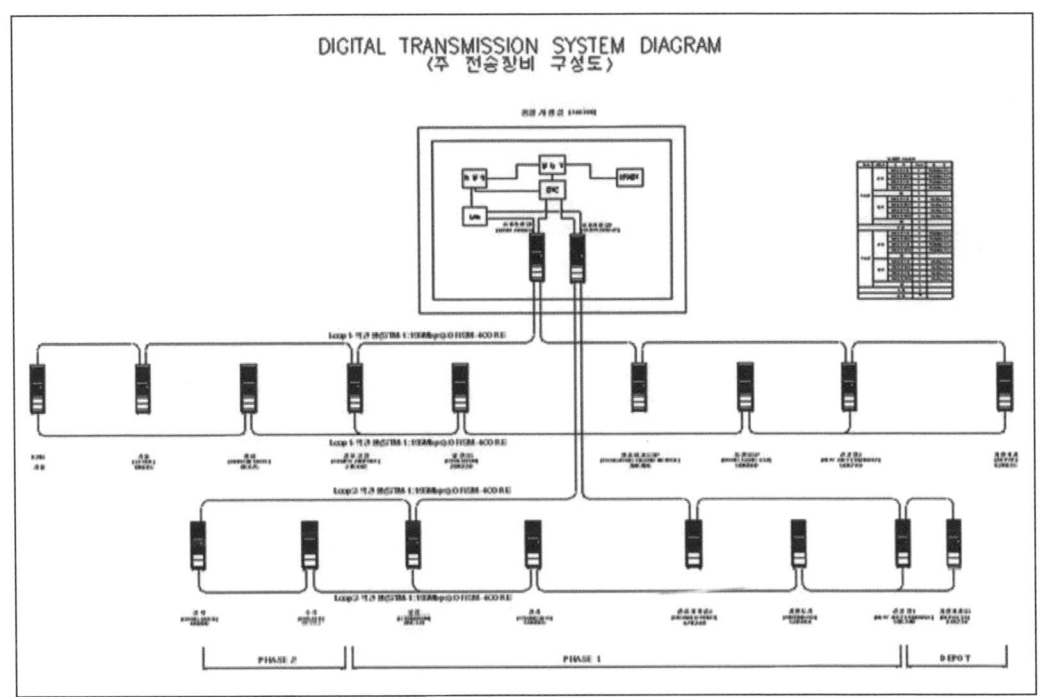

[공항철도(주) DTS 구성도]

2) 특성

전송장치 구성의 일원화와 효율성을 감안하여 2개의 Loop로 구분하여 결번순환방식으로 구성하였으며, 전송매체는 광케이블로 설치되었다.

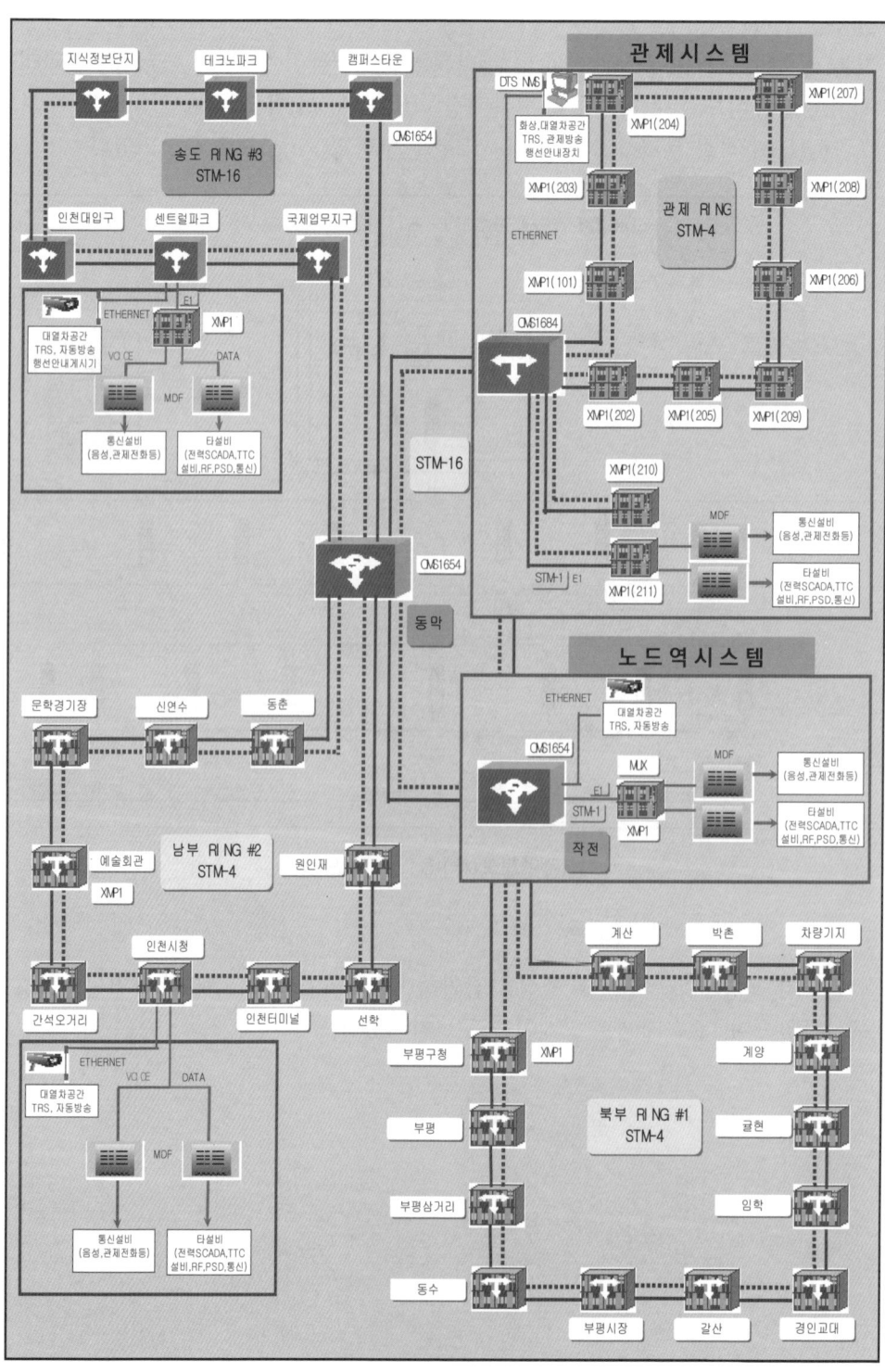

[인천교통공사 DTS 계통도]

### 3) 망관리시스템(NMS)

NMS는 SDH 주장치를 통하여 각 역의 전송장비 운용상태 및 망의 제어와 감시를 실시간으로 시행하며, 이상발생 시 경보가 가능하도록 되어 있다.

완벽한 유지관리를 위한 NMS를 구현하여, 전체 노드 및 전송 경로를 자동 및 수동으로 제어가 가능하고, NMS에서 수집된 정보는 컴퓨터 모니터와 프린터에 표시되며, 멀티 윈도우 그래픽으로 나타낼 수 있다.

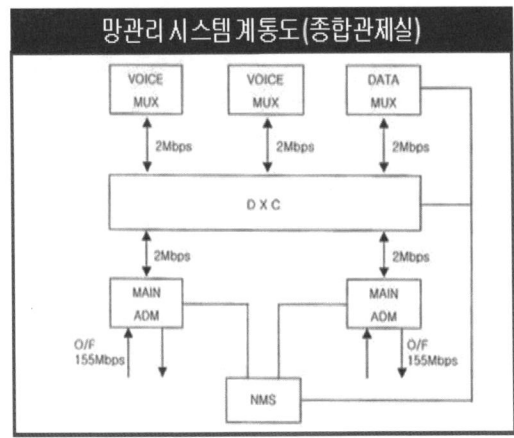
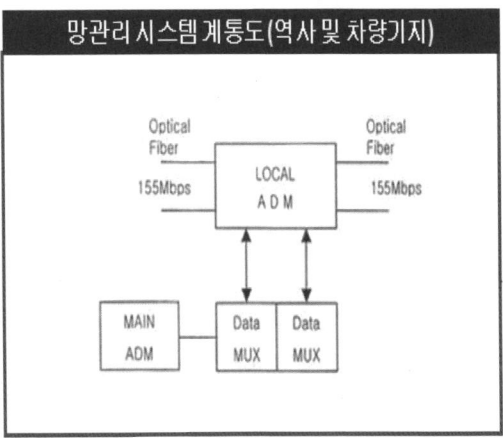

[공항철도(주) NMS 계통도]

### 나. 열차무선장치(TRS/CCP/CAD)

열차무선장치(TRS/CCP/CAD)는 철도운행관제사가 본선에 운행 중인 열차 기관사와의 통화, 역무원, 기타 직원, 그리고 작업자와의 통화를 할 수 있으며, 비상시나 기타 필요시 관제사가 열차 내 승객과의 통화와 열차 객실의 대 승객방송을 할 수 있는 장치를 말한다.

철도 각 운영기관마다 열차무선장치를 공급한 회사별로 사용되는 명칭이 TRS(Trunked Radio System), CCP(Train Radio C.C.P), CAD(Computer Aided Dispatch) 등 다양하게 사용되고 있으며, 중앙제어장치, 중계장치, 단말기 등으로 구성된다.

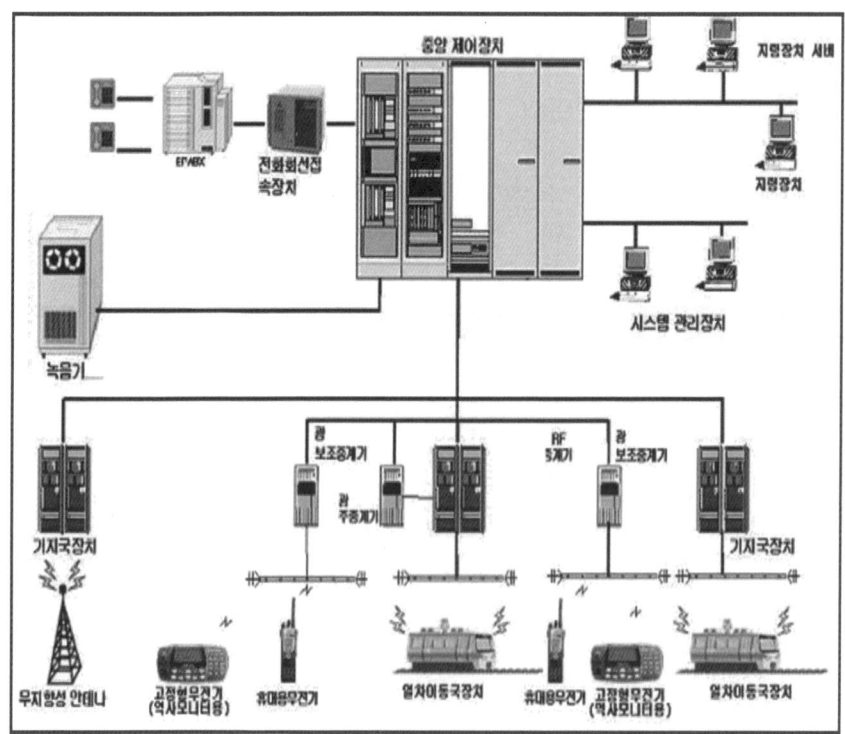

[공항철도(주) 열차무선장치 구성도]

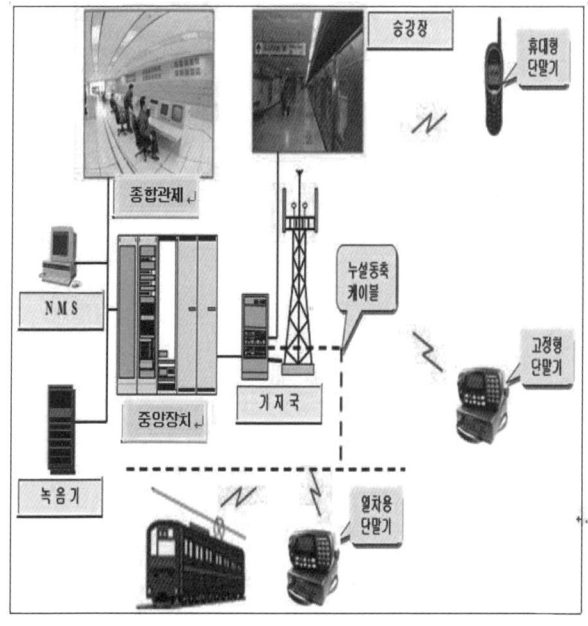

[부산교통공사 열차무선 시스템 구성도]

1) CCP(Train Radio C.C.P)

CCP는 일본의 HITACHI사가 제공한 무선장치로 인천교통공사, 광주도시철도공사, 대전도시철도공사 등이 사용하고 있으며, 부산교통공사 1, 2호선은 CCE 장치를 사용하고 있고, 3호선은 BUTA CAD Client 장치를 사용한다.

열차무선장치별 형상과 기능은 다음과 같다.

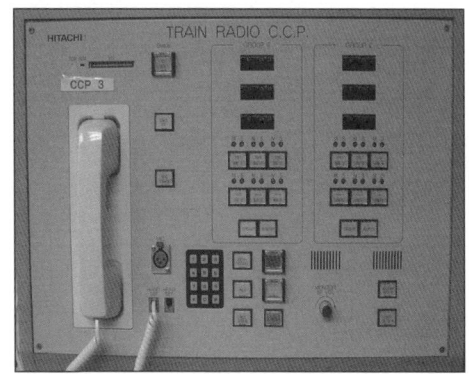

[인천, 대전, 광주 Train Radio C.C.P]

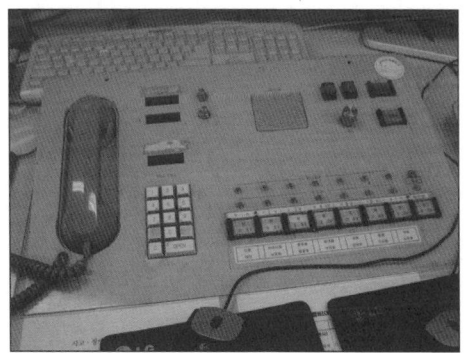

[부산교통공사 1호선 운행관제 열차무선장치]

[부산교통공사 2호선 운행관제 열차무선장치]

① CCP의 구성
관제실 내의 열차무선장치는 동일한 기능을 갖춘 3개(Super, OP1, OP2)의 Set로 구성된다.

② CCP의 기능
　㉠ 데이터 처리 및 표시기능
　　열차(기지국)와 CCP 간 통화 시 기지국에서 송출된 음성 및 Data를 처리하며 CCP에는 해당 열차번호, 통화구역(ZONE), 통신방법 등이 표시된다.
　㉡ 통화중 다른 호출열차의 ID표시 기능
　　이미 다른 열차와 통화 중인 경우라도 다른 열차로부터 호출이 있을 경우 호출한 열차의 ID가 CCP에 표시된다.

```
■ 열차 호출방법에 따른 구분
   - 개별호출 : INDIVIDUAL
   - 그룹호출 : GROUP
   - 일제호출 : ALL ZONE
   - 열차 차내방송 : BROADCAST
```

　㉢ 3자 간 통화 가능
　　이미 통화 중인 경우에 다른 CCP에서도 모니터는 물론 통화가 가능하며, 3자 통화 도중 다른 한쪽이 통화를 종료해도 나머지 양자 간 통신은 계속 유지된다.
　㉣ Auto Tracking 기능
　　CCP와 열차 간 통화 중 열차가 인접 기지국 구간으로 이동시 해당 구간에 차량 이동국이 통신 중이 아닌 경우 자동으로 통신이 유지된다.
　㉤ 통화시간 제한 기능
　　CCP 내 LIMIT스위치를 누르면 2분 후 자동으로 통화가 끊어진다.
　㉥ 열차 객실방송 기능
　　긴급상황 또는 필요시 BROADCAST 스위치를 누르면 해당 열차의 열차 객실 방송이 가능하다.

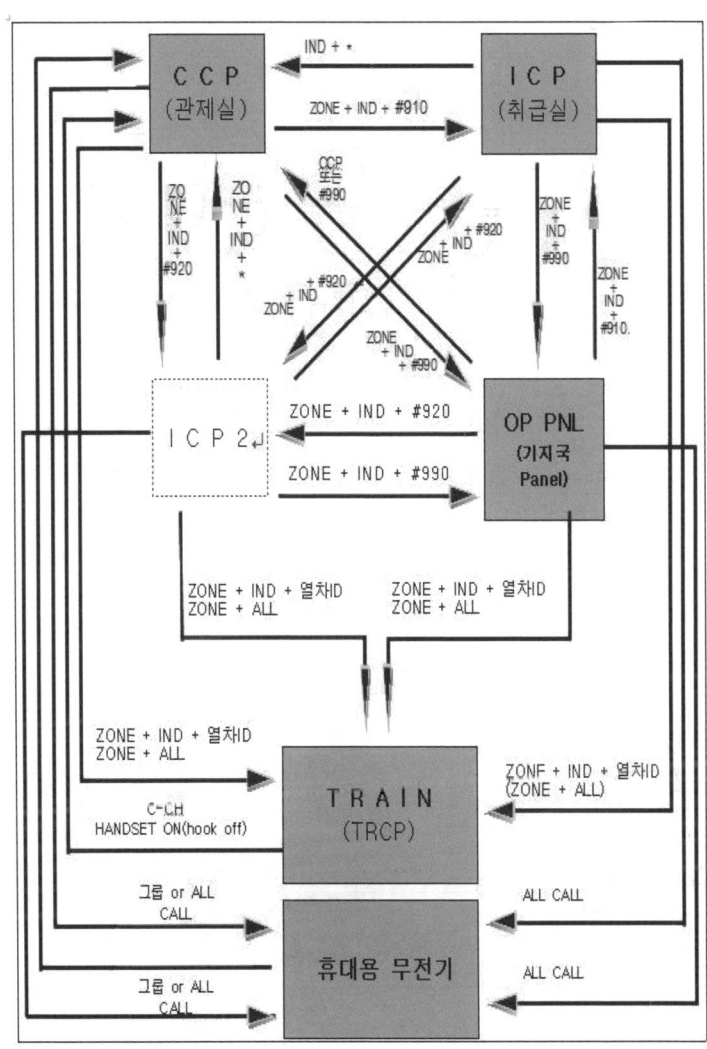

[CCP 통화망 구성]

2) TRS(Trunked Radio System)

TRS 장치는 공항철도(주)에서 사용하는 열차무선설비로 유럽표준 TETRA(Terrestrial Trunked Radio)방식인 디지털 TRS(주파수공용통신 Trunked Radio System)를 적용하고 있으며, 중앙제어장치(종합관제실), 기지국장치 및 중계설비(정거장), 단말기(전동차 및 휴대용)와 전송매체인 누설동축케이블 및 광증폭기와 녹음장치 등 주변장치로 구성되어 있다.

① 호출방식

철도교통관제사의 열차무선 호출방식에는 다음의 3가지가 있다.

㉠ 일제호출 : 전 열차 이동국 시스템에 등록된 전체 단말기 호출, 1:N통화
㉡ 그룹호출 : 통화 그룹에 속한 단말기를 호출, 1:N 통화
㉢ 개별호출 : 통신 상대방 상호 간 호출, 1:1 통화
② 통화의 종류
열차무선통화의 종류는 열차운행 관리를 위한 기본적인 통화와 유지보수용 통화 및 데이터 통신 등이 있다.
㉠ 사령통화, 유지보수통화, 차량기지통화 및 비상통화
㉡ 그룹통화 : 역무원과 승무원 등을 포함하는 기타의 그룹통화
㉢ 개별통화 : 단말장치 간의 1:1 통화
㉣ 전화접속통화 : 사설교환기를 경유한 통화
㉤ 열차번호 통화 : 열차번호를 이용한 단말장치와 이동국장치와의 통화
㉥ 데이터 통신 : 차량번호, 안내방송 및 승객 정보안내 데이터를 열차의 운영과 관계되는 열차정보시스템(TIS)과 데이터 통신
㉦ 메시지 통신 : 단말기장치 간의 메시지 송수신
③ 열차무선설비 형상

| 고정형 | 이동형 | 휴대용 |

[TRS의 구성]

④ 열차무선 특성
　TRS(Trunk Radio System)는 휴대폰과 같이 개인 대 개인의 무선전화 서비스와 달리 복수의 사람이 함께 동시에 통화를 할 수 있는 통신 기능으로서, 회의통화(Conference Call)와 같이 그룹통화 목적으로 개발된 통신방식으로 하나의 TRS 단말기로 그룹통신 뿐만 아니라 휴대전화 및 데이터 서비스도 복합적으로 사용이 가능하다.

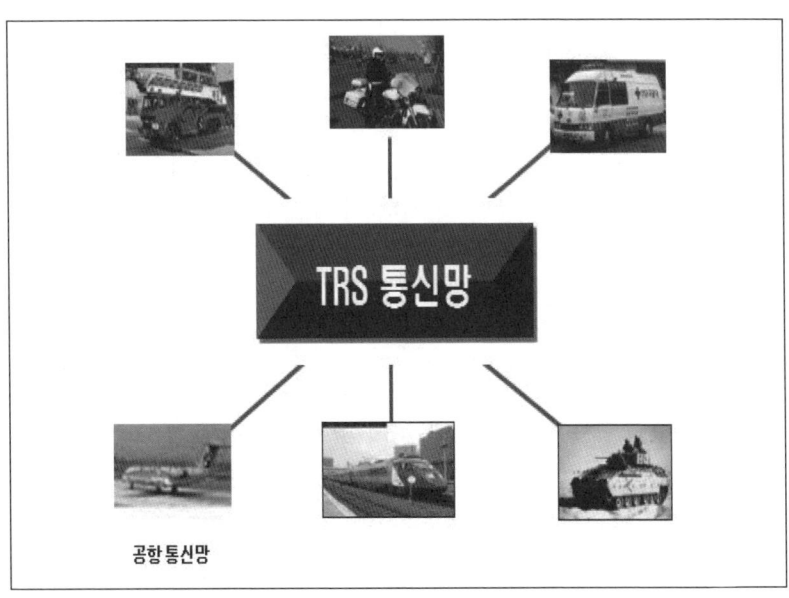

[공항철도(주) TRS 사용영역]

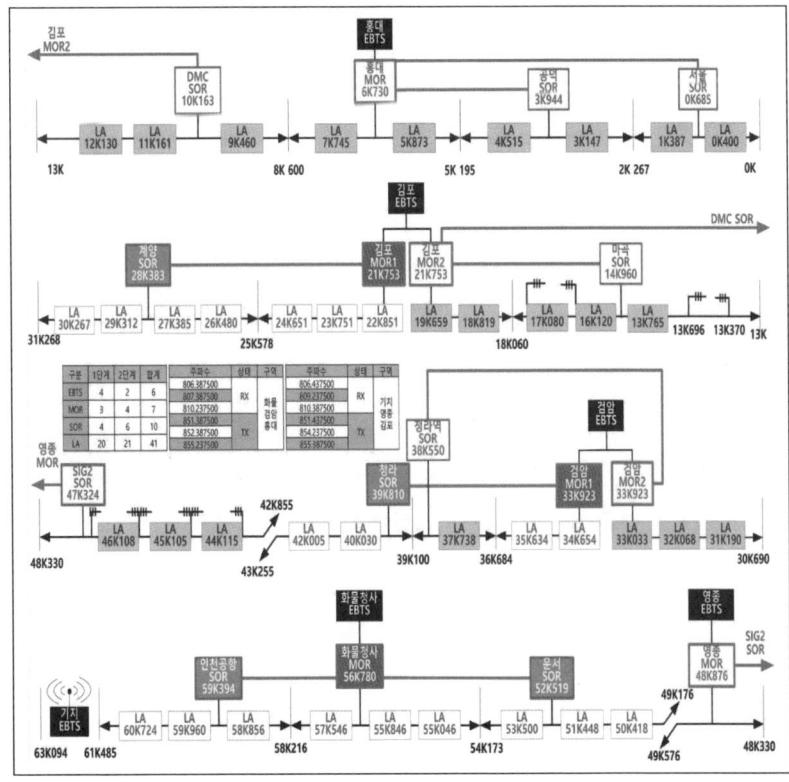

[공항철도(주) TRS 중계기 현황]

3) 열차무선 CAD(Computer Aided Dispatch)장치

CAD장치는 열차무선설비의 보조지령장치로 부산교통공사 3호선과 공항철도(주), 신분당선 등 최근에 개통하여 영업을 시행한 운영기관에서 사용하고 있다.

중앙제어장치와 기지국, 중계기, 단말장치로 구분되며, 중앙제어장치는 주제어장치, 시스템관리장치, 녹음장치, 지령장치 및 기타 장비로 구성되고, 기지국 장치와 중계기 장치는 주제어장치와 단말장치 간의 통화로를 제공한다.

단말장치는 열차 전후에 2Set씩 설치되는 이동국 장치와 휴대용, 고정용 무전기로 구성되어 있다.

CAD장치의 모니터를 통해 열차의 운행상태를 한눈에 확인할 수 있으며, 전 열차 비상통화 및 개별통화, 열차 내 비상인터폰 통화와 전 열차방송 등을 시행할 수 있다.

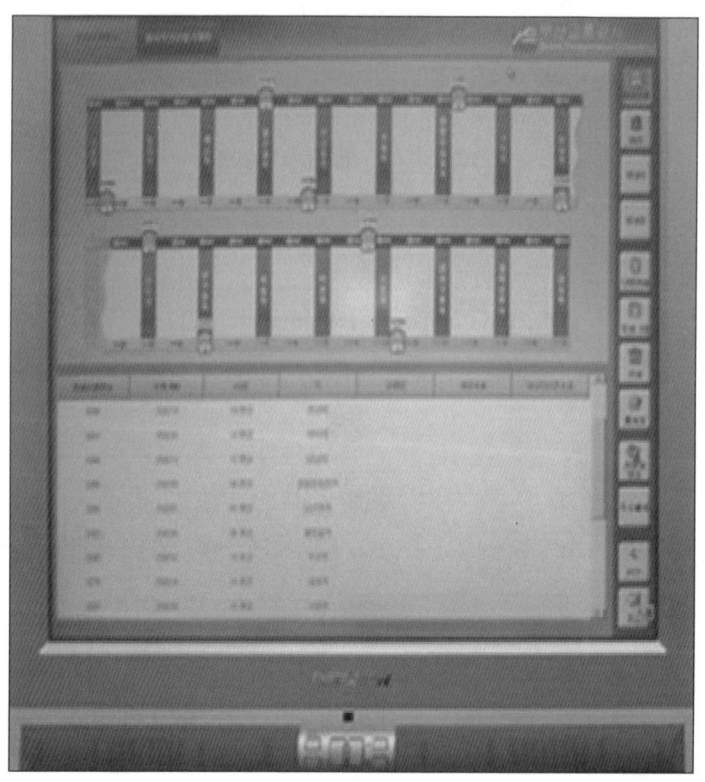

[부산교통공사 3호선 CAD장치]

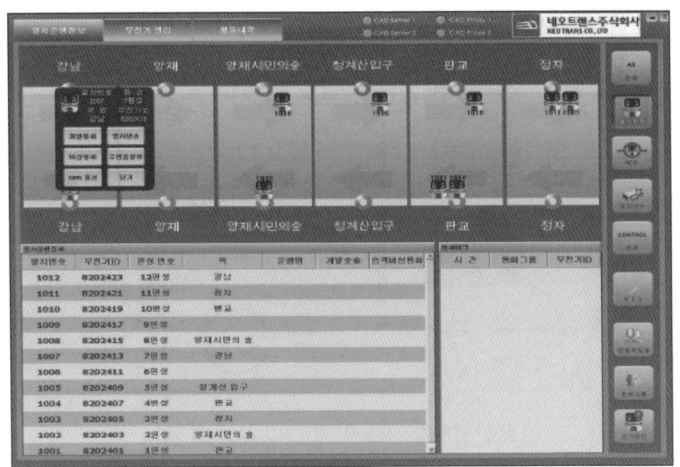

[신분당선 CAD장치]

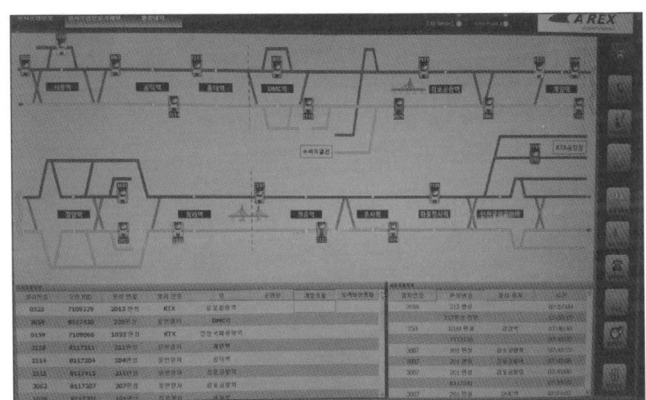

[공항철도(주) CAD장치]

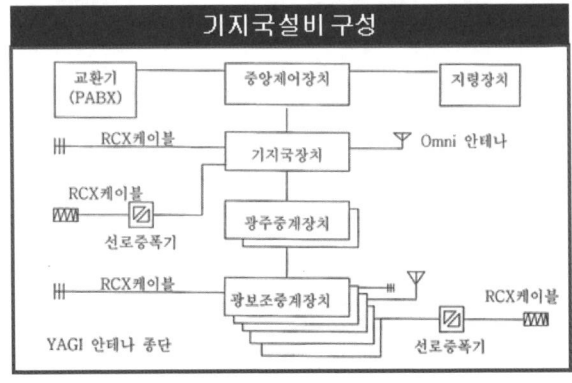

[공항철도(주) 열차무선 기지국 설비 구성]

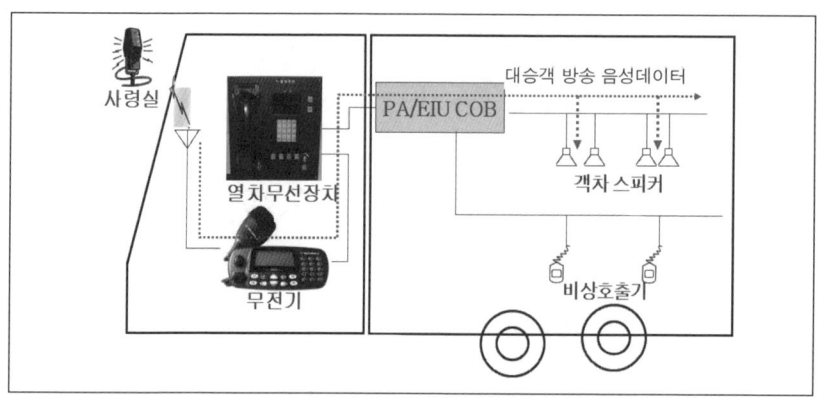

[무선장치를 이용한 승객방송 흐름도]

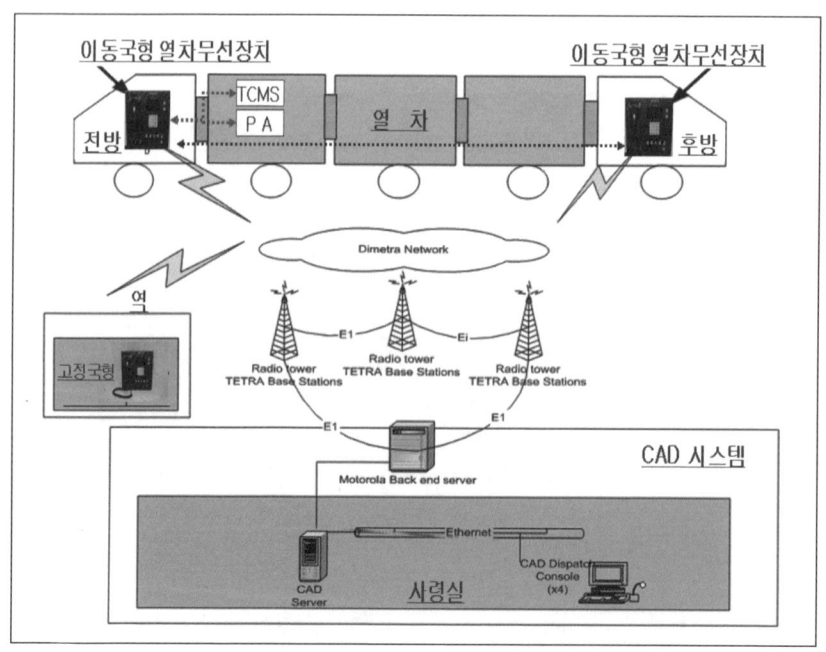

[공항철도(주) 무선장치 서비스 구성도]

다. 화상전송설비(CCTV : Closed-Circuit Television)

열차의 안전운행과 효율적인 업무를 수행하기 위하여 각 역사의 승강장 상태 및 대합실, 그리고 중요시설(선로전환기, 대교, 무인변전소, 기계실 등)이 설치된 장소에 CCTV를 설치하여 종합관제실에서 확인 및 감시할 수 있도록 한 설비이며, 폐쇄회로 TV라고도 한다.

이 CCTV는 열차가 승강장에 진입 시 일정지점에서 현시되며 열차가 승강장을 벗어나면 소거된다.

CCTV가 자동으로 현시될 때 총 4곳, 즉 관제실, 기관사, 역무실, 통신기계실에서 동시에 확인이 가능하도록 되어 있으며, 종합관제실에서는 제어컴퓨터를 통해 CCTV가 설치된 필요한 장소를 확인 및 감시할 수 있도록 되어 있다.

또한 화재설비와 연동되어 있어 평상시에는 일반적인 영상을 제공하는 폐쇄회로 TV의 역할을 수행하지만 화재경보가 발생되면 즉시 화면이 경보 발생지점으로 전환되어 현장의 상태를 확인할 수 있도록 구성되어 있다.

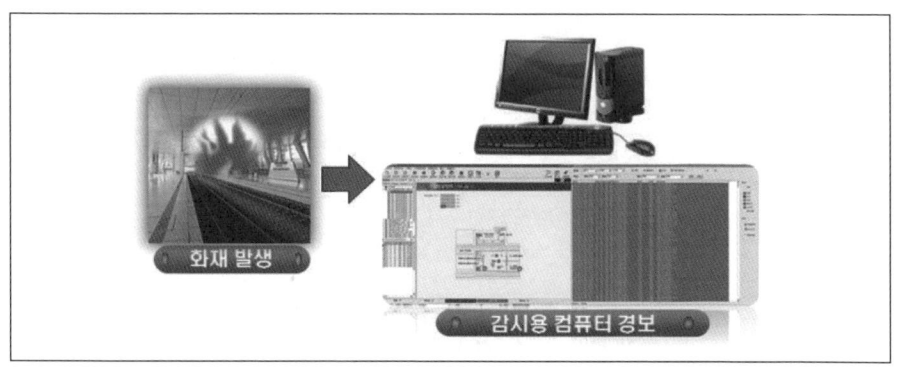

[공항철도(주) CCTV 화재경보 화면]

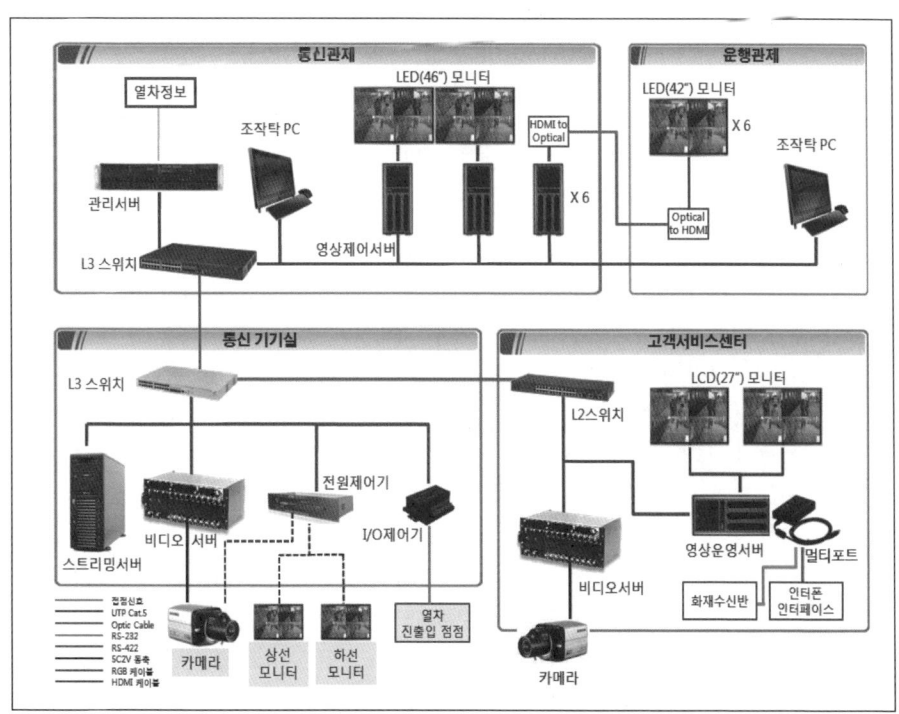

[부산교통공사 CCTV 시스템 구성도]

CCTV의 영상정보는 주정보전송장치(DTS)를 통해 전송되며, 열차운행노선이 긴 부산교통공사 1호선이나 인천교통공사 1호선의 경우는 중간에 중계역사를 두어 종합관제실에 영상을 제공하도록 되어 있으며, 운행노선이 짧은 공항철도(주)나 서울메트로9의 경우는 직접 영상이 종합관제실에 표출된다.

신분당선의 경우는 승객의 이동현황과 열차 내·외부의 사건사고에 대한 보안, 각종 정보의 수집으로 침입자 감지를 운영자에게 영상으로 제공하여 편의성을 증대시켰다.

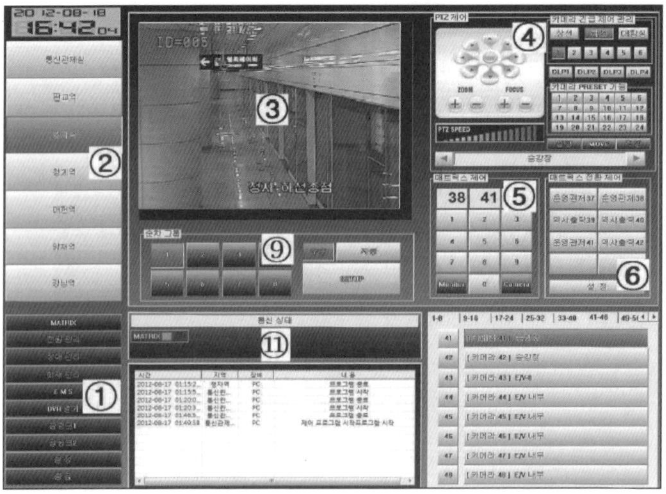

[신분당선 Matrix 운영시스템 메인화면]

기관사용 CCTV의 경우 인천, 광주, 대전, 부산의 경우 유선의 고정용 영상장치를 사용하고 있으며, 공항철도(주)의 경우는 무선의 대공간화상장치(VTS)를 사용하고 있다.

CCTV 시스템은 크게 CCTV조정부, MONITOR부, 광분배부 및 수신부로 구성되며, 철도교통관제사가 필요한 장소를 지정하여 CCTV를 확인할 수 있도록 기능이 구현되어 있다.

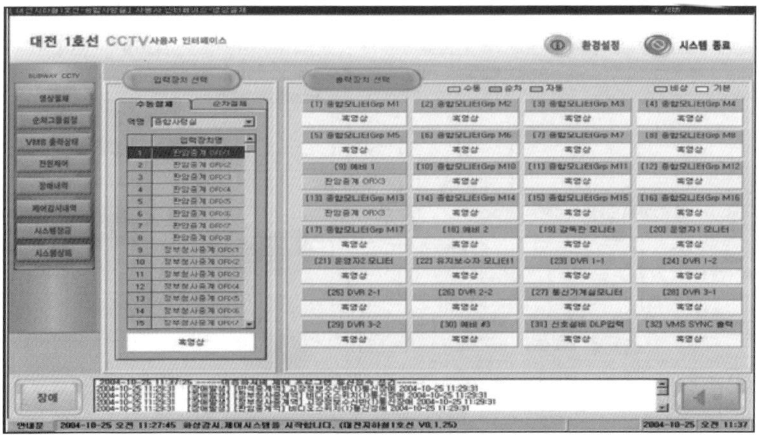

[대전도시철도 CCTV 조정부 화면]

[부산교통공사 2호선 CCTV 조정부 화면]

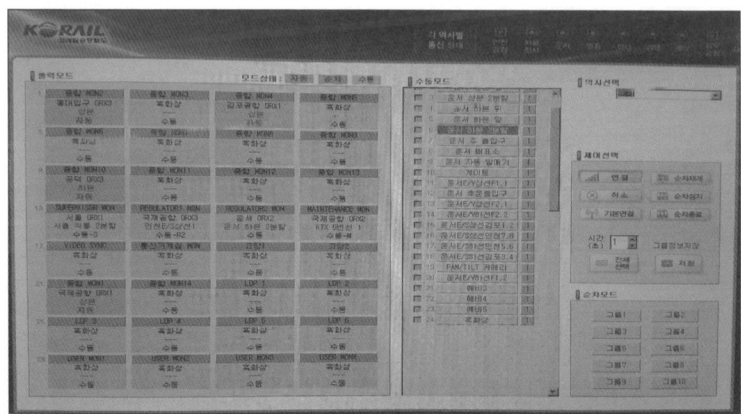

[공항철도(주) CCTV 조정부 화면]

[부산교통공사 2호선 CCTV 모니터]

Ⅳ. 종합관제실(센터) 현황 171

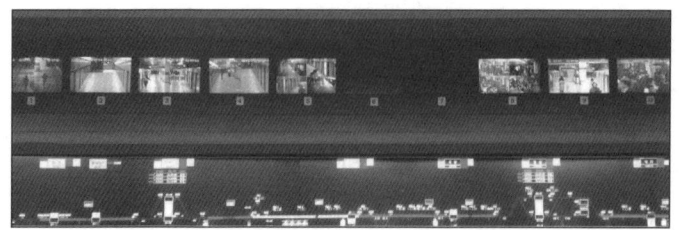

[공항철도(주) CCTV 모니터]

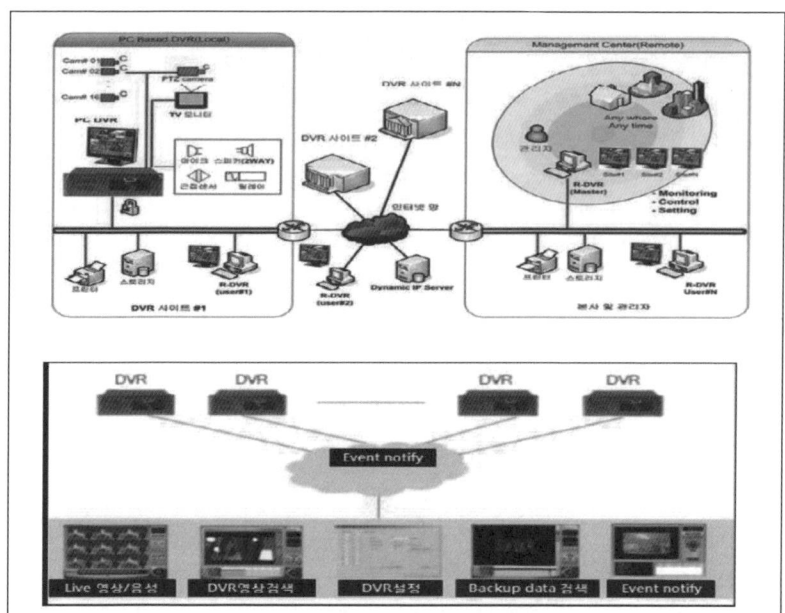

[신분당선 CCTV DVR 시스템]

[공항철도(주) CCTV DVR 모니터]

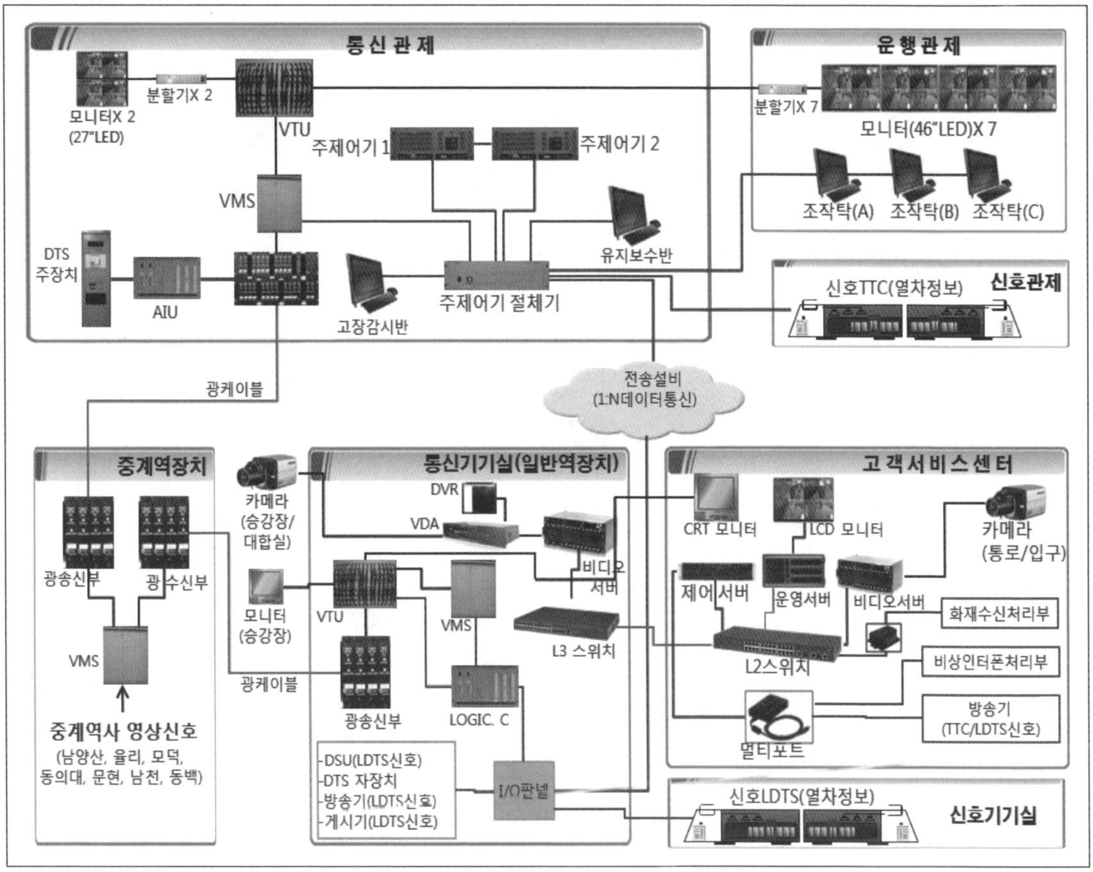

[부산교통공사 2호선 CCTV 시스템 구성도]

라. 관제전화설비(DPT : Dispatch Telephone System)

철도교통관제사가 열차운행에 필요한 신속한 업무 및 통제를 수행하기 위하여 각 역사와 주요 기능실에 직접 통화할 수 있도록 전화회선을 구성하여 원활한 관제업무를 수행할 수 있도록 설치한 설비이며, 종합관제실에 관제전화 주장치(집중전화장치)를 설치하고, 각 현장에 자장치(개별전화)를 설치하여 운영하고 있다.

시스템 구성은 관제전화 주장치, 조작반, 전화기로 되어 있으며, 관제전화 통화 시 모든 내용은 녹음기에 기록되어진다.

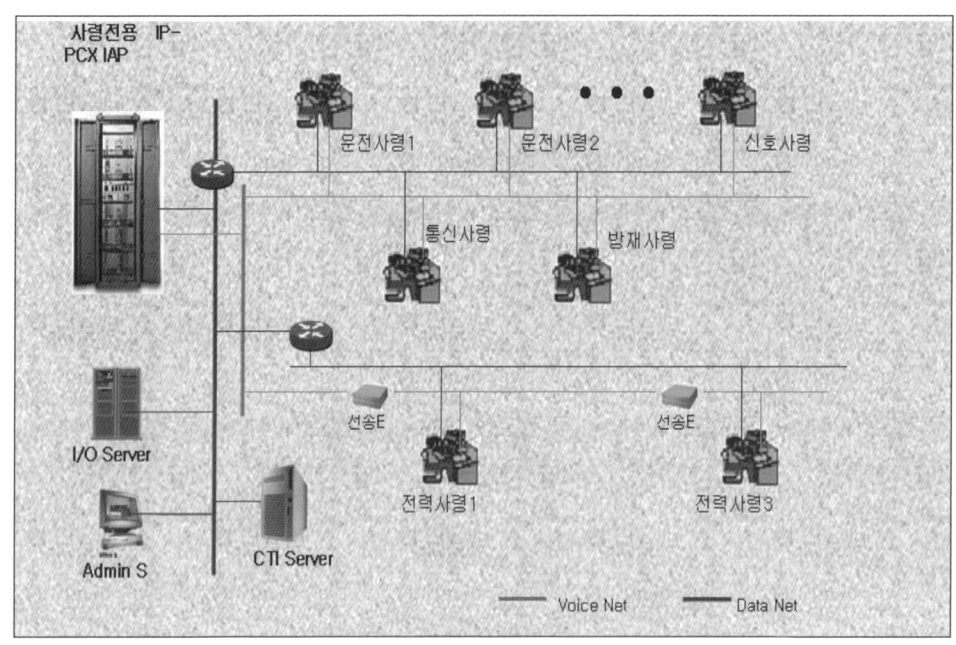

[대전도시철도공사 관제전화설비 구성도]

통화방법은 개별, 그룹, 전체호출로 운영되며, 다자간 통화와 감청, 할입, 중계의 기능도 가지고 있다.

주장치는 최대 20대의 개별 조작반과 접속 가능하도록 되어 있으며, 수화기를 들면 바로 통화가 가능하도록 되어 있다.

관제전화의 기능 및 형상은 전국 철도운영기관이 거의 유사하다.

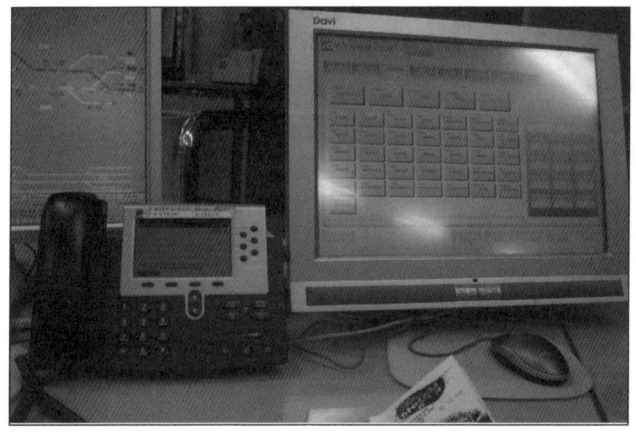

[부산교통공사 3호선 관제전화기 및 제어모니터]

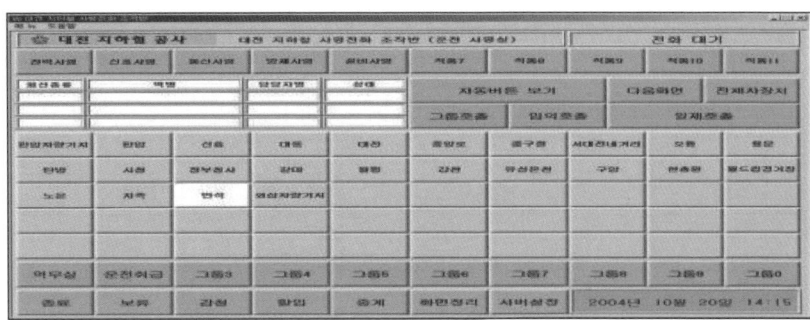

[대전도시철도공사 관제전화 제어모니터]

[공항철도(주) 관제전화 제어모니터]

# RAILWAY TRAFFIC CONTROLLER GUIDE

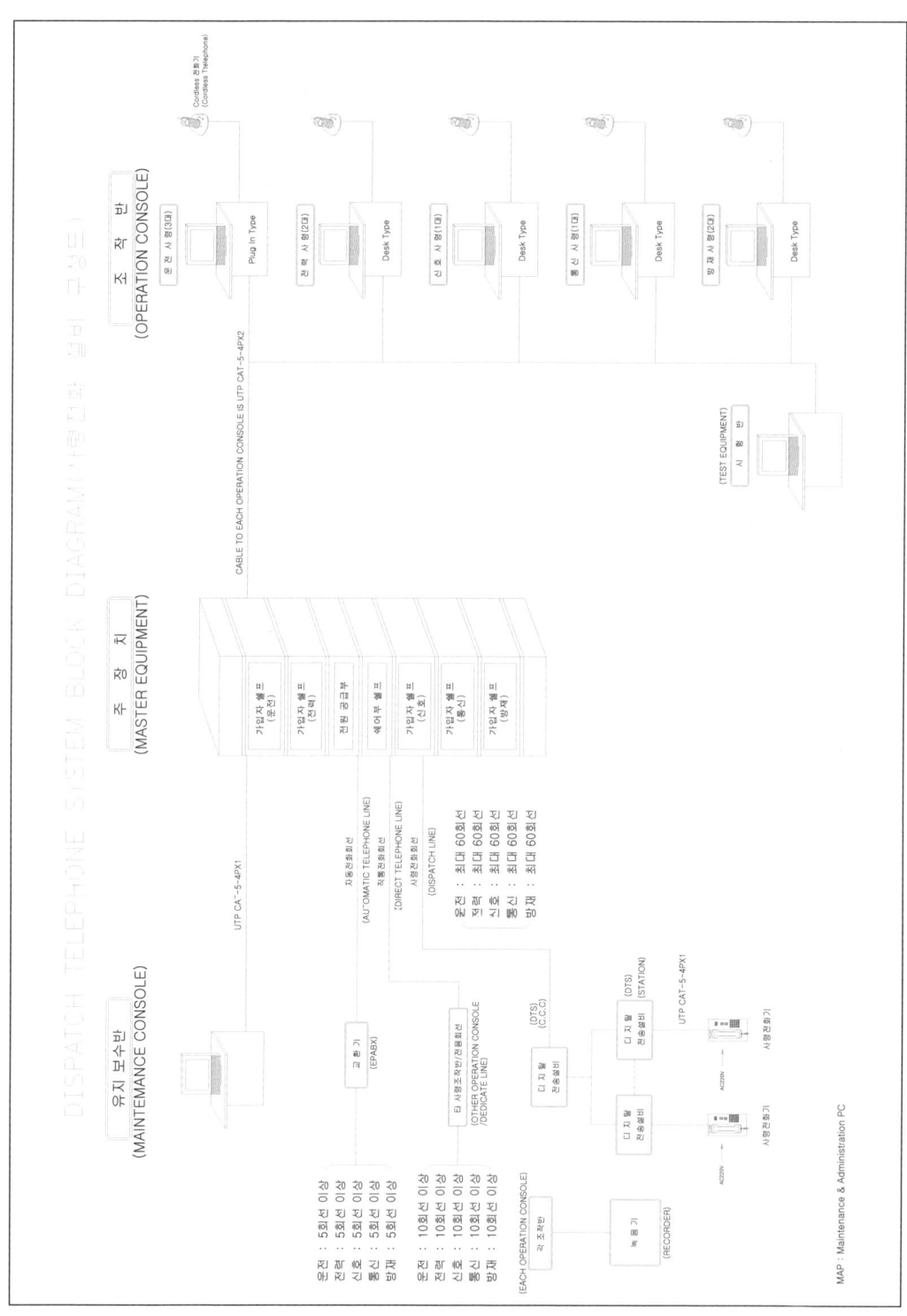

[공항철도(주) 관제전화 구성도]

마. 행선안내설비(PIS : Passenger Information System)

열차를 이용하는 고객에게 이용편의를 제공하기 위하여 열차의 운행위치, 접근표시, 열차이용 안내문안, 공지사항 등 각종 정보를 자동 또는 수동으로 승강장에 있는 표시기에 정보를 표출시켜 주는 설비를 말하며, 열차운행에 대한 정보는 신호설비인 열차운행종합제어장치(TTC)와 Interface되어 표출된다.

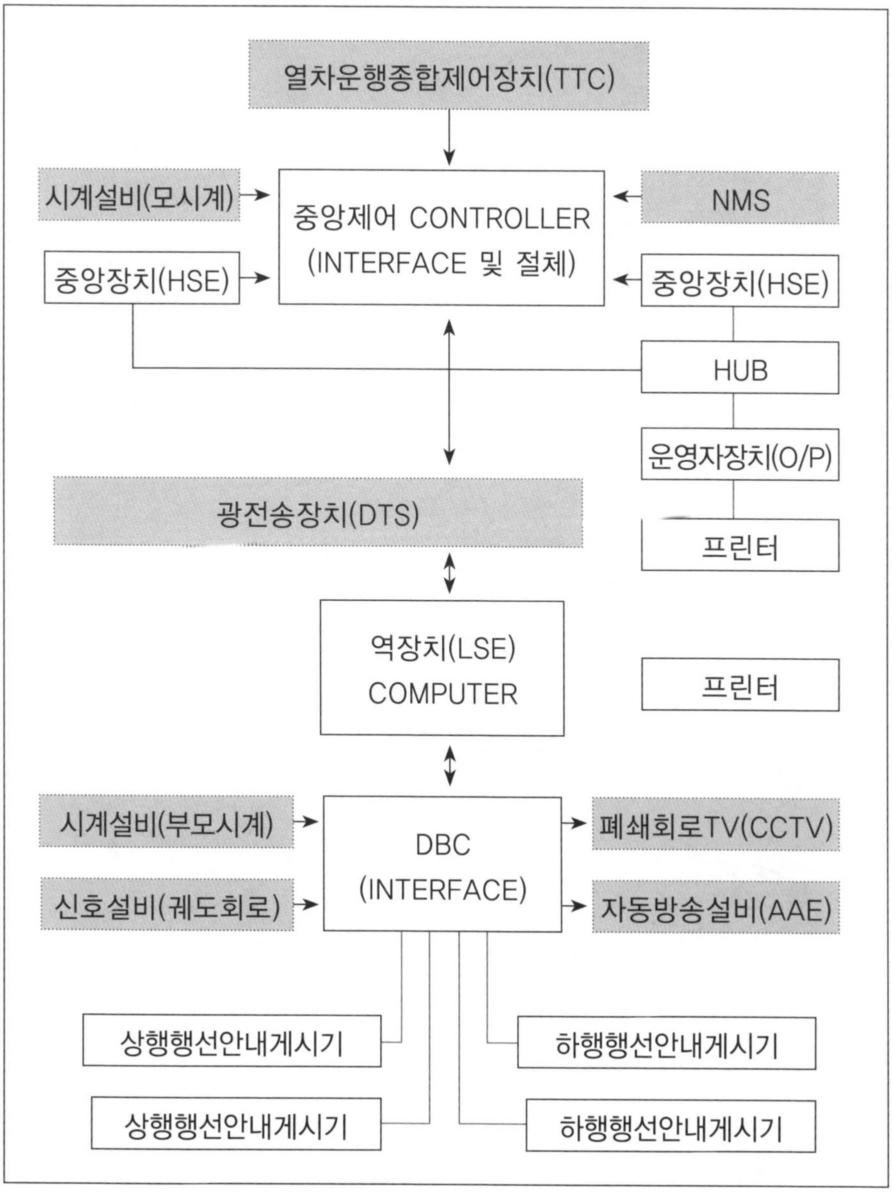

[공항철도(주) PIS - TTC 시스템 계통도]

행선안내기(TDI : Train Destination Indicator)의 표시는 LED 3색(Red, Green, Amber)으로 문자(한글, 영문), 숫자, 기호, 그래픽 및 Video 영상 등을 이용하여 다양하게 표출이 가능하며, 한자와 일어의 표출도 가능하도록 되어 있다.
또한 시간정보의 표시기능이 있어 종합관제실의 모시계로부터 시간을 전송받아 실시간으로 표출시켜 준다.

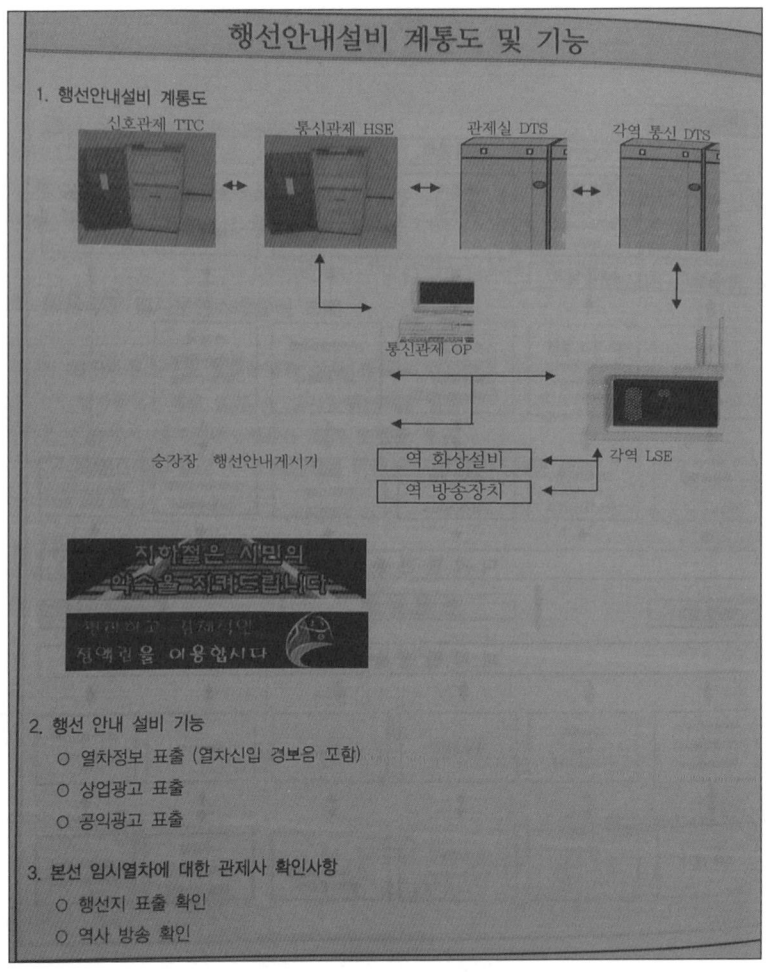

[인천교통공사 PIS 시스템 계통도]

## 바. 자동방송설비(PAS : Public Address System)

각 역사에 설치된 방송설비는 승강장에 열차가 진입할 때 자동으로 열차운행에 관한 내용을 방송하며, 필요시 철도교통관제사 또는 역무원이 수동으로 방송을 시행할 수 있도록 하였다.

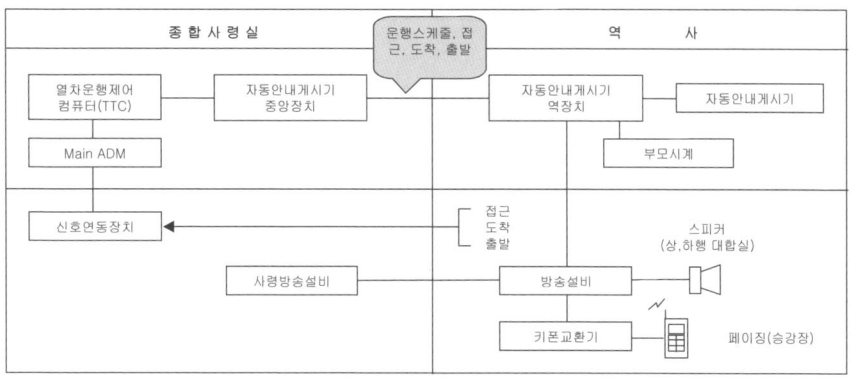

[공항철도(주) 자동방송설비 시스템 구성도]

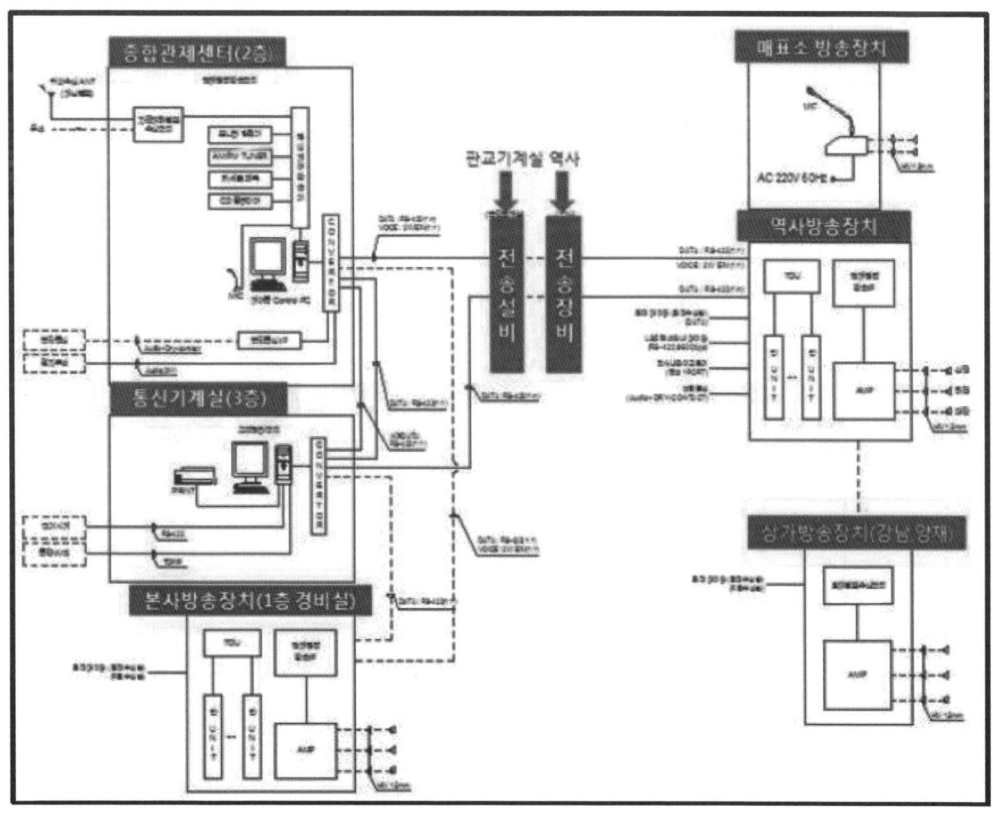

[신분당선 방송설비 구성도]

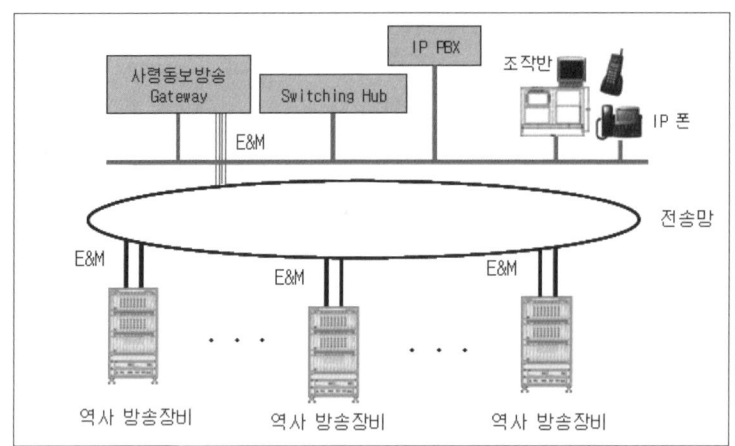

[부산교통공사 3호선 관제 방송설비 구성도]

또한 열차운행의 사고나 장애, 기타 비상시에 관제실에서 개별적으로 역사를 선택하거나 방송을 시행하거나, 전 역사에 대한 방송을 시행할 수 있도록 하였으며, 화재경보 발생 등 비상시 화재방송이 자동으로 송출되도록 프로그램 되어 있다.

발생 가능한 이례상황에 대해서는 미리 CD나 TAPE에 기계음이나 육성 녹음을 시행하여 원클릭으로 재생방송이 가능하도록 하였으며, 열차운행의 자동안내방송은 신호설비의 TTC에서 정보를 수신받아 송출되며, 방송 우선순위 Matrix는 다음과 같이 구성되어 있다.

1) 화재경보방송
2) 관제방송
3) 열차운행 자동방송
4) 승강장 비상방송
5) 자체 역사방송

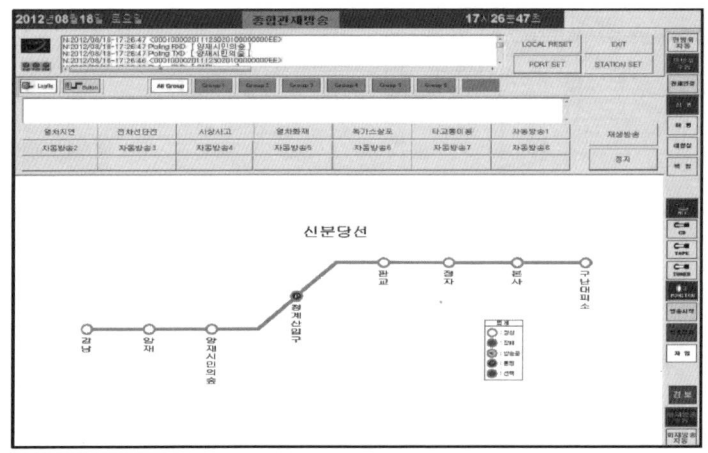

[신분당선 방송설비 모니터]

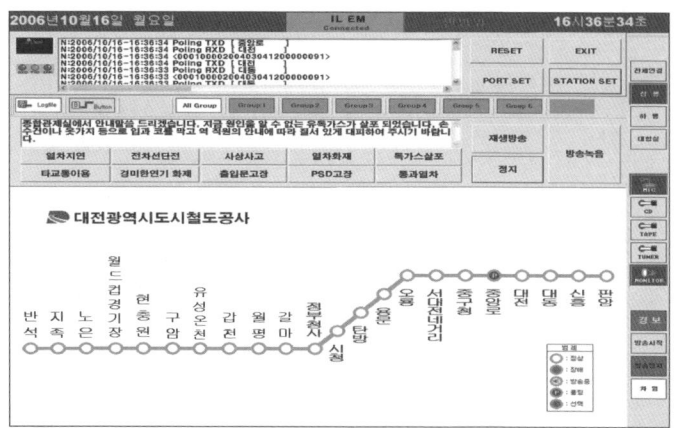

[대전도시철도공사 PASM(Public Address System Management) 모니터]

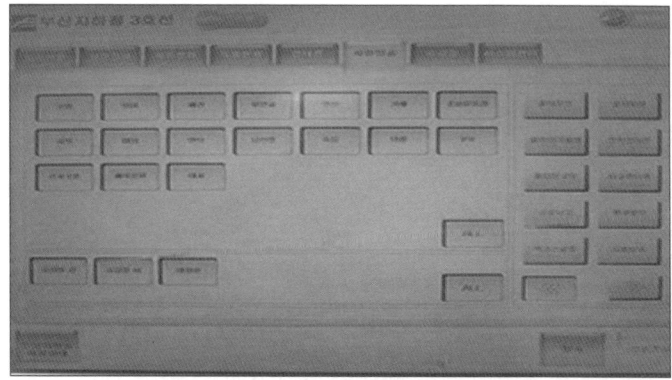

[부산교통공사 3호선 관제 방송장치 제어모니터]

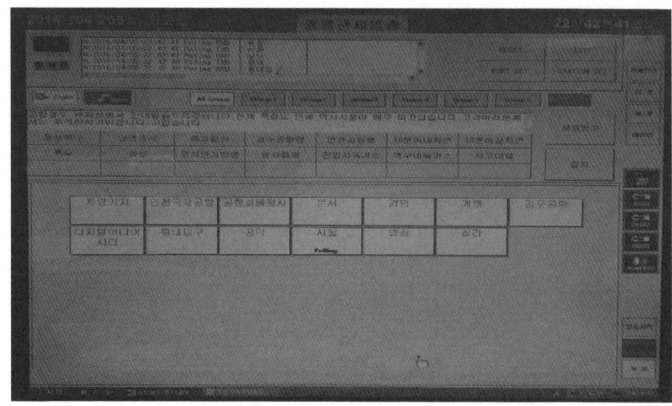

[공항철도(주) 관제 방송장치 제어모니터]

## 2-5 방재(화재) 및 기계설비

방재시스템과 승강설비, 환기설비를 제어하는 기계설비 분야는 이용자의 안전과 편리성을 제공하는 분야이다.
도시철도의 정거장 및 본선구간에 기계설비가 확충되고, 이용자의 환경을 만족시키기 위한 환기설비, 소방설비 등의 증가로 인하여 제어범위가 복잡, 확대되어 이를 집중 감시 및 제어가 가능하도록 종합관제실에 자동제어설비를 갖추었다.

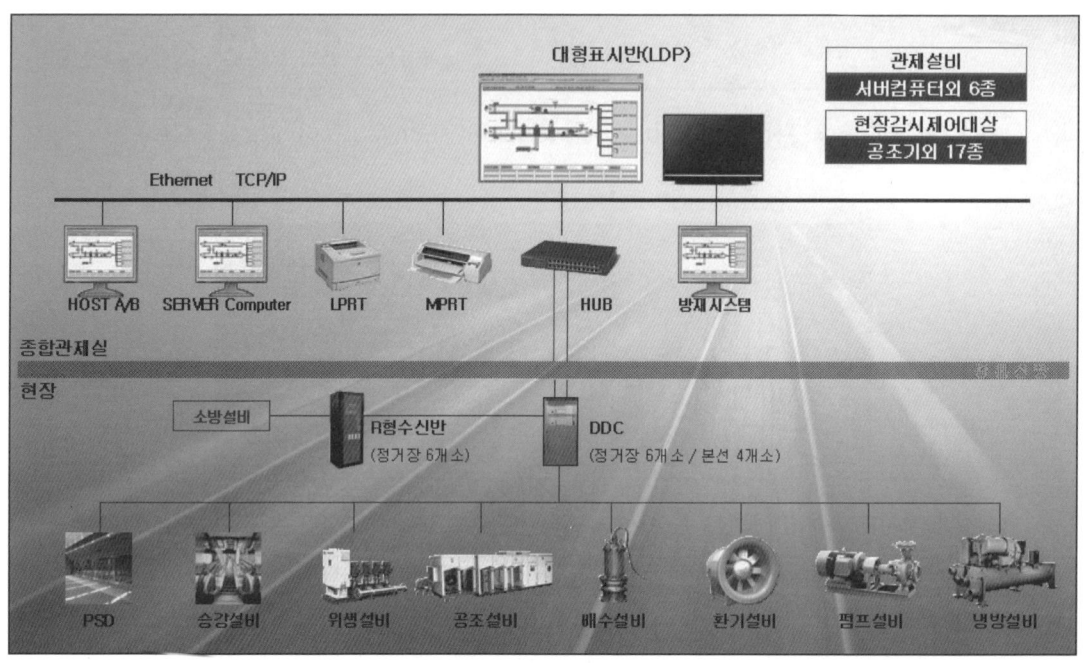

[공항철도(주) 기계설비 구성도]

각 정거장에는 컴퓨터를 이용한 감시제어장치를 설치하여 정거장 내의 승강, 위생, 공조, 환기설비 등 모든 자료를 기록, 저장, 관리하도록 하였으며, 이 정보는 신뢰성을 바탕으로 한 신속, 정확하게 종합관제실로 전달되어 감시 및 제어가 가능하도록 하였다.
또한, 신생의 철도운영기관에는 모든 정거장에 승강장안전문(PSD)을 설치하여 열차운행안전 및 승객의 안전을 향상시켰으며, 기존의 운영기관도 승강장안전문(PSD)을 추가 설치하고 있다.
기계설비 분야의 각종 설비는 각 운영기관마다 유사하다.

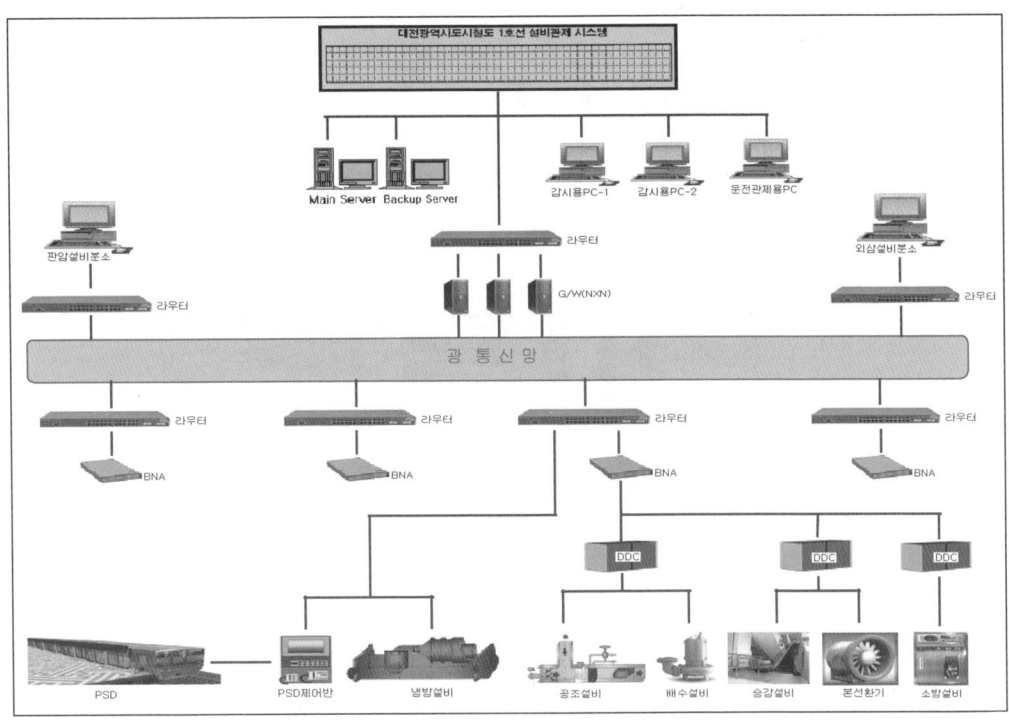

[대전도시철도 기계설비 구성도]

가. 환기설비

열차가 운행됨에 따라 지하역사의 경우 미세먼지가 발생되고, 터널 내에서는 열차로 인해 열이 발생하므로 이를 해소하여 승강장 및 대합실에는 맑은 공기를 제공하고, 터널구간은 쾌적한 환경을 제공하기 위해 환기설비를 설치하였다.

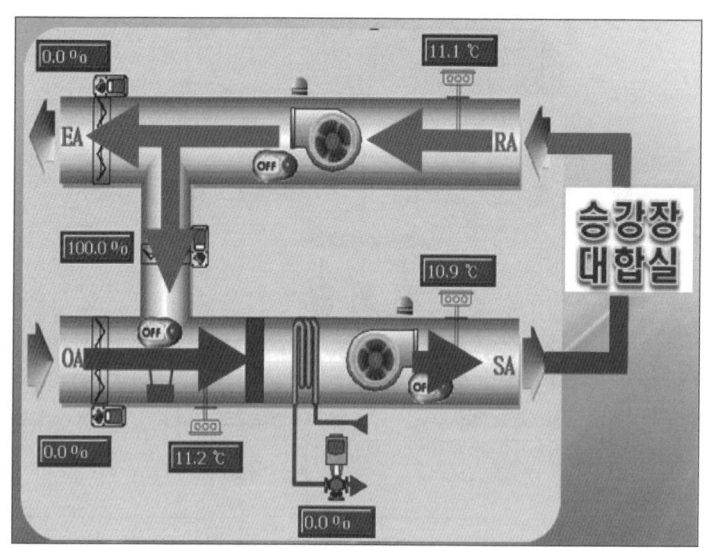

[공항철도(주) 역사 공조설비 구성도]

또한 터널 내에서 각종 공사로 인한 먼지나 냄새, 기타 화재 등 비상시에 환기설비의 가동 방법을 변화시켜 사고장소에서 승객이 안전하게 대피할 수 있도록 맑은 공기를 공급하도록 하고 있다.

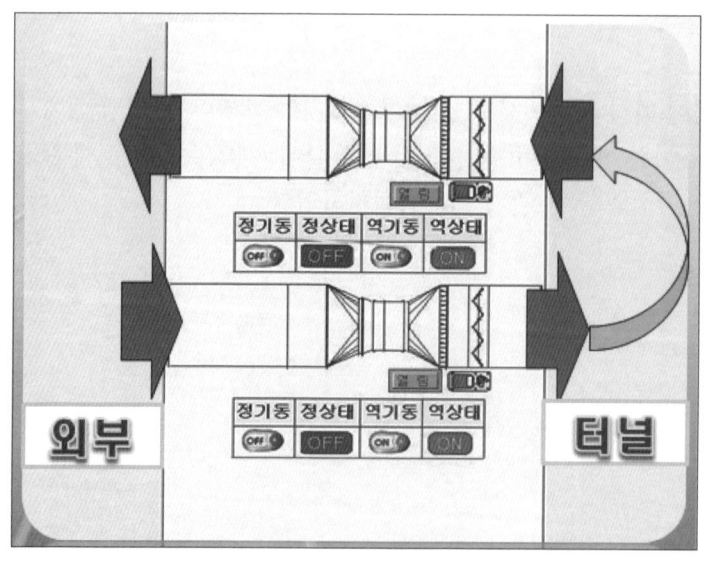

[공항철도(주) 터널 내 환기설비 구성도]

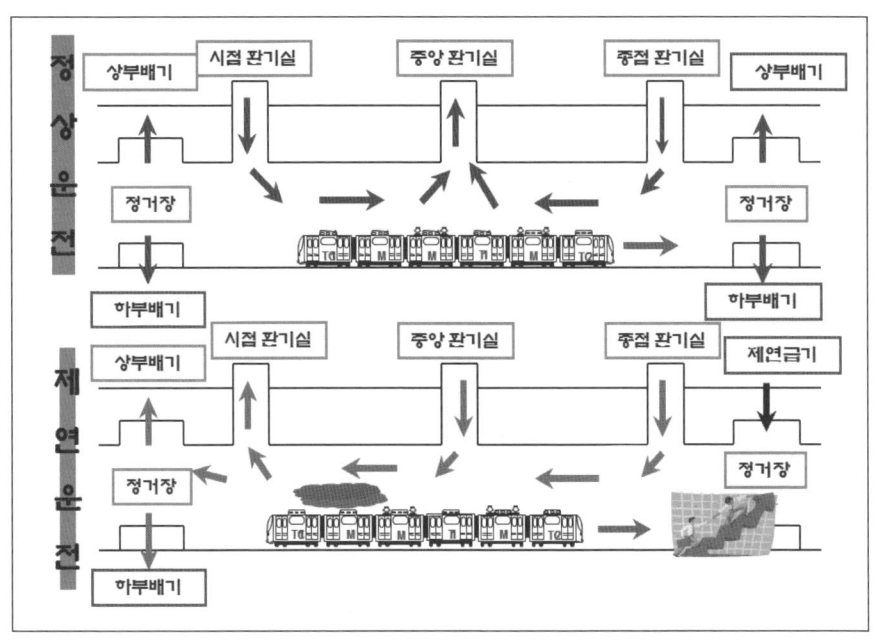

[공항철도(주) 비상시 터널구간 환기설비 운영(안)]

나. 승강장안전문(PSD : Platform Screen Door) 설비

노시철도나 열차가 운행되는 선로에서 선로부분과 승강장을 차단하는 안전설비로 승강장 끝단에 고정도어와 가동도어를 설치하여 전동차가 지정된 위치에 정차하면 신호시스템에 의한 전동차 출입문 개폐에 따라 PSD도 같이 연동되어 개폐되도록 한 안전도어 시스템이다.

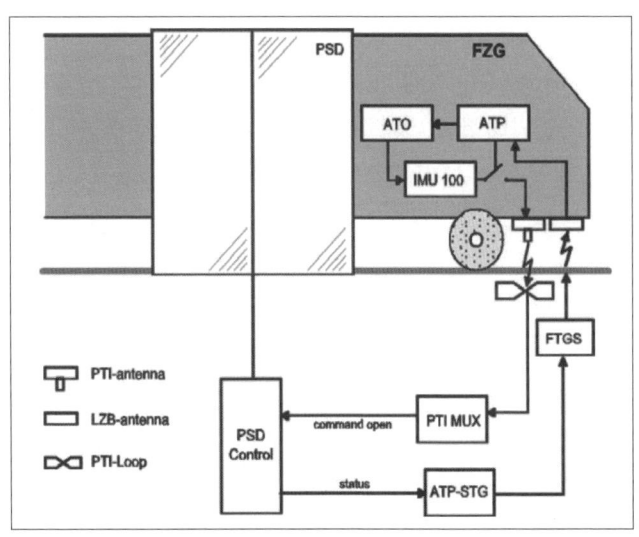

[공항철도(주) PSD와 차량과의 Interface 구성도]

Ⅳ. 종합관제실(센터) 현황 185

PSD의 설치로 승객의 안전 확보와 함께 전동차로 인한 소음과 먼지, 열차풍을 줄이고, 승객이 고의나 과실로 선로에 추락하여 철도교통사상사고가 발생되는 것을 방지해주는 역할을 하고 있다.

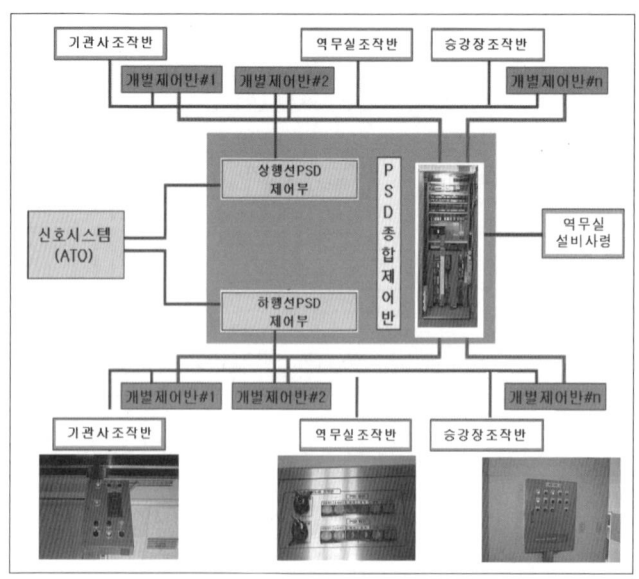

[부산교통공사 PSD 구성도]

PSD는 처음 영국에서 도입되어 각 나라에 전파되었으며, 우리나라는 2004년 광주도시철도공사 1호선의 2개역에 최초로 설치되어 운영되기 시작하였고, 이후에 건설된 대전도시철도공사나 공항철도(주) 등의 철도운영기관에서는 전 역사에 PSD를 설치하여 운영하기 시작하였다.

PSD의 구분은 도어형태에 따라 크게 3가지 형으로 분류되는데 선로부와 승강장을 고정벽으로 완전히 격리하는 완전밀폐형, 고정벽 및 가동문 위에 개구부(開口部) 또는 갤러리를 배치하는 반밀폐형, 차량의 문 위치에 맞추어 난간형태로 가동문을 설치한 난간형 등이 있다. 또한 PSD는 지지 방식에 따라 상부 지지형(Top Support Type)과 하부 지지형(Bottom Support Type)으로 나눈다.

1) PSD의 분류
  ① 완전밀폐형
    본선 선로부와 승강장을 PSD로 완전히 격리하는 방식으로 공조(냉방)효과의 향상과 열차풍을 차단하는 데 적합하다.
  ② 반밀폐형
    PSD 상부에 개구부(開口部) 또는 갤러리를 설치한 구조로서, 자연환기가 기대되므로 지상역이나 고가역사에 많이 채용하고 있다.

③ 난간형(Platform Gate Doors)
차량의 문 위치에 맞추어 가동문(可動門)을 설치한 방호책으로서 고속으로 통과하는 열차를 운전하는 선로에 근접한 승강장에 열차 통과 시 승객에게 풍압에 의한 위험을 미치는 일이 없도록 설치한 것으로, 승강장 종단에서 2.0 ~ 2.5m 위치에 취부한다.

| 밀폐형 | 반밀폐형 | 난간형 |

[PSD 형태에 따른 분류]

2) PSD의 설치효과

지하철 역사 내에 본선 선로부와 승강장을 차단하는 PSD를 설치하면 이용승객의 안진확보는 물론 승강장 내 쾌적성 향상과 에너지비용을 절감할 수 있다.

① 이용 승객의 안전확보
  ㉠ 역사 내 혼잡으로 인한 승객의 추락방지
  ㉡ 선로무단출입 및 자살사고 방지
  ㉢ 알루미늄풍선, 우산, 낚싯대 등의 전차선 접촉에 의한 감전사고 예방
  ㉣ 통과열차 고속 주행 시 승객의 안전 확보
  ㉤ 터널 내(열차 등) 화재 시 유독연기로부터의 방연(防煙) 효과

② 승강장의 쾌적성 향상
  ㉠ 열차풍 차단 및 열차풍 유입에 의한 불쾌감 방지
  ㉡ 본선 내에서 발생하는 소음 차단
  ㉢ 본선 내 분진의 역사유입 방지
  ㉣ 승강장 조명효과 향상

③ 기계장비 설치비용 및 운전에너지 절감
  ㉠ 열차 발생열 차단에 의한 역사 내 공조부하 감소
  ㉡ 하절기 공조(냉방)효과 향상에 의한 에너지 절감
  ㉢ 장비용량 감소에 따른 기계실 면적 감소, 환기구, 환기탑 면적감소, 급·배기설비의 용량감소에 의한 에너지 절감

다. 방재설비(防災設備)

방재설비는 재해로부터 인명과 재산을 보호하기 위한 것으로서 주로 화재로 인한 재해를 방지하기 위한 설비를 말한다.

철도 및 도시철도의 지하정거장은 소방 대상물에서 '특수장소'로 분류되며 반드시 제연설비를 설치해야 한다.

따라서 정거장의 제연설비는 공조 및 환기설비 시스템을 기본으로 하여 화재 시 고객을 안전하게 상층부 대합실이나 지상으로 대피할 수 있도록 배출구를 통해 매연 및 유독가스를 신속히 흡입, 배출하거나 구내로 확산된 연기를 희석하여 고객의 시야를 가리지 않도록 하여 화재의 확산 방지와 부상자가 발생하지 않도록 예방의 기능을 가져야 한다.

라. 승강설비

최근의 지하철 건설은 기존 노선과의 입체교차 및 연계, 토목 구조기술의 발달로 인하여 심도가 깊어지는 경향이므로 승강시설은 고객들의 이송설비로서 필수적인 요소가 되고 있다. 또한 고객 이송설비의 목적에 더하여 노약자 및 장애인 편의 시설로써 역할도 고려하여 계획되어야 한다.

승강설비는 고객의 통행수요, 지하심도 및 동선 등을 감안하여 건축적인 기능 배치와 병행 검토되어 계획되어지며 고객의 안전을 고려하고 연속운전이 가능하고 효율적인 보수와 내구성, 높은 강도를 구비하여 충분한 안전이 보장되는 승강장비가 선정되어야 한다.

지하철의 고객용 승강설비는 에스컬레이터가 가장 일반적이며 장애인 편의시설로서는 엘리베이터의 설치를 고려해야 한다.

1) 에스켈레이터

승강장과 대합실을 연결하여 대량의 고객을 효율적으로 동시에 이동시키는 데 적합한 설비이며, 고객이 승·하차를 원활하게 할 수 있다.

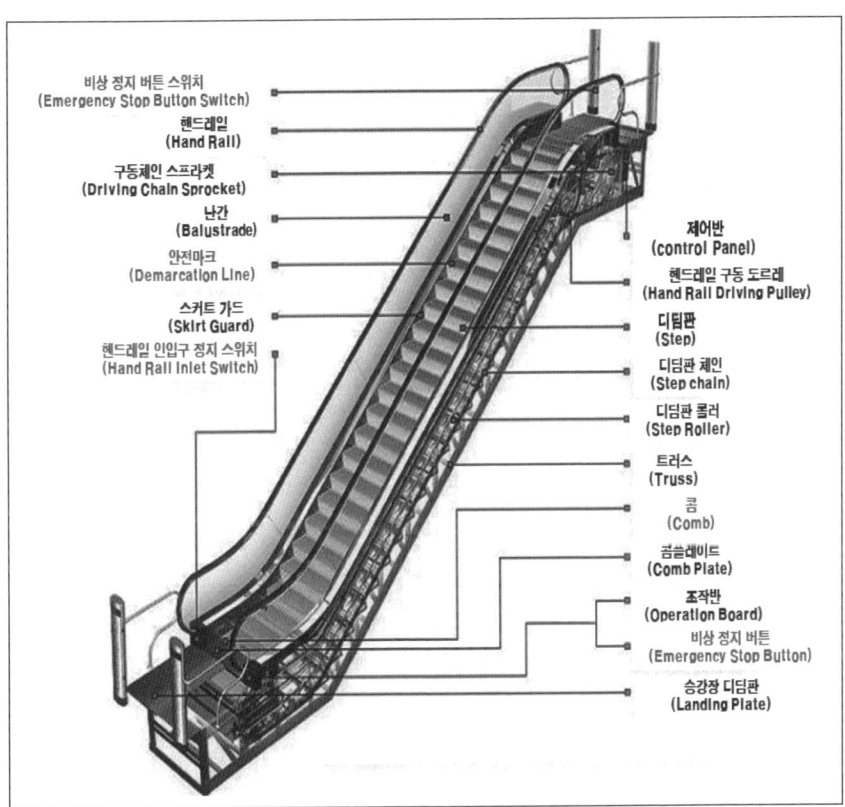

[에스켈레이터 구조]

2) 엘리베이터

엘리베이터는 신체장애자, 비상시의 특수 고객용 또는 화물 운반에 이용되고 있으며, 안전성이나 속도 면에서 유리한 점이 많으므로 심도가 깊은 층간 이동에 적합한 설비이다. 장애자 전용 엘리베이터인 경우에는 작은 공간에 설치가 가능하므로 평면 계획부터 충분한 검토가 요구되고, 외부에서 내부가 보이도록하여 비상시 신속한 대처가 가능하도록 해야 한다.

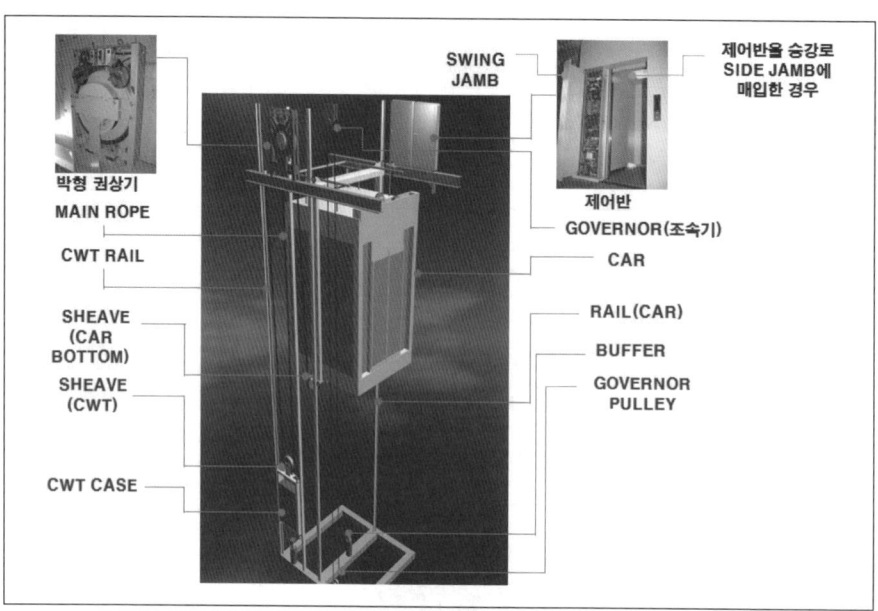

[MRL(박형)엘리베이터 외형도]

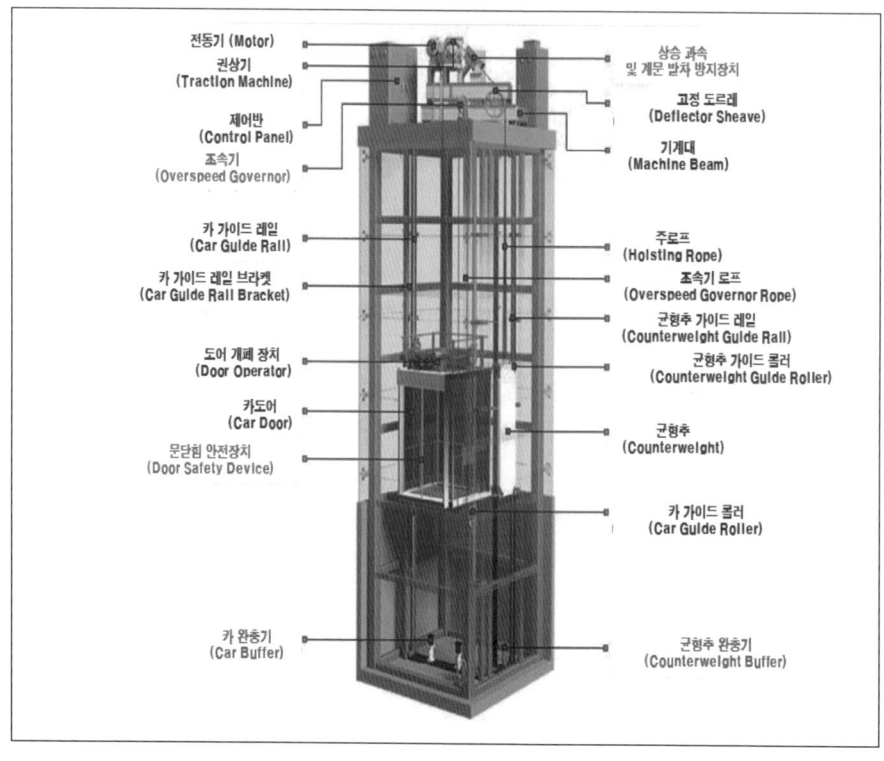

[엘리베이터 구조도]

마. 통합 자동화재 감시설비

종합관제실에 설치된 자동화재 감시설비는 각 철도운영기관에서 운영되는 모든 역사 및 승강장, 본선의 터널부분까지 감시하고 있으며, 화재 초기에 발생되는 열, 연기 및 불꽃 등을 감지하여 소방대상물의 감시자 및 사용자에게 음향 및 시각경보장치로 알려주는 경보설비이다.

[공항철도(주) 화재감시설비 메인화면]

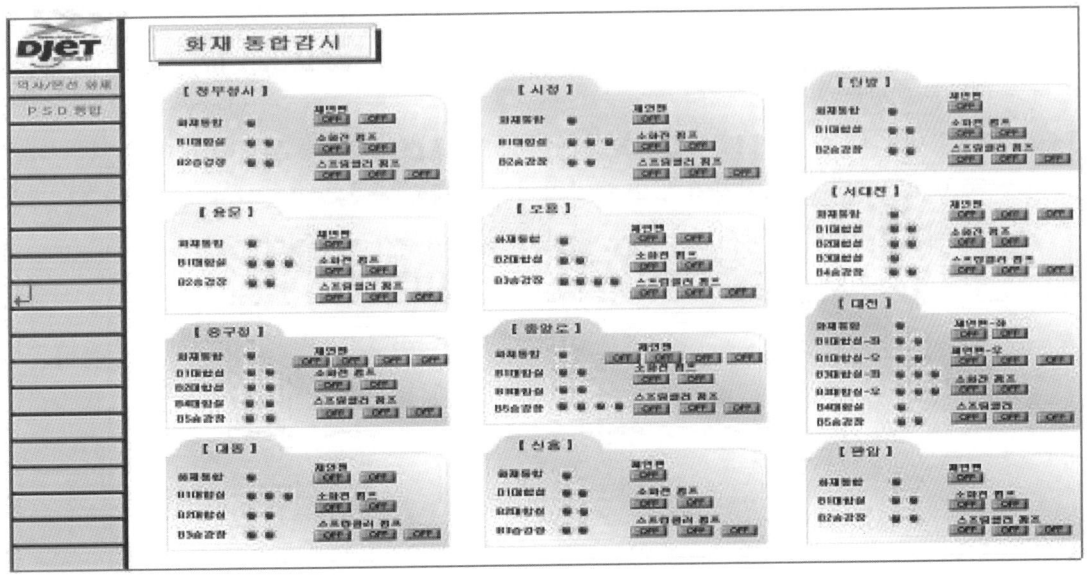

[대전도시철도공사 화재통합감시 메인화면]

소화설비와 연동되어 있어 화재발생 시 소화전, 스프링클러, 제연팬 등의 동작상태를 표시해 주어 감시자로 하여금 초기 신속한 대처 및 소화 조치지시를 가능토록하며, 피난설비를 작동시켜 이용객을 안전한 장소로 대피하도록 유도하고, 방화구역 및 소화활동에 필요한 전기설비를 제공하여 화재로 인한 인적, 물적피해를 예방하도록 하였다.

| 시설종류<br>실명 | 소화기 | 옥내<br>소화전<br>설비 | 스프링<br>클러 설비 | $CO_2$<br>소화약제 | 청정<br>소화<br>약제 | 제연<br>설비 | 상수도<br>소화용수<br>설비 | 연결<br>송수관<br>설비 |
|---|---|---|---|---|---|---|---|---|
| 대합실 | ○ | ○ | ○ | | | ○ | | |
| 승강장 | ○ | ○ | ○ | | | ○ | | |
| 공조실 | ○ | ○ | | | | | | |
| 전기실 | ○ | | | ○ | | | | 지하3층<br>이상에 해당 |
| 통신기계실 | ○ | | | | ○ | | | |
| 역무실 및<br>직원사무실 | ○ | ○ | ○ | | | | | |
| 지상 | | | | | | | ○ | |
| 소방법규 | 연면적<br>33㎡이상 | 연면적<br>1,500㎡이상 | 지하/무창층<br>바닥면적<br>1,000㎡이상 | 전기/변전실<br>바닥면적<br>300㎡이상 | 전기/변전실<br>바닥면적<br>300㎡이상 | 지하/무창층<br>바닥면적<br>1,000㎡이상 | 연면적<br>5,000㎡이상 | 지하층 바닥면적<br>1,000㎡이상 |

[철도 역사의 소방시설 현황]

1) 역사 및 본선화재 감시

철도운영기관마다 영업구간 전체의 본선과 각 역사 화재여부를 동시에 모니터링할 수 있는 화면으로 역사는 연기감지기 및 열감지기에 의해 화재경보를 표시하고, 근무자나 고객이 화재경보설비를 동작시켰을 때도 위치 및 동작여부가 표시된다.

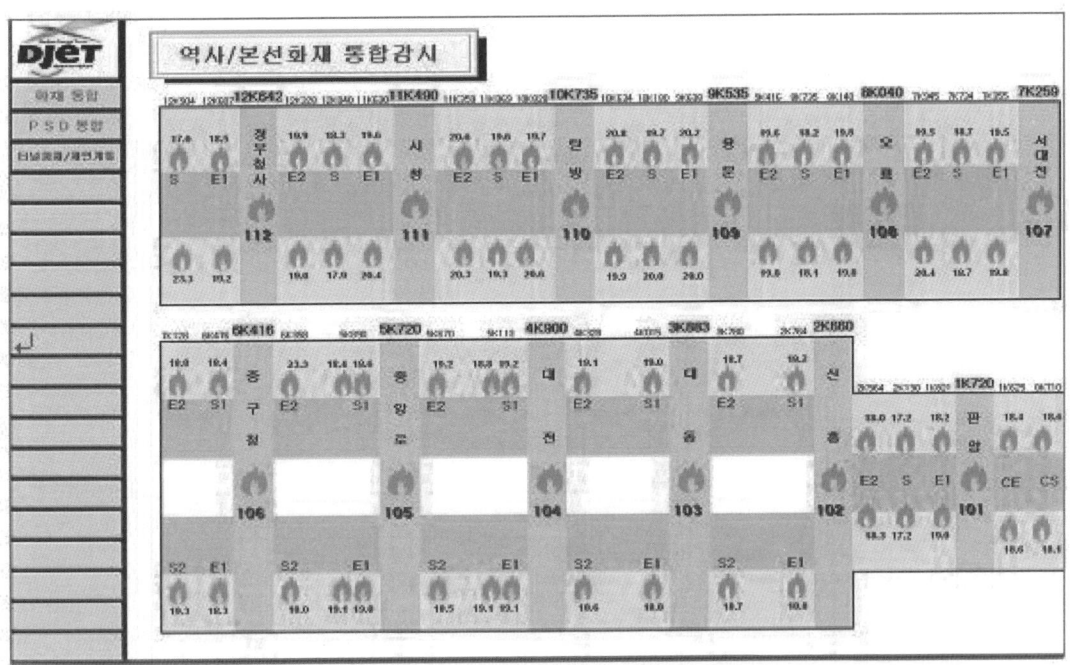

[대전도시철도공사 역사 및 터널 감시 화면]

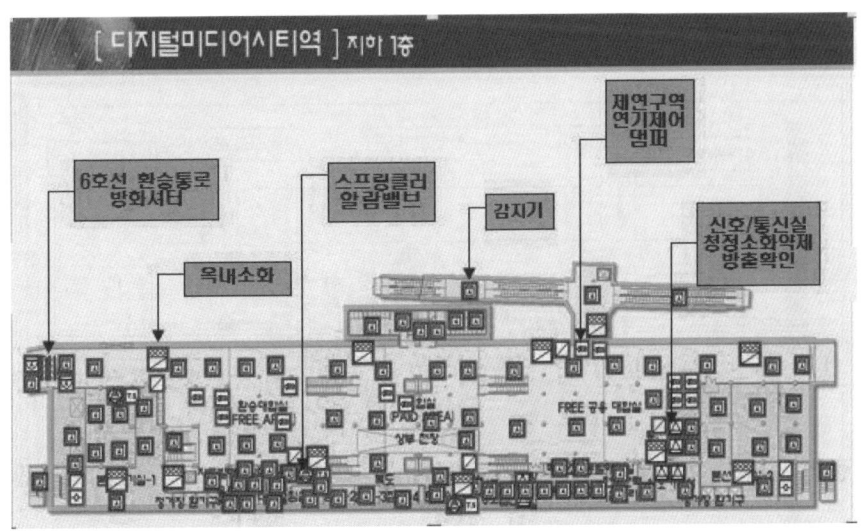

[공항철도(주) DMC역사 소방설비 배치도]

본선터널의 경우는 일부 운영기관인 대전도시철도공사에 감시 설비가 설치되어 있으며, 배기·급기 배연실에 설치되어 있는 열 감지기에 의해 동작되고 화재경보는 음성으로 "화재경보가 발생하였습니다"라고 경보 상태를 알려준다.

2) 터널화재 및 제연
　　본선 터널구간의 화재발생 시 신속하고 효율적이고 안전한 제연을 위해 터널의 특성을 고려하고, 화재 지점과 인접 역사의 거리를 고려하여 설비관제에서 제연시스템을 가동하여 승객을 안전하게 대피하도록 한다.

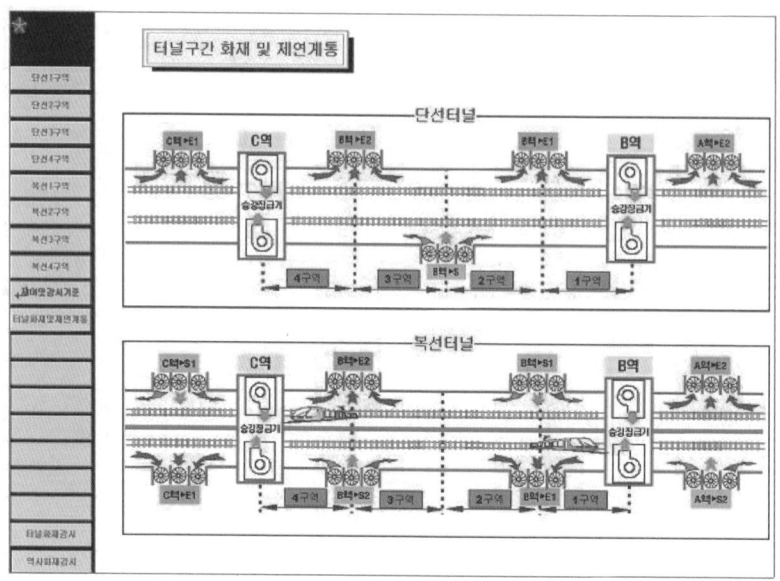

[대전도시철도공사 터널구간 제연 계통]

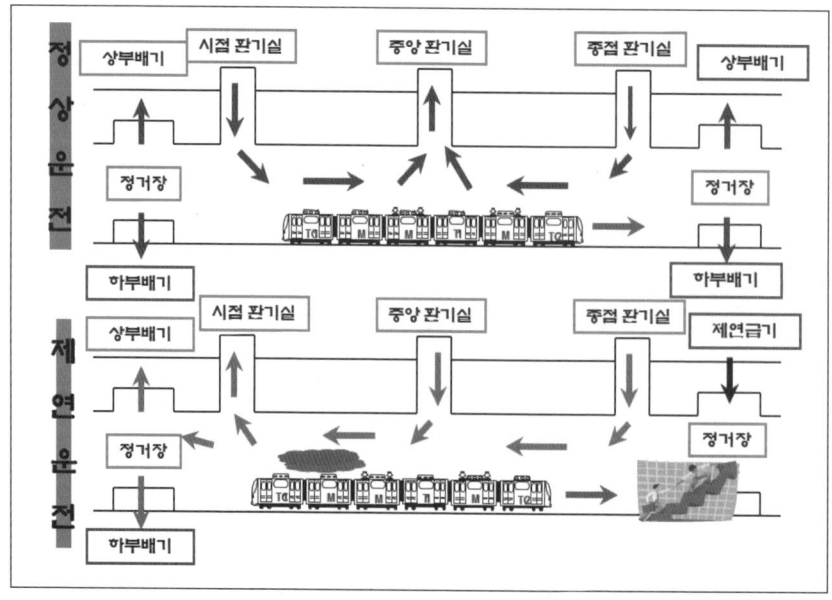

[공항철도(주) 터널 내 화재 시 제연운전]

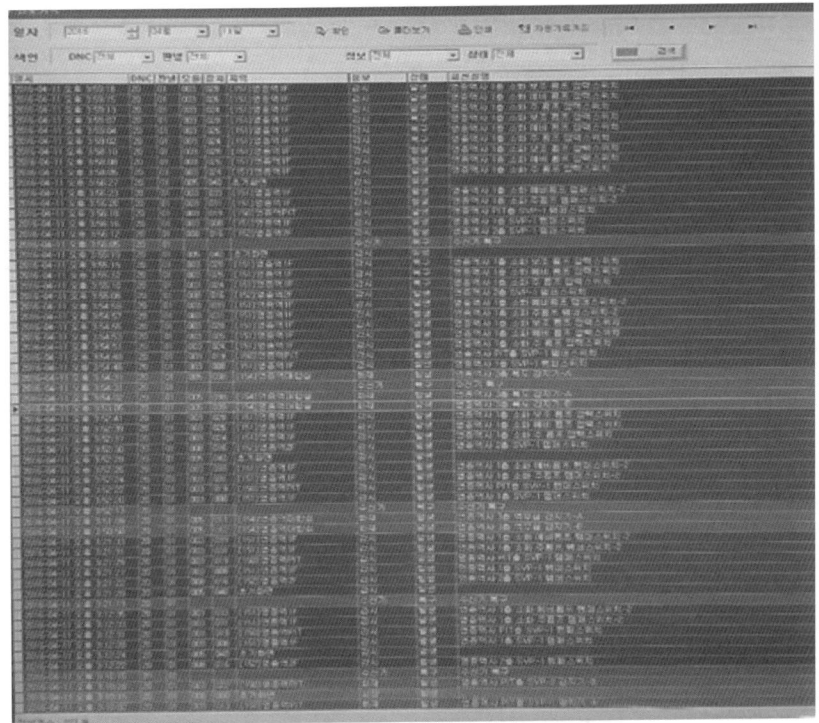

[공항철도(주) 화재경보 메시지 현황]

[신분당선 종합관제실 전경]

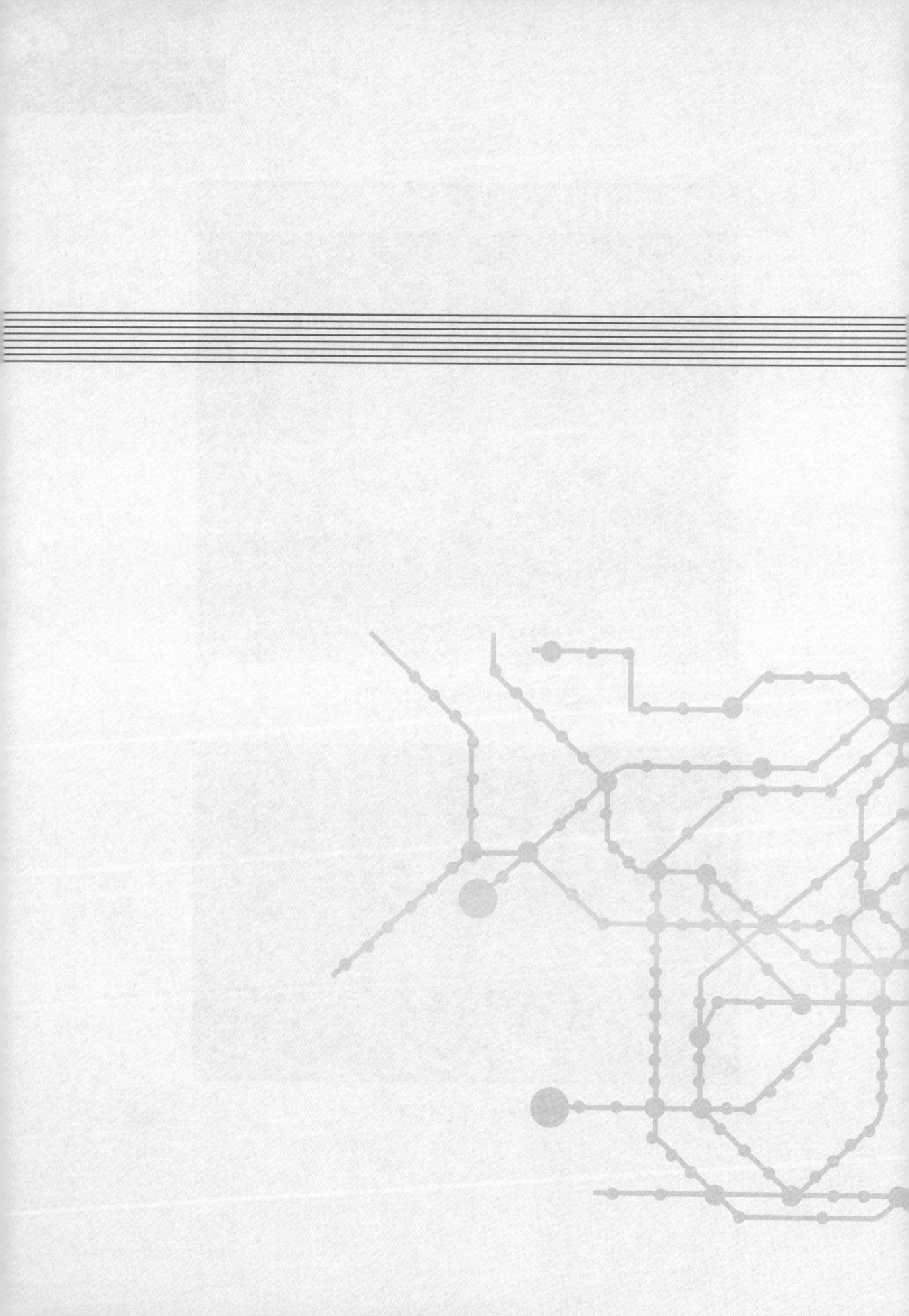

# Ⅴ. 비상대응 현장조치 매뉴얼

제1장. 비상대응 표준운영절차

제2장. 비상대응협력 및 지원체계

# 제1장 비상대응 표준운영절차

1-1. 비상대응 유형

1-2. 유형별 비상대응 시나리오

1-3. 비상대응절차 및 직원별 역할과 책임

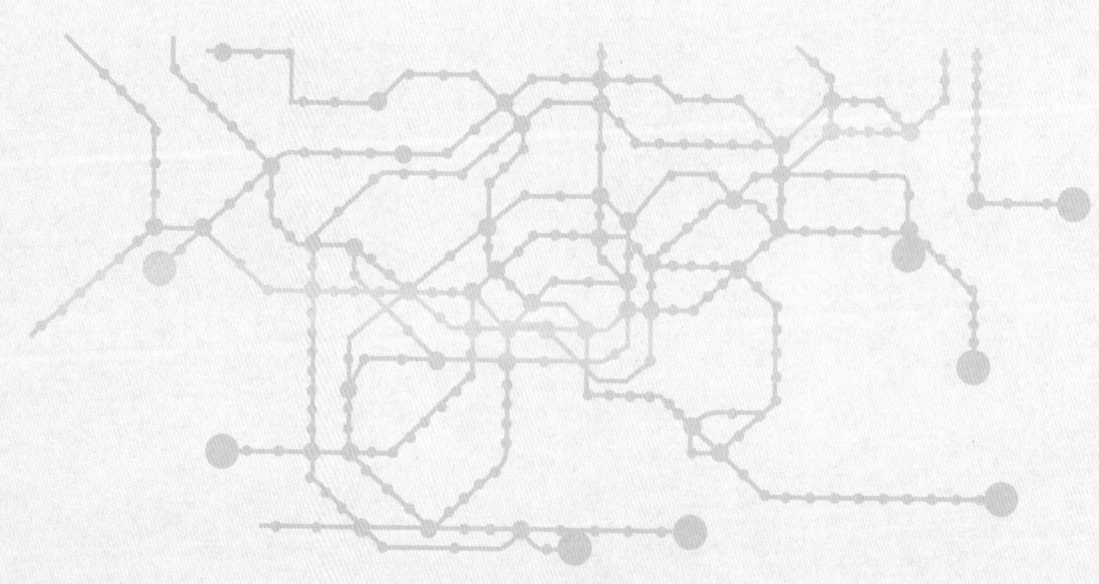

# 제 1 장 비상대응 표준운영절차

## 1-1 비상대응 유형

가. 기본방향
   1) 사고의 유형에 따른 대응·복구를 기본으로 시나리오를 설정
   2) 국·내외 지하철 사고사례를 기본으로 사고발생 시 사고가 진행되는 과정을 분석하여 사고 유형별 특징을 바탕으로 FT(Fault-Tree 고장수목)을 전개하여 사고 유형의 대응 시나리오 기본자료로 사용함
   3) 비상사태 유형별 실제 발생 가능한 유형을 판단하여 사고대상과 위치별로 우선순위의 대상과 위치를 선정함
   4) 최종적인 우선순위로 선정된 사고유형, 대상과 위치별로 시나리오를 설정함

나. 사고분류
   1) 비상대응을 위한 공항철도 사고유형을 사고의 종류·형태·대상·위치를 변수로 하여 세분화·그룹화가 가능하도록 분류

| 철도사고 종류 | 철도사고 형태 | 철도사고 대상 | 철도사고 위치 |
|---|---|---|---|
| 충돌사고(C) | ① 열차충돌 | ① 전동차<br>② 고속열차<br>③ 차량 외 시설 | ① 역 내<br>② 본선구간<br>③ 차량기지 |
| | ② 열차추돌 | | |
| | ③ 기타 | | |
| 탈선사고(R) | ① 열차탈선 | | |
| | ② 차량탈선 | | |
| 화재사고(F) | ① 열차화재 | | |
| | ② 차량화재 | | |
| | ③ 역사화재 | | |
| | ④ 기타 화재 | | |
| 사상(인명)사고(P) | ① 공중사상 | | |
| | ② 여객사상 | | |
| | ③ 직무사상 | | |
| 시설 및 차량장애(I) | ① 차량고장 및 장애 | | |
| | ② 급전고장 및 장애 | | |
| | ③ 선로고장 및 장애 | | |

| 철도사고 종류 | 철도사고 형태 | 철도사고 대상 | 철도사고 위치 |
|---|---|---|---|
| 시설 및 차량장애(I) | ④ 신호고장 및 장애 | ① 전동차<br>② 고속열차<br>③ 차량 외 시설 | ① 역 내<br>② 본선구간<br>③ 차량기지 |
| | ⑤ 기타 시설물장애 | | |
| 테러(T) | ① 폭발물 테러 | | |
| | ② 독가스 테러 | | |
| | ③ 기타 테러 | | |
| 자연재난(D) | ① 침수(태풍) | | |
| | ② 대설 | | |
| | ③ 지진 | | |
| | ④ 기타 자연재난 | | |

※ 사상사고는 현장조치 매뉴얼에 포함한다.
※ 사고분류 중 폭발물 사고는 해당없음(단, 테러에 의한 폭발사고는 제외)

다. 코드화
　1) 사고의 유형을 표준화하기 위해 사고의 종류, 형태, 대상, 위치를 4가지의 코드 조합으로 제시하여 현장 대응자(End-User)가 즉시 조회하여 조치할 수 있도록 추진
　2) 비상사태 유형 코드분류 체계

코드번호　　　Ⓕ　　　①　　　①　　　①
　　　　　　　↓　　　↓　　　↓　　　↓

| 분류 | 철도사고 종류 | 철도사고 형태 | 철도사고 대상 | 철도사고 위치 |
|---|---|---|---|---|
| 사용문자 | 문 자 | 숫 자 | 숫 자 | 숫 자 |
| 표기방법 | · C : Collision<br>· R : Run off the track<br>· F : Fire<br>· I : Infra<br>· P : Person<br>· D : Disaster<br>· T : Terror | · 세부적인 사고 유형을 오름차순 숫자로 표현 | · 전동차<br>· 고속열차<br>· 차량 외 시설 | · 역 내<br>· 본선구간<br>· 차량기지 |

라. 발생 가능한 사고 또는 비상사태 유형 및 우선순위 선정
　1) 비상사태 유형 code에 따른 단순한 이론적인 사고발생 경우의 수는 『사고형태의 수×사고대상의 수×사고위치의 수』에 따라 많은 비상사태유형이 발생할 수 있음
　2) 실제사고가 발생되지 않는 경우가 있으므로 발생 가능한 비상사태 유형선정을 위해 6종류의 유형을 선정하여 경우의 수를 검토함

3) 실제 발생 가능한 비상사태 유형 중 가장 위험도가 높은 비상사태 유형별 사고의 형태, 대상 및 위치를 우선순위로 선정
4) 사고대상의 사고특징은 '인명피해', '시설물손괴' 등으로 사고발생 시 비상대응을 위해서는 인명피해를 시설물 손괴보다 우선순위로 선정
5) 비상사태유형 중 사고발생 시 가장 다수의 인명피해가 발생하는 유형을 우선하여 비상대응 프로토타입 시나리오를 작성
6) 비상대응 시나리오 우선순위

| 사고종류 | 코드번호 | | | | | | |
|---|---|---|---|---|---|---|---|
| 충돌사고 | C211 | C111 | C112 | C212 | C311 | C312 | |
| | C221 | C121 | C122 | C222 | C321 | C322 | |
| 탈선사고 | R112 | R212 | R212 | R213 | R131 | R233 | |
| | R122 | R121 | R221 | R222 | | | |
| 화재사고 | F112 | F111 | F211 | F311 | F213 | | |
| | F122 | F121 | F222 | F321 | F331 | F431 | F432 |
| 시설장애 | I232 | I231 | I312 | I311 | I321 | I322 | |
| | I412 | I411 | I422 | I421 | I532 | I531 | |
| 차량장애 | I112 | I111 | I122 | I121 | | | |
| 테러 | T131 | T111 | T112 | T121 | T122 | T132 | |
| | T231 | T211 | T212 | T221 | T222 | T232 | |
| 자연재난 | D131 | D132 | D332 | D331 | | | |
| 사상(인명)사고 | P211 | P112 | P312 | P221 | P122 | P322 | |

- 사고종류별로 우선순위 순(좌→우, 상→하) 으로 코드번호 나열
- 비상대응 시나리오 우선순위 중 대표되는 사례 22개를 선정하여 비상대응 시나리오를 작성하며, 선정된 시나리오 이외의 비상사태 유형은 발생빈도 및 피해규모가 미약하거나 발생할 수 없는 사항임

## 1-2 유형별 비상대응 시나리오

가. 충돌사고 시나리오

1) 전동차 추돌(C211) : 충돌사고 → 열차추돌 → 전동차 → 역 내

【사고요지】
○○ 역 내 구원열차 운행 중 열차추돌

※ C111, C112, C212, C311, C312의 경우 C211과 동일하게 대응

2) 고속열차추돌(C221) : 충돌사고 → 열차추돌 → 고속열차 → 역 내

【사고요지】
○○~○○역 간 구원열차 운행 중 고속열차추돌

※ C122, C222, C121, C321, C322의 경우 C221과 동일하게 대응

나. 탈선사고 시나리오

1) 전동차 탈선사고(R112) : 탈선사고 → 열차탈선 → 전동차 → 본선구간

【사고요지】
제○○○○열차 ○○역 ○○호 선로전환기 할출·할입으로 탈선사고 발생

※ R211, R212, R131, R213, R233의 경우 R112와 동일하게 대응

2) 고속열차 탈선사고(R122) : 탈선사고 → 열차탈선 → 고속열차 → 본선구간

【사고요지】
KTX 제○○○열차 ○○역 ○○호 선로전환기 할출·할입으로 탈선사고 발생

※ R121, R221, R222의 경우 R122와 동일하게 대응

다. 화재사고 시나리오

1) 전동열차 화재사고(F112) : 화재사고 → 열차화재 → 전동차 → 본선구간

【사고요지】
제○○○○열차 ○○~○○역 간 운행 중 전부에서 ○번째 객실에서 화재 발생

※ F111, F211, F311, F213의 경우 F112와 동일하게 대응

2) 역구내 화재사고(F331) : 화재사고 → 역사화재 → 시설 → 역 내

【사고요지】
○○역 대합실에서 방화범이 인화성 물질살포 후 방화

※ F431, F432의 경우 F331과 동일하게 대응

3) 고속열차 화재사고(F122) : 화재사고 → 열차화재 → 고속열차 → 본선구간

【사고요지】
KTX 제○○○열차 ○○~○○역 간 운행 중 전부에서 ○번째 객실에서 화재 발생

※ F121, F222, F321의 경우 F122와 동일하게 대응

라. 시설장애 시나리오

　1) 본선 급전장애(I232) : 시설 및 차량장애 → 급전장애 → 시설 → 본선구간

　　【사고요지】
　　○○~○○역 간 열차 운행 중 급전장애 발생

　※ I231의 경우 I232와 동일하게 대응

　2) 본선 계획정전(I532) : 시설 및 차량장애 → 기타 장애 → 시설 → 본선구간

　　【사고요지】
　　○○~○○역 간 열차운행 중 계획정전 계획 수보

　※ I531의 경우 I532와 동일하게 대응

　3) 본선 선로절손(I312) : 시설 및 차량장애 → 선로장애 → 선로 → 본선구간

　　【사고요지】
　　○○~○○역 간 열차운행 중 선로절손

　※ I311, I321, I322의 경우 I312와 동일하게 대응

　4) 본선 신호고장(I412) : 시설 및 차량장애 → 신호장애 → 신호 → 본선구간

　　【사고요지】
　　○○~○○역 간 ○선 TC○○ 궤도 부정낙하

　※ I411의 경우 I412과 동일하게 대응

　5) 본선 신호기고장(I422) : 시설 및 차량장애 → 신호장애 → 신호 → 본선구간

　　【사고요지】
　　○○~○○역간 ○선 ○호주 폐색신호기 고장(정지현시)

　※ I421의 경우 I422과 동일하게 대응

마. 차량장애 시나리오

　1) 본선 차량고장(I112) : 시설 및 차량장애 → 차량고장 → 차량 → 본선구간

　　【사고요지】
　　○○~○○역 간 ○선 운행 중인 제 A○○○○ 열차 차량고장으로 자력운행 불가

　※ I111의 경우 I112과 동일하게 대응

2) 본선 차량고장(I122) : 시설 및 차량장애 → 차량고장 → 차량 → 본선구간

【사고요지】
ㅇㅇ~ㅇㅇ역간 ㅇ선 운행 중인 제 Aㅇㅇㅇㅇ 열차 차량고장으로 자력운행 불가

※ I121의 경우 I122과 동일하게 대응

바. 테러발생 시나리오

1) 역구내 폭발물 테러(T131) : 테러 → 폭발물 테러 → 시설 → 역 내

【사고요지】
ㅇㅇ일 ㅇㅇ역구내에서 ㅇㅇ:ㅇㅇ시경 폭발물 테러

※ T111, T112, T121, T122, T132의 경우 T131과 동일하게 대응

2) 역구내 독가스 테러(T231) : 테러 → 독가스 → 시설 → 역 내

【사고요지】
ㅇㅇ일 ㅇㅇ역구내에서 ㅇㅇ:ㅇㅇ시경 독가스 살포

※ T211, T212, T221, T222, T232의 경우 T231과 동일하게 대응

사. 사상(인명)사고 시나리오

1) 본선 공중사상사고(P112) : 사상(인명)사고 → 공중사상사고 → 사상 → 본선

【사고요지】
ㅇㅇ~ㅇㅇ역 간 ㅇ선에서 공중사상사고 발생

※ P312, P122, P322의 경우 P112과 동일하게 대응

2) 역사 여객사상사고(P211) : 사상(인명)사고 → 여객사상사고 → 사상 → 역 내

【사고요지】
ㅇㅇ역구내에서 ㅇㅇ:ㅇㅇ시경 여객사상사고 발생

※ P221의 경우 P211과 동일하게 대응

아. 자연재난 시나리오

1) 역사 침수(D131) : 자연재해 → 침수(태풍) → 시설 → 역 내

【사고요지】
ㅇㅇ역구내가 우수유입으로 일부 침수됨

※ D132의 경우 D131과 동일하게 대응

2) 운행 중인 본선 터널 내 지진(D332) : 자연재해 → 지진 → 시설 → 본선구간

【사고요지】
인천광역시 ○○지역 지진발생 통보를 받고 전 열차 통제

※ D331의 경우 D332과 동일하게 대응

자. 기타 시나리오

  1) 전동열차의 지상구간, 터널구간, 교량구간 정차에 따른 시나리오

【사고요지】
○○~○○역 간 철도사고, 자연재해, 테러 등으로 인한 열차 지연, 중지

※ 철도비상사태 발생으로 열차 지연 및 중지 시 동일하게 대응

  2) 고속열차의 지상구간, 터널구간, 교량구간 정차에 따른 시나리오

【사고요지】
○○~○○역 간 철도사고, 자연재해, 테러 등으로 인한 열차 지연, 중지

※ 철도비상사태 발생으로 열차 지연 및 중지 시 동일하게 대응

  3) 기관사 직무수행 불능 시 시나리오

【사고요지】
○○~○○역 간 열차운행 중 기관사 직무수행 불능 발생

## 1-3 비상대응절차 및 직원별 역할과 책임

가. 고속열차에서 사고발생 시 역할과 책임
  1) 공항철도 구간 내에서 KTX 운행관련 열차탈선, 충돌, 화재 등 열차사고 발생 시에는 공항철도 관제사가 철도공사 관제사에게 사고복구 요청을 하며, 공항철도는 사고에 대한 초동조치를 수행하고, 철도공사는 인력 및 복구장비를 신속히 동원하여 KTX 사고에 대한 복구업무를 수행하여야 함
  2) 공항철도 구간 내에서 KTX 고장 등으로 자력운행이 불가능한 경우 공항철도 관제사는 철도공사 관제사에게 통보하고, 철도공사 관제사는 구원열차운행 등 필요한 조치를 취하여야 함
  3) KTX구원조치와 탈선복구 등 KTX관련 사고수습에 대한 사항은 철도공사가 담당하며, 철도공사가 장비 및 인력 등 요청 시 공항철도는 적극 지원하여야 함

나. 충돌사고 시나리오
   1) 전동차 추돌사고(C211) : 충돌사고 → 열차추돌 → 전동차 → 역 내
      ① 전동차 충돌·추돌사고 대응절차

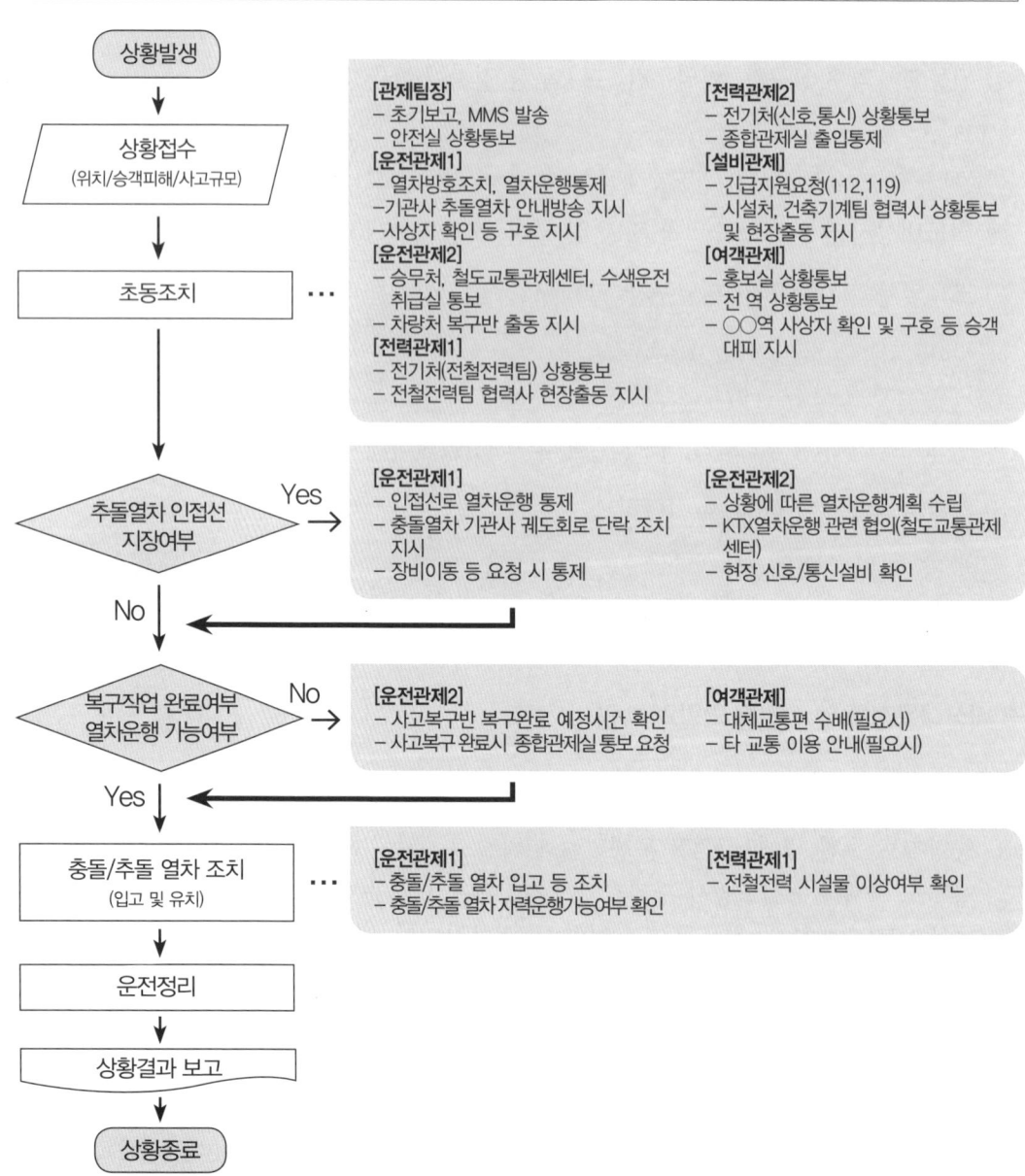

   ※ C111, C112, C212, C311, C312의 경우 C211과 동일하게 대응

## ② 전동차 충돌·추돌사고(C211) 시 역할과 책임

| 구분 | 비상대응 임무(역할) |
|---|---|
| 관제팀장 | ○ 사고/이례상황 총괄 지휘, 감독<br>○ 보고계통에 따른 보고(초기, 중간, 최종) 및 안전실 상황통보<br>○ 팀장급 이상 통보(MMS) 및 필요시 전 직원 비상소집 |
| 운전관제1 | ○ 상황접수(위치, 사고규모, 승객피해, 인접선 지장여부 등)<br>○ 인접선 열차 및 후속열차 즉시정차 조치<br>○ 필요시 열차방호 및 궤도단락 조치 지시<br>○ 기관사 안내방송 및 사상자 구호 지시<br>○ 필요시 해당구간 단전 요청<br>○ 사고복구 완료 후 현장시설물 확인 및 필요시 기능점검 지시<br>○ 열차통제 및 운전정리 |
| 운전관제2 | ○ 차량처, 승무처 상황통보 및 복구반 출동 지시<br>○ 철도교통관제센터, 수색 운전취급실, 유관기관 상황통보<br>○ KTX열차 운행 관련 협의(철도교통관제센터)<br>○ 상황에 따른 열차운행계획 수립<br>○ 현장 신호/통신설비 이상유무 점검<br>○ 운전관제1 운전정리 지원 및 사고복구 진행사항 확인 |
| 전력관제1 | ○ 변전소 및 구분소 급전상태 이상여부 확인<br>○ 전기처(전철전력팀), 전철전력 협력사 상황통보 및 현장 출동 지시<br>○ 필요시 전철전력 급전계통 변경 및 단전 요청 시 해당구간 단전 시행<br>○ 본선 단전 시 철도교통관제센터 전기운영부 상황 통보<br>○ 전철 급전계통 집중 감시<br>○ 현장 전기시설물 손상 수보 시 복구 지시 |
| 전력관제2 | ○ 전기실 급전상태 이상여부 확인<br>○ 전기처(신호, 통신팀) 상황 통보 및 현장 출동 지시<br>○ 필요시 전철전력 급전계통 변경 및 단전 요청 시 해당구간 단전 시행<br>○ 전력 급전계통 집중 감시<br>○ 종합관제실 출입통제<br>○ 종합관제실 내 상황판 설치 및 작성 |
| 설비관제 | ○ 구호기관(119, 112) 지원요청<br>○ 시설처(관련팀) 상황통보 및 현장 시설물 점검 지시<br>○ 홍보실 상황통보<br>○ 기계설비 시스템 집중 감시<br>○ 시설물 피해사항 파악 |
| 여객관제 | ○ 영업계획처, 전 역, Call센터 상황통보 및 고객안내 지시<br>○ 해당 열차 사상자 확인 및 승객 구호, 대피 지시<br>○ 코레일 여객상황반 상황통보 및 요청사항 현장 전달<br>○ 필요시 승차권 발매 제한, 운임반환, 지연료 지급 지시<br>○ 서울역 도심공항터미널 운영여부 관련부서 협의<br>○ 필요시 타 교통 이용안내 및 대체교통편 수배 후 역사 통보 |

2) 고속열차 추돌사고(C221) : 충돌사고 → 열차추돌 → 고속열차 → 역 내
   ① 고속열차 충돌·추돌사고 대응절차

【사고요지】
○○~○○역 간 구원열차운행 중 고속열차추돌

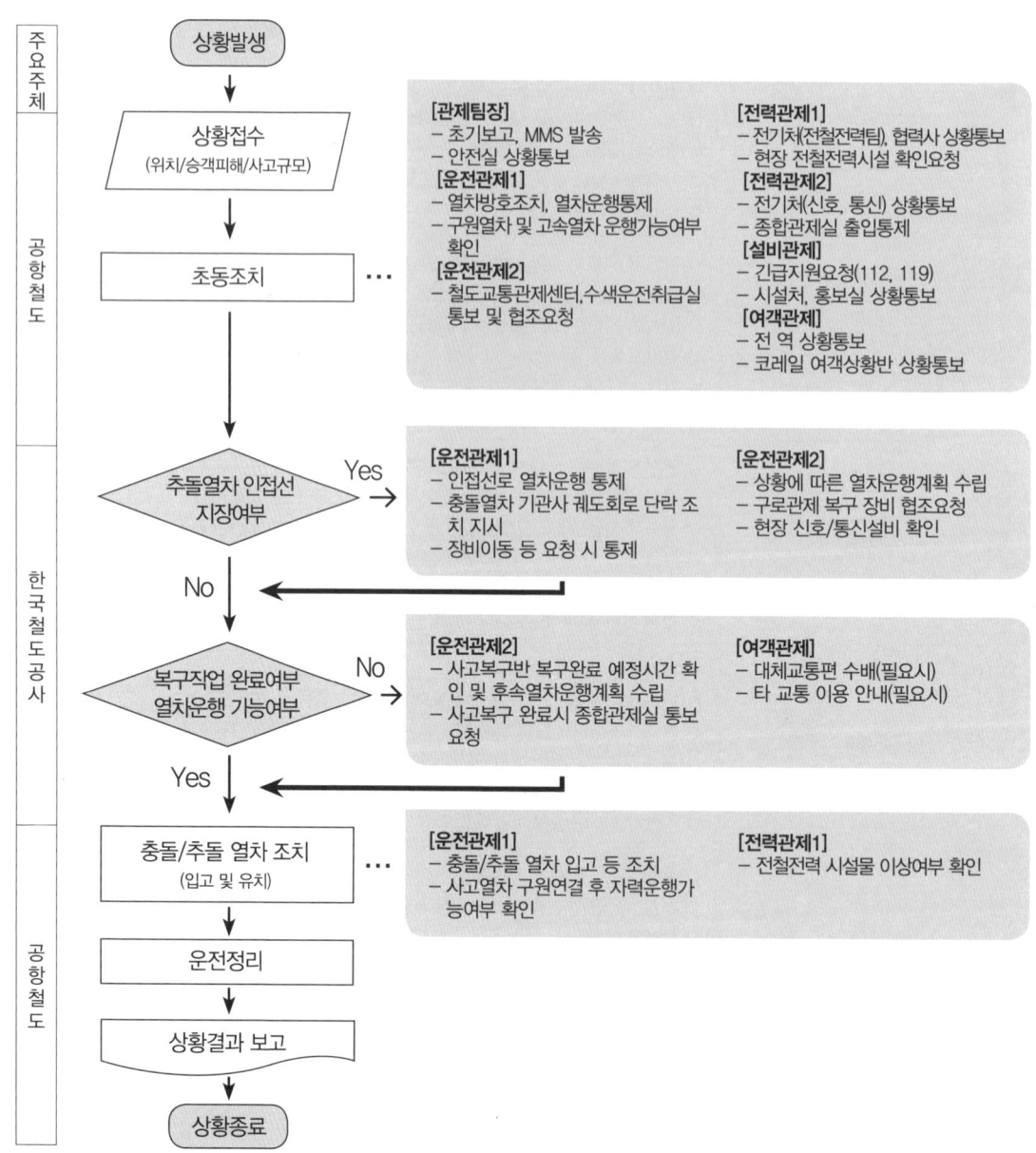

※ C122, C222, C121, C321, C322의 경우 C221과 동일하게 대응

② 고속열차 충돌·추돌사고(C221) 시 역할과 책임

| 구분 | 비상대응 임무(역할) |
|---|---|
| 관제팀장 | ○ 사고/이례상황 총괄 지휘, 감독<br>○ 보고계통에 따른 보고(초기, 중간, 최종) 및 안전실 상황통보<br>○ 팀장급 이상 통보(MMS) 및 필요시 전 직원 비상소집 |
| 운전관제1 | ○ 상황접수(위치, 사고규모, 승객피해, 인접선 지장여부 등)<br>○ 인접선 열차 및 후속열차 즉시정차 조치<br>○ 필요시 열차방호 및 궤도단락 조치 지시<br>○ 기장 및 구원열차 기관사에 피해 상황 확인<br>○ 복구 중 필요시 단전 조치 요청<br>○ 사고복구 완료 후 현장시설물 확인 및 필요시 기능점검 지시 |
| 운전관제2 | ○ 철도교통관제센터, 수색 운전취급실, 유관기관 상황통보<br>○ 차량처, 승무처 상황통보<br>○ 철도교통관제센터 복구 협조 요청 및 KTX열차 운행 관련 협의<br>○ 상황에 따른 열차운행계획 수립<br>○ 현장 신호/통신설비 이상유무 점검<br>○ 운전관제1 운전정리 지원 및 사고복구 진행사항 확인 |
| 전력관제1 | ○ 변전소 및 구분소 급전상태 이상여부 확인<br>○ 전기처(전철전력팀), 전철전력 협력사 상황통보 및 현장 출동 지시<br>○ 필요시 전철전력 급전계통 변경 및 단전 요청 시 해당구간 단전 시행<br>○ 본선 단전 시 철도교통관제센터 전기운영부 상황통보<br>○ 전철급전계통 집중 감시<br>○ 현장 전기시설물 손상 수보 시 복구 지시 |
| 전력관제2 | ○ 전기실 급전상태 이상여부 확인<br>○ 전기처(신호, 통신팀) 상황통보 및 현장 출동 지시<br>○ 필요시 전철전력 급전계통 변경 및 단전 요청 시 해당구간 단전 시행<br>○ 전력 급전계통 집중 감시<br>○ 종합관제실 출입통제<br>○ 종합관제실 내 상황판 설치 및 작성 |
| 설비관제 | ○ 구호기관(119, 112) 지원요청<br>○ 시설처(관련팀) 상황통보 및 현장 시설물 점검 지시<br>○ 홍보실 상황통보<br>○ 기계설비 시스템 집중 감시<br>○ 시설물 피해사항 파악 |
| 여객관제 | ○ 영업계획처, 전 역, Call센터 상황통보 및 고객안내 지시<br>○ 해당 열차 사상자 확인 및 승객 구호, 대피 지시<br>○ 코레일 여객상황반 상황통보 및 요청사항 현장 전달<br>○ 필요시 승차권 발매 제한, 운임반환, 지연료 지급 지시<br>○ 서울역 도심공항터미널 운영여부 관련부서 협의<br>○ 필요시 타 교통 이용안내 및 대체교통편 수배 후 역사 통보 |

다. 탈선사고 시나리오
  1) 전동차 탈선사고(R112) : 탈선사고 → 열차탈선 → 전동차 → 본선구간
    ① 전동차 탈선사고 대응절차

【사고요지】
제○○○○열차 ○○역 ○○호 선로전환기 할출·할입으로 탈선사고 발생

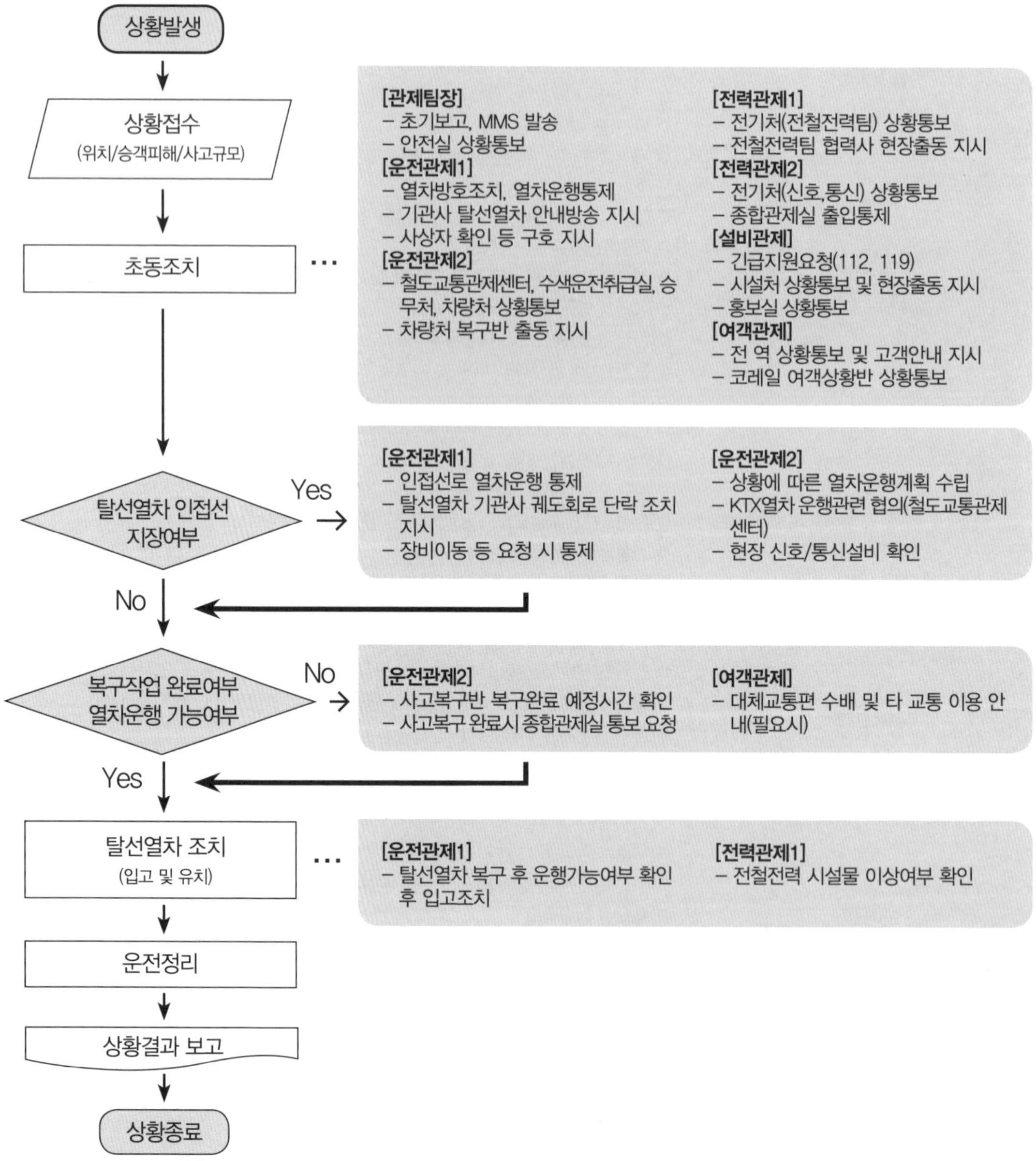

```
상황발생
   ↓
상황접수
(위치/승객피해/사고규모)           [관제팀장]                          [전력관제1]
   ↓                             - 초기보고, MMS 발송              - 전기처(전철전력팀) 상황통보
                                 - 안전실 상황통보                  - 전철전력팀 협력사 현장출동 지시
초동조치        …                 [운전관제1]                         [전력관제2]
   ↓                             - 열차방호조치, 열차운행통제       - 전기처(신호,통신) 상황통보
                                 - 기관사 탈선열차 안내방송 지시    - 종합관제실 출입통제
                                 - 사상자 확인 등 구호 지시         [설비관제]
                                 [운전관제2]                         - 긴급지원요청(112, 119)
                                 - 철도교통관제센터, 수색운전취급실, 승  - 시설처 상황통보 및 현장출동 지시
                                   무처, 차량처 상황통보              - 홍보실 상황통보
                                 - 차량처 복구반 출동 지시           [여객관제]
                                                                    - 전 역 상황통보 및 고객안내 지시
                                                                    - 코레일 여객상황반 상황통보

탈선열차 인접선   Yes             [운전관제1]                         [운전관제2]
지장여부       →                 - 인접선로 열차운행 통제           - 상황에 따른 열차운행계획 수립
                                 - 탈선열차 기관사 궤도회로 단락 조치  - KTX열차 운행관련 협의(철도교통관제
   No↓                             지시                               센터)
                                 - 장비이동 등 요청 시 통제         - 현장 신호/통신설비 확인

복구작업 완료여부  No            [운전관제2]                         [여객관제]
열차운행 가능여부 →              - 사고복구반 복구완료 예정시간 확인 - 대체교통편 수배 및 타 교통 이용 안
                                 - 사고복구 완료시 종합관제실 통보 요청   내(필요시)
   Yes↓

탈선열차 조치     …              [운전관제1]                         [전력관제1]
(입고 및 유치)                    - 탈선열차 복구 후 운행가능여부 확인 - 전철전력 시설물 이상여부 확인
   ↓                               후 입고조치
운전정리
   ↓
상황결과 보고
   ↓
상황종료
```

※ R211, R212, R131, R213, R233의 경우 R112와 동일하게 대응

## ② 전동차 탈선사고(R112) 시 역할과 책임

| 구분 | 비상대응 임무(역할) |
|---|---|
| 관제팀장 | ○ 사고/이례상황 총괄 지휘, 감독<br>○ 보고계통에 따른 보고(초기, 중간, 최종) 및 안전실 상황통보<br>○ 팀장급 이상 통보(MMS) 및 필요시 전 직원 비상소집 |
| 운전관제1 | ○ 상황접수(위치, 탈선정도, 사고규모, 승객피해, 인접선 지장여부 등)<br>○ 인접선 열차 및 후속열차 즉시정차 조치<br>○ 필요시 열차방호 및 궤도단락 조치 지시<br>○ 기관사 안내방송 및 사상자 구호 지시<br>○ 필요시 해당구간 단전 요청<br>○ 열차통제 및 운전정리 |
| 운전관제2 | ○ 차량처, 승무처 상황통보 및 복구반 출동 지시<br>○ 철도교통관제센터, 수색 운전취급실, 유관기관 상황통보<br>○ KTX열차 운행 관련 협의(철도 구로 관제센터)<br>○ 상황에 따른 열차운행계획 수립<br>○ 유니목으로 복구 불가 시 크레인 수배 및 복구관련 협의<br>○ 현장 신호/통신설비 이상유무 점검<br>○ 운전관제1 운전정리 지원 및 사고복구 진행사항 확인 |
| 전력관제1 | ○ 변전소 및 구분쇼 급전상태 이상여부 확인<br>○ 전기처(전철전력팀), 전철전력 협력사 상황통보 및 현장 출동 지시<br>○ 필요시 전철전력 급전계통 변경 및 단전 요청 시 해당구간 단전 시행<br>○ 본선 단전 시 철도교통관제센터 전기운영부 상황통보<br>○ 전철 급전계통 집중 감시<br>○ 현장 전기시설물 손상 수보 시 복구 지시<br>○ 전차선 철거 필요시 전기처와 협의 |
| 전력관제2 | ○ 전기실 급전상태 이상여부 확인<br>○ 전기처(신호, 통신팀) 상황통보 및 현장 출동 지시<br>○ 필요시 전철전력 급전계통 변경 및 단전 요청 시 해당구간 단전 시행<br>○ 전력 급전계통 집중 감시<br>○ 종합관제실 출입통제<br>○ 종합관제실 내 상황판 설치 및 작성 |
| 설비관제 | ○ 구호기관(119, 112) 지원요청<br>○ 시설처(관련팀) 상황통보 및 현장 시설물 점검 지시<br>○ 홍보실 상황통보<br>○ 기계설비 시스템 집중 감시<br>○ 시설물 피해사항 파악 |
| 여객관제 | ○ 영업계획처, 전 역, Call센터 상황통보 및 고객안내 지시<br>○ 코레일 여객상황반 상황통보 및 요청사항 현장 전달<br>○ 필요시 승차권 발매 제한, 운임반환, 지연료 지급 지시<br>○ 서울역 도심공항터미널 운영여부 관련부서 협의<br>○ 필요시 타 교통 이용안내 및 대체교통편 수배 후 역사 통보 |

2) 고속열차 탈선사고(R122) : 탈선사고 → 열차탈선 → 고속열차 → 본선구간
  ① 고속열차 탈선사고 대응절차

【사고요지】
KTX 제○○○○열차 ○○역 ○○호 선로전환기 할출·할입으로 탈선사고 발생

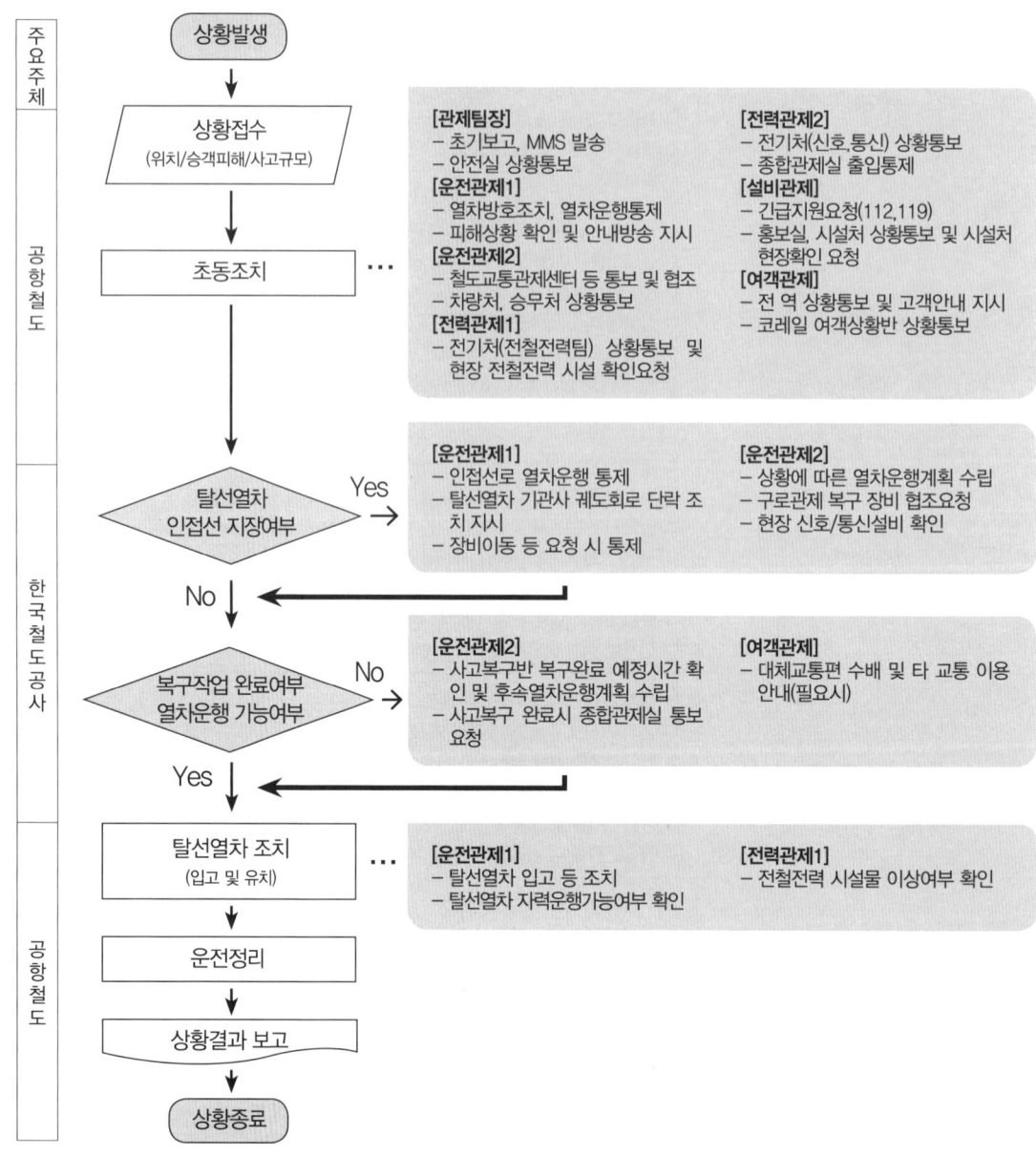

※ R221, R222, R121의 경우 R122와 동일하게 대응

② 고속열차 탈선사고(R122) 시 역할과 책임

| 구분 | 비상대응 임무(역할) |
|---|---|
| 관제팀장 | ○ 사고/이례상황 총괄 지휘, 감독<br>○ 보고계통에 따른 보고(초기, 중간, 최종) 및 안전실 상황통보<br>○ 팀장급 이상 통보(MMS) 및 필요시 전 직원 비상소집 |
| 운전관제1 | ○ 상황접수(위치, 탈선정도, 사고규모, 승객피해, 인접선 지장여부 등)<br>○ 인접선 열차 및 후속열차 즉시정차 조치<br>○ 필요시 열차방호 및 궤도단락 조치 지시<br>○ 기장에게 피해상황 확인요청 및 안내방송 지시<br>○ 복구 중 필요시 단전 조치 요청<br>○ 열차통제 및 운전정리 |
| 운전관제2 | ○ 차량처, 승무처 상황통보<br>○ 철도교통관제센터, 수색 운전취급실, 유관기관 상황통보<br>○ 철도교통관제센터 복구 협조 요청 및 KTX열차 운행 관련 협의<br>○ 상황에 따른 열차운행계획 수립<br>○ 현장 신호/통신설비 이상유무 점검<br>○ 유니목으로 복구 불가 시 크레인 수배 및 복구관련 협의<br>○ 운전관제1 운전정리 지원 및 사고복구 진행사항 확인 |
| 전력관제1 | ○ 변전소 및 구분소 급전상태 이상여부 확인<br>○ 전기처(전철전력팀), 전철전력 협력사 상황통보 및 현장 출동 지시<br>○ 필요시 전철전력 급전계통 변경 및 단전 요청 시 해당구간 단전 시행<br>○ 본선 단전 시 철도교통관제센터 전기운영부 상황 통보<br>○ 전철 급전계통 집중 감시<br>○ 현장 전기시설물 손상 수보 시 복구 지시<br>○ 전차선 철거 필요시 전기처와 협의 |
| 전력관제2 | ○ 전기실 급전상태 이상여부 확인<br>○ 전기처(신호, 통신팀) 상황통보 및 현장 출동 지시<br>○ 필요시 전철전력 급전계통 변경 및 단전 요청 시 해당구간 단전 시행<br>○ 전력 급전계통 집중 감시<br>○ 종합관제실 출입통제<br>○ 종합관제실 내 상황판 설치 및 작성 |
| 설비관제 | ○ 구호기관(119, 112) 지원요청<br>○ 시설처(관련팀) 상황통보 및 현장 시설물 점검 지시<br>○ 홍보실 상황통보<br>○ 기계설비 시스템 집중 감시<br>○ 시설물 피해사항 파악 |
| 여객관제 | ○ 영업계획처, 전 역, Call센터 상황통보 및 고객안내 지시<br>○ 해당 열차 사상자 확인 및 승객 구호, 대피 지시<br>○ 코레일 여객상황반 상황통보 및 요청사항 현장 전달<br>○ 필요시 승차권 발매 제한, 운임반환, 지연료 지급 지시<br>○ 서울역 도심공항터미널 운영여부 관련부서 협의<br>○ 필요시 타 교통 이용안내 및 대체교통편 수배 후 역사 통보 |

라. 화재사고 시나리오
  1) 전동열차 화재사고(F112) : 화재사고 → 열차화재 → 전동차 → 본선구간
    ① 전동열차 화재사고 대응절차

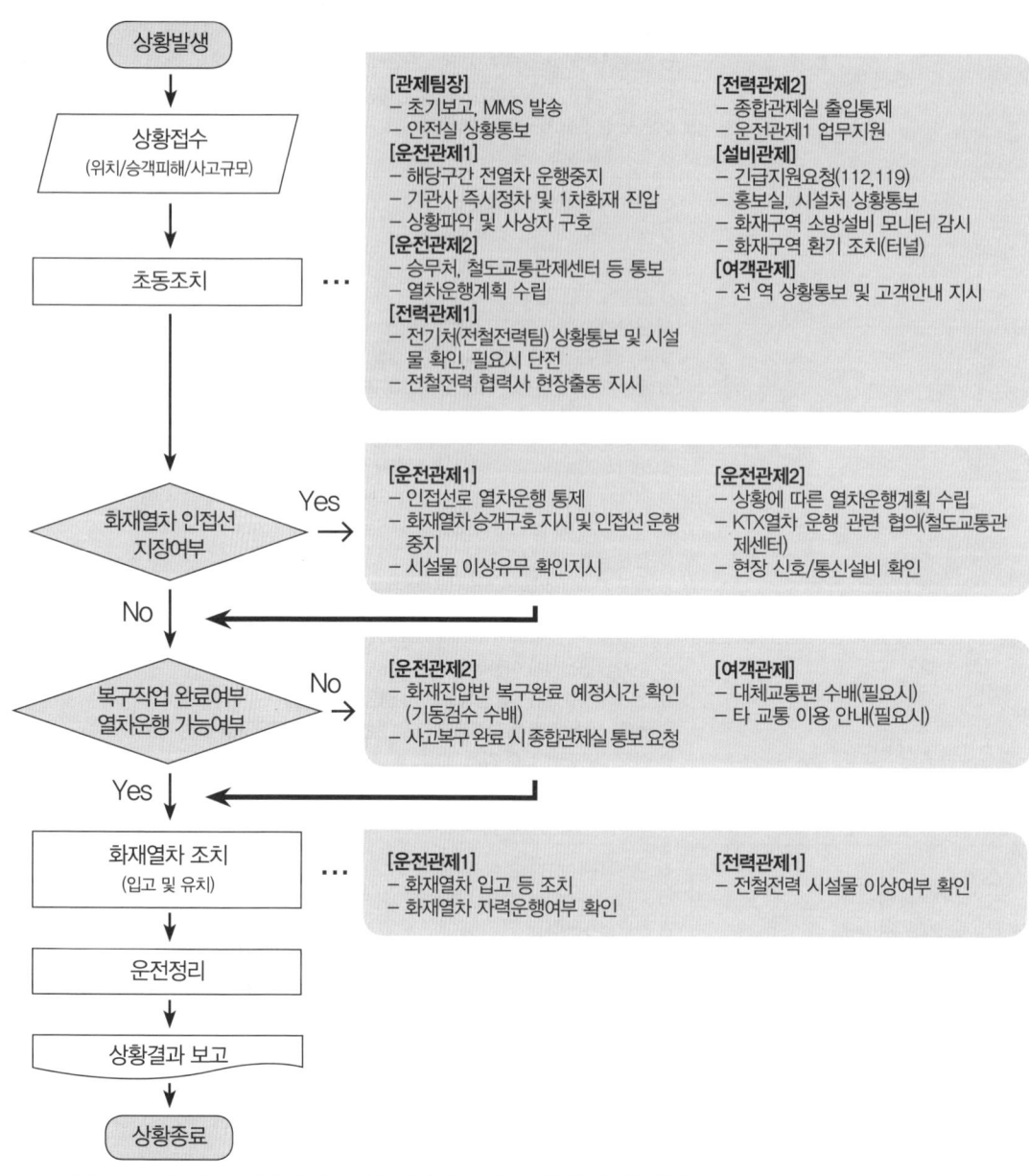

※ F211, F213, F111, F311의 경우 F112와 동일하게 대응

## ② 전동열차 화재사고(F112) 시 역할과 책임

| 구분 | 비상대응 임무(역할) |
|---|---|
| 관제팀장 | ○ 사고/이례상황 총괄 지휘, 감독<br>○ 보고계통에 따른 보고(초기, 중간, 최종) 및 안전실 상황통보<br>○ 팀장급 이상 통보(MMS) 및 필요시 전 직원 비상소집 |
| 운전관제1 | ○ 상황접수(위치, 사고규모, 승객피해, 인접선 지장여부 등)<br>○ 인접선 열차 및 후속열차 즉시정차 조치<br>○ 기관사 안내방송 및 사상자 구호 조치(방화자 검거요청 : 112)<br>○ 화재발생 위치에 따라 기관사에 초동조치(화재소화 및 고객대피 유도 지시)<br>   – 터널 내에서 화재발생 시에는 최근 역, 지상구간에서 발생 시에는 교량을 벗어난 구간에서 정차하여 시행하며, 즉시 정차하여 조치하는 것이 피해를 줄일 수 있다고 인정 판단 시는 즉시 정차<br>○ 필요시 해당구간 단전 요청<br>○ 사고복구 완료 후 현장시설물 확인 및 필요시 기능점검 지시 |
| 운전관제2 | ○ 차량처, 승무처 통보 및 복구반 출동 지시<br>○ 철도교통관제센터, 수색 운전취급실, 유관기관 상황통보<br>○ KTX열차 운행 관련 협의(철도교통관제센터)<br>○ 상황에 따른 열차운행계획 수립<br>○ 현장 신호/통신설비 이상유무 점검<br>○ 운전관제1 운전정리 지원 및 사고복구 진행사항 확인 |
| 전력관제1 | ○ 변전소 및 구분소 급전상태 이상여부 확인<br>○ 전기처(전철전력팀), 전철전력 협력사 상황통보 및 현장 출동 시시<br>○ 전기처(전철전력팀 또는 전철전력 협력사) 상황통보 및 현장 출동 지시<br>○ 필요시 전철전력 급전계통 변경 및 단전 요청 시 해당구간 단전 시행<br>○ 본선 단전 시 철도교통관제센터 전기운영부 상황 통보<br>○ 전철 급전계통 집중 감시<br>○ 현장 전기시설물 손상 수보 시 복구 지시 |
| 전력관제2 | ○ 전기실 급전상태 이상여부 확인<br>○ 전기처(신호, 통신팀) 상황통보 및 현장 출동 지시<br>○ 필요시 전철전력 급전계통 변경 및 단전 요청 시 해당구간 단전 시행<br>○ 전력 급전계통 집중 감시<br>○ 종합관제실 출입통제<br>○ 종합관제실 내 상황판 설치 및 작성 |
| 설비관제 | ○ 구호기관(119, 112) 지원요청<br>○ 시설처(관련팀) 상황통보 및 현장 시설물 점검 지시<br>○ 터널 내 화재 시 화재구역 제연<br>○ 홍보실 상황통보<br>○ 기계설비 시스템 집중 감시<br>○ 시설물 피해사항 파악 |
| 여객관제 | ○ 영업계획처, 전 역, Call센터 상황통보 및 고객안내 지시<br>○ 코레일 여객상황반 상황통보 및 요청사항 현장 전달<br>○ 필요시 승차권 발매 제한, 운임반환, 지연료 지급 지시<br>○ 서울역 도심공항터미널 운영여부 관련부서 협의<br>○ 필요시 타 교통 이용안내 및 대체교통편 수배 후 역사 통보 |

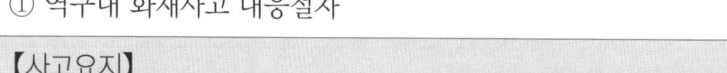

2) 역구내 화재사고(F331) : 화재사고 → 역사화재 → 시설 → 역 내
   ① 역구내 화재사고 대응절차

【사고요지】
○○역 대합실에서 방화범이 인화성 물질 살포 후 방화

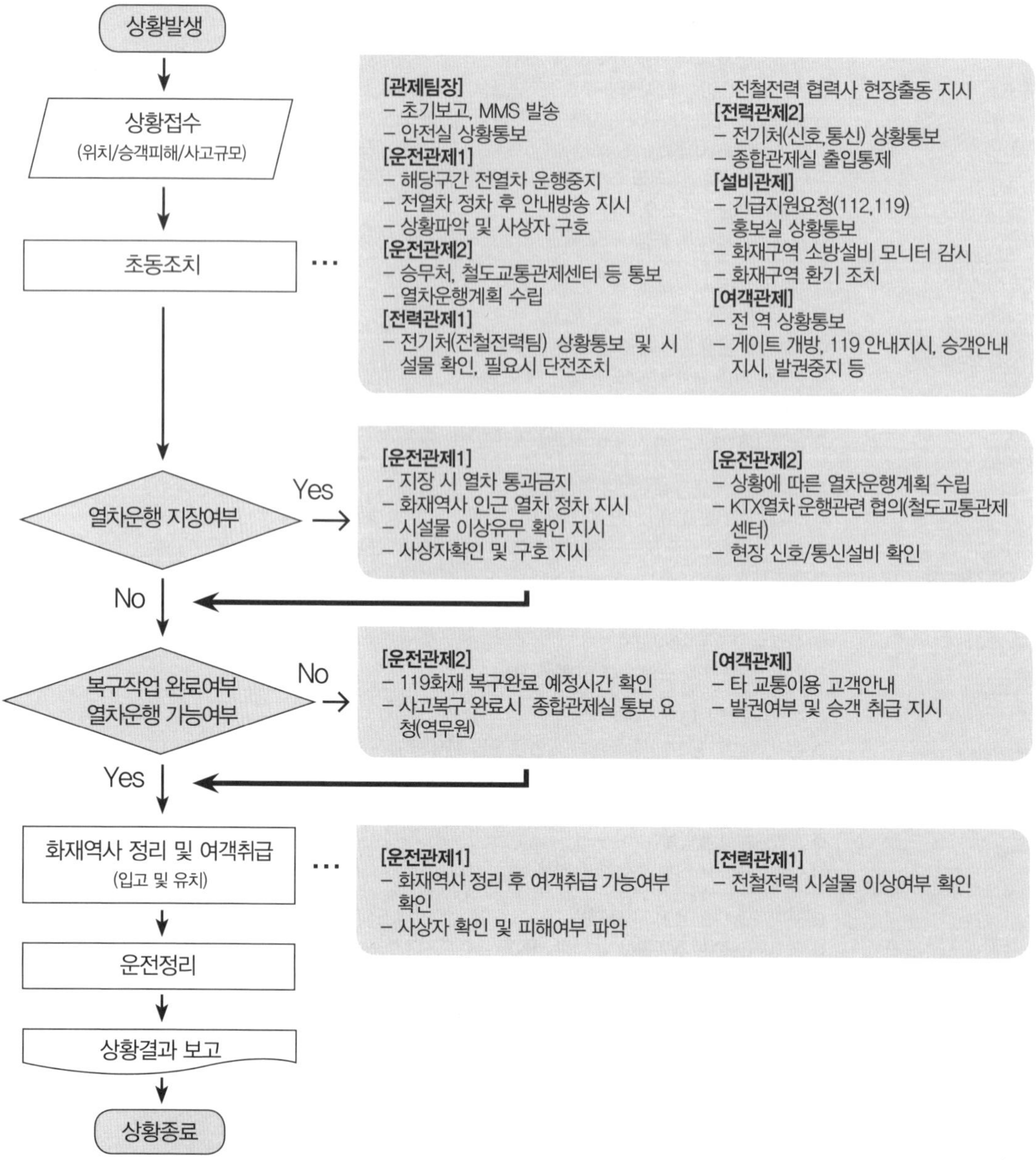

```
상황발생
   ↓
상황접수
(위치/승객피해/사고규모)
   ↓
초동조치  …  [관제팀장]
              - 초기보고, MMS 발송
              - 안전실 상황통보
              [운전관제1]
              - 해당구간 전열차 운행중지
              - 전열차 정차 후 안내방송 지시
              - 상황파악 및 사상자 구호
              [운전관제2]
              - 승무처, 철도교통관제센터 등 통보
              - 열차운행계획 수립
              [전력관제1]
              - 전기처(전철전력팀) 상황통보 및 시
                설물 확인, 필요시 단전조치
              - 전철전력 협력사 현장출동 지시
              [전력관제2]
              - 전기처(신호,통신) 상황통보
              - 종합관제실 출입통제
              [설비관제]
              - 긴급지원요청(112,119)
              - 홍보실 상황통보
              - 화재구역 소방설비 모니터 감시
              - 화재구역 환기 조치
              [여객관제]
              - 전 역 상황통보
              - 게이트 개방, 119 안내지시, 승객안내
                지시, 발권중지 등
   ↓
열차운행 지장여부 ─Yes→ [운전관제1]
                        - 지장 시 열차 통과금지
                        - 화재역사 인근 열차 정차 지시
                        - 시설물 이상유무 확인 지시
                        - 사상자확인 및 구호 지시
                        [운전관제2]
                        - 상황에 따른 열차운행계획 수립
                        - KTX열차 운행관련 협의(철도교통관제
                          센터)
                        - 현장 신호/통신설비 확인
   │No
   ↓
복구작업 완료여부 ─No→ [운전관제2]
열차운행 가능여부        - 119화재 복구완료 예정시간 확인
                        - 사고복구 완료시 종합관제실 통보 요
                          청(역무원)
                        [여객관제]
                        - 타 교통이용 고객안내
                        - 발권여부 및 승객 취급 지시
   │Yes
   ↓
화재역사 정리 및 여객취급  …  [운전관제1]
(입고 및 유치)              - 화재역사 정리 후 여객취급 가능여부
                              확인
                            - 사상자 확인 및 피해여부 파악
                            [전력관제1]
                            - 전철전력 시설물 이상여부 확인
   ↓
운전정리
   ↓
상황결과 보고
   ↓
상황종료
```

※ F431, F432의 경우 F331과 동일하게 대응

## ② 역구내 화재사고(F331) 시 역할과 책임

| 구분 | 비상대응 임무(역할) |
|---|---|
| 관제팀장 | ○ 사고/이례상황 총괄 지휘, 감독<br>○ 보고계통에 따른 보고(초기, 중간, 최종) 및 안전실 상황통보<br>○ 팀장급 이상 통보(MMS) 및 필요시 전 직원 비상소집 |
| 운전관제1 | ○ 상황접수(위치, 사고규모, 여객피해, 열차운행 지장여부 등)<br>○ 화재역사 접근 열차 즉시 정차, 정차 중인 열차 출발 지시<br>○ 역무원 역게이트 개방 및 초동 화재진압 지시, 119대원 안내<br>○ 역무원 안내방송 및 사상자 1차구호 조치(방화자 검거요청 : 112)<br>○ 필요시 해당구간 단전 요청<br>○ 사고복구 완료 후 현장시설물 확인 및 필요시 기능점검 지시<br>○ 열차통제 및 운전정리 |
| 운전관제2 | ○ 승무처, 차량처, 철도교통관제센터, 수색 운전취급실, 유관기관 상황통보<br>○ KTX열차 운행 관련 협의(철도교통관제센터)<br>○ 상황에 따른 열차운행계획 수립<br>○ 현장 신호/통신설비 이상유무 점검<br>○ 운전관제1 운전정리 지원 및 사고복구 진행사항 확인 |
| 전력관제1 | ○ 변전소 및 구분소 급전상태 이상여부 확인<br>○ 전기처(전철전력팀), 전철전력 협력사 상황통보 및 현장 출동 지시<br>○ 필요시 전철전력 급전계통 변경 및 단전 유청 시 해당구간 단전 시행<br>○ 본선 단전 시 철도교통관제센터 전기운영부 상황통보<br>○ 전철 급전계통 집중 감시<br>○ 현장 전기시설물 손상 수보 시 복구 지시 |
| 전력관제2 | ○ 전기실 급전상태 이상여부 확인<br>○ 전기처(신호, 통신팀) 상황통보 및 현장 출동 지시<br>○ 필요시 전철전력 급전계통 변경 및 단전 요청 시 해당구간 단전 시행<br>○ 전력 급전계통 집중 감시<br>○ 종합관제실 출입통제<br>○ 종합관제실 내 상황판 설치 및 작성 |
| 설비관제 | ○ 구호기관(119, 112) 지원요청<br>○ 시설처(관련팀) 상황통보 및 현장 시설물 점검 지시<br>○ 홍보실 상황통보<br>○ 제연팬 가동 및 상태 감시<br>○ 화재구역 소방설비 및 승강설비 모니터 감시<br>○ 기계설비 시스템 집중 감시<br>○ 시설물 피해사항 파악 |
| 여객관제 | ○ 영업계획처, 전 역, Call센터 상황통보 및 고객안내 지시<br>○ 필요시 사상자 구호 및 출입자 통제지시<br>○ 코레일 여객상황반 상황통보 및 요청사항 현장 전달<br>○ 필요시 승차권 발매 제한, 운임반환, 지연료 지급 지시<br>○ 서울역 도심공항터미널 운영여부 관련부서 협의<br>○ 필요시 타 교통 이용안내 및 대체교통편 수배 후 역사 통보 |

3) 고속열차 화재사고(F122) : 화재사고 → 열차화재 → 고속열차 → 본선구간
  ① 고속열차 화재사고 대응절차

【사고요지】
KTX 제○○○열차 ○○ ~ ○○역 간 운행 중 전부에서 ○번째 객실에서 화재발생

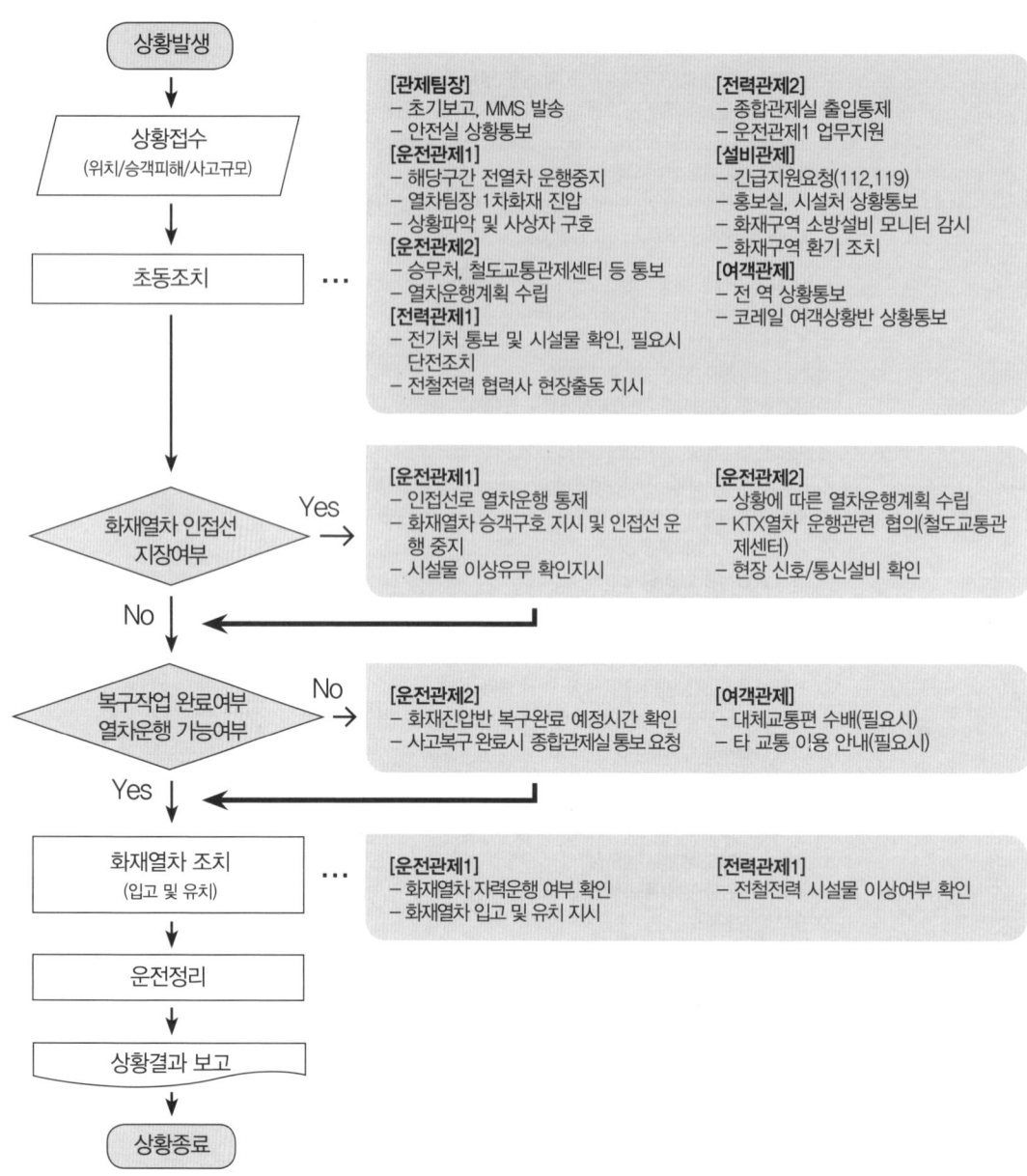

※ F121, F222, F321의 경우 F122와 동일하게 대응

## ② 고속열차 화재사고(F112) 시 역할과 책임

| 구분 | 비상대응 임무(역할) |
|---|---|
| 관제팀장 | ○ 사고/이례상황 총괄 지휘, 감독<br>○ 보고계통에 따른 보고(초기, 중간, 최종) 및 안전실 상황통보<br>○ 팀장급 이상 통보(MMS) 및 필요시 전 직원 비상소집 |
| 운전관제1 | ○ 상황접수(위치, 사고규모, 승객피해, 인접선 지장여부 등)<br>○ 인접선 열차 및 후속열차 즉시정차 조치<br>○ 화재발생 위치에 따라 열차팀장에 초동조치(화재소화 및 고객대피 유도 지시)<br>  – 터널 내에서 화재발생 시에는 최근 역, 지상구간에서 발생 시에는 교량을 벗어난 구간에서 정차하여 시행하며, 즉시 정차하여 조치하는 것이 피해를 줄일 수 있다고 인정 시는 즉시 정차<br>○ 기장에 안내방송 및 환기 지시(필요시 출입문 개방)<br>○ 필요시 해당구간 단전 요청<br>○ 열차통제 및 운전정리<br>○ 사고복구 완료 후 현장시설물 확인 및 필요시 기능점검 지시 |
| 운전관제2 | ○ 승무처, 차량처, 철도교통관제센터, 수색 운전취급실 상황통보<br>○ KTX열차 운행 관련 협의(철도교통관제센터)<br>○ 상황에 따른 열차운행계획 수립<br>○ 현장 신호/통신설비 이상유무 점검<br>○ 운전관제1 운전정리 지원 및 사고복구 진행사항 확인 |
| 전력관제1 | ○ 변전소 및 구분소 급전상태 이상여부 확인<br>○ 전기처(전철전력팀), 전철전력 협력사 상황통보 및 현장 출동 지시<br>○ 필요시 전철전력 급전계통 변경 및 단전 요청 시 해당구간 단전 시행<br>○ 본선 단전 시 철도교통관제센터 전기운영부 상황통보<br>○ 전철 급전계통 집중 감시<br>○ 현장 전기시설물 손상 수보 시 복구 지시 |
| 전력관제2 | ○ 전기실 급전상태 이상여부 확인<br>○ 전기처(신호, 통신팀) 상황통보 및 현장 출동 지시<br>○ 필요시 전철전력 급전계통 변경 및 단전 요청 시 해당구간 단전 시행<br>○ 전력 급전계통 집중 감시<br>○ 종합관제실 출입통제<br>○ 종합관제실 내 상황판 설치 및 작성 |
| 설비관제 | ○ 구호기관(119, 112) 지원요청<br>○ 시설처(관련팀) 상황통보 및 현장 시설물 점검 지시<br>○ 터널 내 화재 시 화재구역 제연<br>○ 홍보실 상황통보<br>○ 기계설비 시스템 집중 감시<br>○ 시설물 피해사항 파악 |
| 여객관제 | ○ 영업계획처, 전 역, Call센터 상황통보 및 고객안내 지시<br>○ 해당 열차 사상자 확인 및 승객 구호, 대피 지시<br>○ 코레일 여객상황반 상황통보 및 요청사항 현장 전달<br>○ 필요시 승차권 발매 제한, 운임반환, 지연료 지급 지시<br>○ 서울역 도심공항터미널 운영여부 관련부서 협의<br>○ 필요시 타 교통 이용안내 및 대체교통편 수배 후 역사 통보 |

# RAILWAY TRAFFIC CONTROLLER GUIDE

마. 시설장애 시나리오
　1) 본선 급전장애(I232) : 시설 및 차량장애 → 급전장애 → 시설 → 본선구간
　　① 본선 급전장애 대응절차

【사고요지】
○○~○○역 간 열차운행 중 급전장애 발생

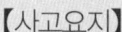

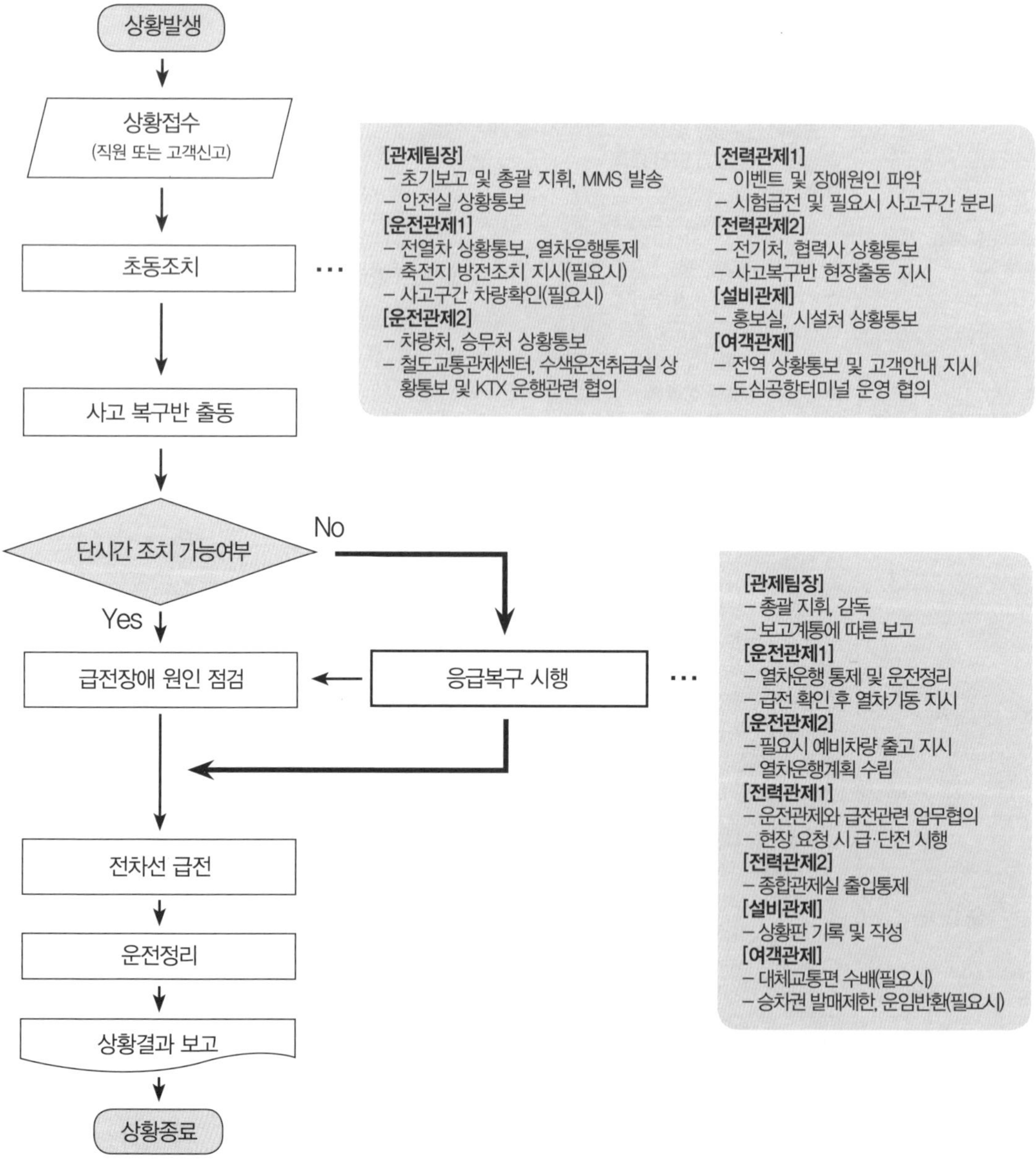

상황발생
↓
상황접수
(직원 또는 고객신고)
↓
초동조치　…
↓
사고 복구반 출동
↓
단시간 조치 가능여부 ──No──→ 응급복구 시행　…
↓Yes　　　　　　　　　　　　　↓
급전장애 원인 점검 ←──────────┘
↓
전차선 급전
↓
운전정리
↓
상황결과 보고
↓
상황종료

[관제팀장]
- 초기보고 및 총괄 지휘, MMS 발송
- 안전실 상황통보
[운전관제1]
- 전열차 상황통보, 열차운행통제
- 축전지 방전조치 지시(필요시)
- 사고구간 차량확인(필요시)
[운전관제2]
- 차량처, 승무처 상황통보
- 철도교통관제센터, 수색운전취급실 상황통보 및 KTX 운행관련 협의

[전력관제1]
- 이벤트 및 장애원인 파악
- 시험급전 및 필요시 사고구간 분리
[전력관제2]
- 전기처, 협력사 상황통보
- 사고복구반 현장출동 지시
[설비관제]
- 홍보실, 시설처 상황통보
[여객관제]
- 전역 상황통보 및 고객안내 지시
- 도심공항터미널 운영 협의

[관제팀장]
- 총괄 지휘, 감독
- 보고계통에 따른 보고
[운전관제1]
- 열차운행 통제 및 운전정리
- 급전 확인 후 열차기동 지시
[운전관제2]
- 필요시 예비차량 출고 지시
- 열차운행계획 수립
[전력관제1]
- 운전관제와 급전관련 업무협의
- 현장 요청 시 급·단전 시행
[전력관제2]
- 종합관제실 출입통제
[설비관제]
- 상황판 기록 및 작성
[여객관제]
- 대체교통편 수배(필요시)
- 승차권 발매제한, 운임반환(필요시)

　　※ I231의 경우 I232과 동일하게 대응

② 급전장애 시 역할과 책임

| 구 분 | 비상대응 임무(역할) |
|---|---|
| 팀장 | ○ 사고/이례상황 총괄 지휘, 감독<br>○ 보고계통에 따른 보고(초기, 중간, 최종) 및 안전실 상황통보<br>○ 팀장급 이상 통보(MMS) 및 필요시 전 직원 비상소집 |
| 운전관제1 | ○ 전 열차 상황통보 및 승객 안내방송 지시<br>○ 단전구간 운행열차 최근 정거장까지 타력운전 지시<br>○ 단전구간 진입 전 열차 즉시정차 지시<br>○ 정거장 정차 열차 운행대기 지시<br>○ 전 열차 정거장 정차 및 축전지 방전 방지조치 지시<br>○ 사고지점 차량상황 확인 후 전력관제 통보<br>○ 전차선로 급전 확인 후 전 열차 순차적 기동 후 발차 지시<br>○ 상황에 따른 열차 통제 및 운전정리 |
| 운전관제2 | ○ 차량처, 승무처, 철도교통관제센터, 수색 운전취급실 상황통보<br>○ KTX열차 운행관련 협의(철도교통관제센터)<br>○ 필요시 예비차량 출고 지시<br>○ 상황에 따른 열차운행계획 수립<br>○ 현장 신호/통신설비 이상유무 점검 |
| 전력관제1 | ○ 이벤트 확인 및 장애원인 파악<br>○ 재폐로 동작여부 및 결과 확인, 실패 시 순차적 원격투입 1회 실시<br>○ 급전장애 해소 불가 시 사고구간 회로 분리 후 본선 급전 시행<br>○ 본선 전차선로 급전현황 종합관제실 내 전파<br>○ 본선 단전 시 철도교통관제센터 전기운영부 상황통보<br>○ 급전장애 해소 및 복구완료 시 운전관제와 업무협의 후 본선 전차선로 해당구간 급전 시행<br>○ 전철 급전계통 집중 감시 |
| 전력관제2 | ○ 전기처(전철전력팀), 전철전력 협력사 상황통보 및 현장 출동 지시<br>○ 전기처(신호, 통신팀) 상황통보<br>○ 지락사고 시 운전관제에 사고지점 차량상황 파악 요청<br>○ 현장 전기시설물 손상 수보 시 복구 지시<br>○ 본선 전차선로 급전현황 관련부서 통보<br>○ 전력 급전계통 집중 감시<br>○ 종합관제실 출입통제 |
| 설비관제 | ○ 시설처(관련팀) 상황통보 및 현장 시설물 점검 지시<br>○ 홍보실 상황통보<br>○ 기계설비 시스템 집중 감시 |
| 여객관제 | ○ 영업계획처, 전 역, Call센터 상황통보 및 고객안내 지시<br>○ 코레일 여객상황반 상황통보 및 요청사항 현장 전달<br>○ 필요시 승차권 발매 제한, 운임반환, 지연료 지급 지시<br>○ 서울역 도심공항터미널 운영여부 관련부서 협의<br>○ 필요시 타 교통 이용안내 및 대체교통편 수배 후 역사 통보 |

2) 본선 계획정전(I532) : 시설 및 차량장애 → 기타장애 → 시설 → 본선구간
  ① 본선 계획정전 대응절차

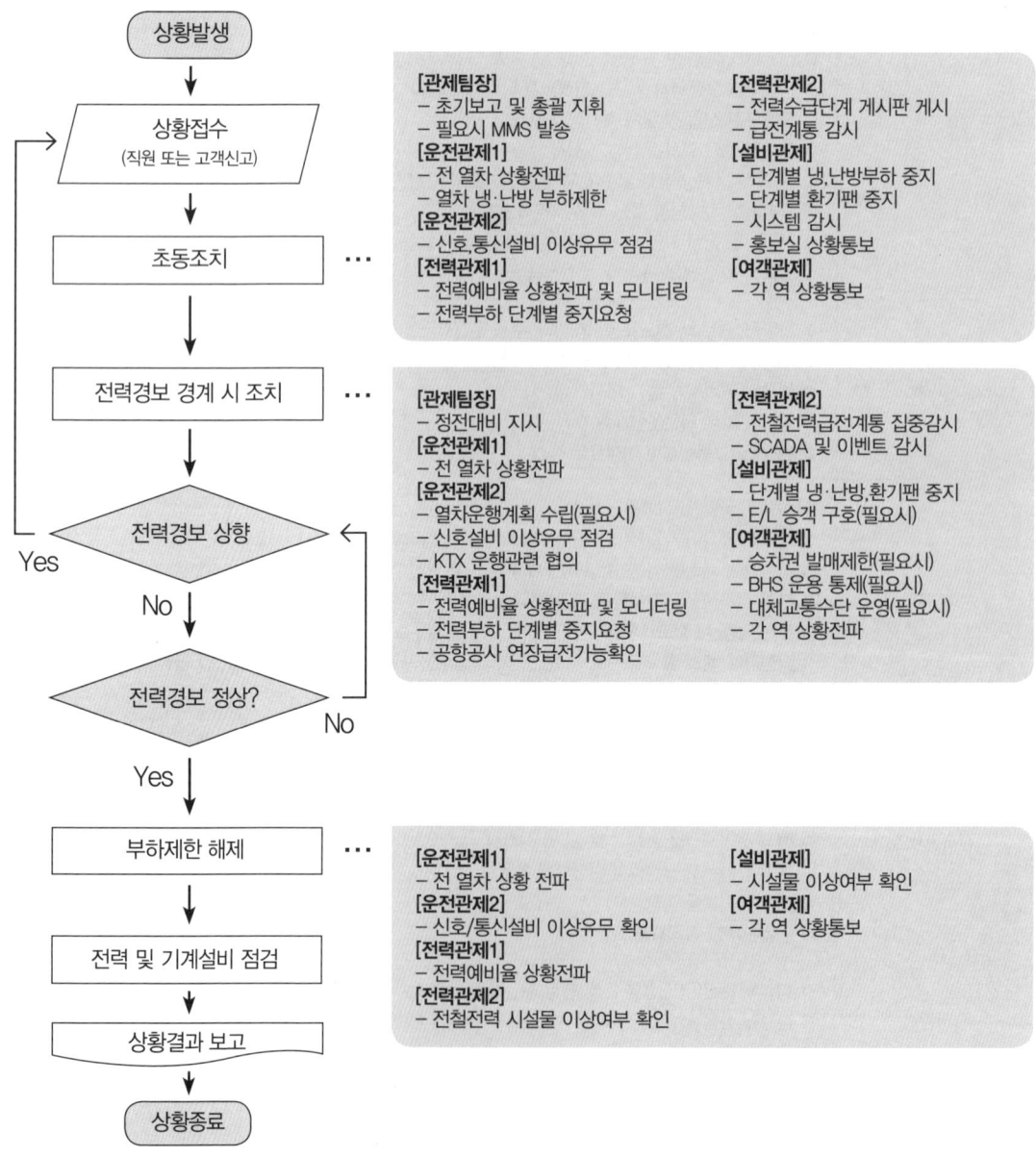

※ I531의 경우 I532와 동일하게 대응

② 본선 계획정전 시 역할과 책임

| 구 분 | 비상대응 임무(역할) |
|---|---|
| 팀 장 | ○ 사고/이례상황 총괄 지휘, 감독<br>○ 사고현장 피해상황 파악(인명, 시설물, 차량)<br>○ 상황보고서 작성 및 전화수보<br>○ 전력수급 단계 임직원 상황전파(MMS, 주의단계 이상) |
| 운전관제1 | ○ 전 열차 전력수급 단계 상황전파 및 승객 안내방송 지시<br>○ 정전 발생 시 최근 역까지 타력운전 지시<br>○ 복구 상황에 따른 열차운행 조정 및 관리<br>○ 정거장 정차 열차 운행대기 지시(정전 시)<br>○ 전 열차 정거장 정차 후 축전지 방전 방지 조치 지시(정전 시)<br>○ 전차선로 급전 확인 후 전 열차 순차적 기동 후 발차 지시(정전 시)<br>○ 상황에 따른 열차 통제 및 운전정리 |
| 운전관제2 | ○ 관련부서(차량처, 승무처) 상황통보<br>○ 철도교통관제센터, 수색 운전취급실 상황통보<br>○ KTX열차 운행관련 협의(철도교통관제센터)<br>○ 상황에 따른 열차운행계획 수립<br>○ 현장 신호/통신설비 이상유무 점검 |
| 전력관제1 | ○ 전력수급 단계 수부 및 종합관제실 상황전파<br>○ 전력예비율 모니터링 시행 및 보고<br>○ 복구 시 관련시설 기능점검 지시<br>○ 송변전 협력사 전철변전소 비상대기 지시<br>○ 전철전력 급전계통 집중 감시<br>○ 코레일/인천공항공사에 연장급전 가능여부 확인 |
| 전력관제2 | ○ 전력수급단계 사내 업무포털 게시<br>○ 관련부서(신호, 통신팀) 상황통보<br>○ SCADA 및 이벤트 감시 철저<br>○ 전철전력 급전계통 집중 감시<br>○ 종합관제실 출입통제 |
| 설비관제 | ○ 시설처(관련팀) 상황통보 및 현장 시설물 점검 지시<br>○ 전력예비율 단계별 냉·난방 및 환기설비 가동중지<br>○ 홍보실 상황통보<br>○ 기계설비 시스템 집중 감시<br>○ 상황판 기록<br>○ 복구 시 관련시설 기능점검 지시 |
| 여객관제 | ○ 각 역 전력수급 단계 상황전파<br>○ 고객안내, 승차권 발매, 승차권 반환 등에 관한 사항 지시(필요시)<br>○ BHS 운영통제(필요시)<br>○ 대체교통수단 운영(필요시) |

③ 전력수급 단계별 위기대응 조치사항

| 구분 | 시행주체 | 조치내용 |
|---|---|---|
| 정상 단계 | | 한국전력공사 제한절전 요청 시 |
| | 전기처 | ○ 접수 및 상황전파(종합관제실) |
| | 종합관제실 | ○ 접수 및 전력요율(예보) 모니터링 |
| 관심 단계<br>(Blue)<br>예비력 400만KW 이하 | 종합관제실 | ○ 관심단계 도달 시 임직원 상황전파(사내 업무포털 게시)<br>○ 전력요율(예보) 모니터링<br>○ 터널 환기팬 가동중지 |
| 주의 단계<br>(Yellow)<br>예비력 300만KW 이하 | 종합관제실 | ○ 주의단계 도달 시 임직원 상황전파(MMS, TRS 등)<br> - 통상근무 시 : 사내 업무포털 게시<br> - 휴일,야간 시 : 관련부서장, 전기처 MMS 발송<br>○ 전력요율(예보) 모니터링 지속<br>○ SCADA 및 이벤트 감시철저<br><br>○ 역사 냉·난방설비, 환기설비 가동중지(100%)<br> ☞ 제연관련설비 제외<br>○ 전 열차 냉·난방 절전가동 지시(50%)<br>○ 서울역 및 인천국제공항역 BHS 정전가능 통보 |
| | 전기처 | ○ 비상대기 시행<br> - 계양변전소 1명, 기지변전소 1명, DMC역 전기실 2명 |
| | 역 | ○ 상황접수 및 전파(고객 안내방송 시행)<br>○ 역사 내 임대매장 및 BHS실 정전대비 상황통보<br><br>○ 전 역사 조명절전(50%)<br>○ 역사 엘리베이터, 에스컬레이터 가동중지(50%)<br> - 전력위기상황 게시물 부착 : 조명·승강기 일부정지 |
| | 시설처 | ○ 전 역사 등 시설물 순회점검 |
| | 승무처<br>(기관사) | ○ 전 열차 냉·난방 절전가동(50%)<br>○ 냉·난방 절전가동에 따른 안내방송 시행 |
| | 본사 및 기지 | ○ 사무실 등 냉·난방 절전가동(50%)<br>○ 개별 전열기 등 사용중지 |
| 경계<br>(Orange)<br>예비력 200만KW 이하 | 종합관제실 | ○ 경계단계 도달 시 임직원 상황전파<br> - 통상근무 시 : 임원, 실·처장, 전기처 MMS 발송<br> - 휴일,야간 시 : 사장 및 임원, 실·처장, 전기처 MMS 발송<br> - 이례상황 대비 협조<br>○ 전력요율(예보) 모니터링 지속<br><br>○ 열차중지발생 예상에 따른 대체교통수단을 활용한 여객수송 대비 지시<br> (영업계획처)<br>○ 전 역사 전체 기계설비 가동중지<br> ☞ 본선배수펌프, 제연관련 설비, PSD, BHS 설비 제외<br>○ 서울역 및 인천국제공항역 BHS 정전대비 지시<br> - 공덕역/공항공사에서 연장급전 가능여부 확인<br> - 연장급전 불가시 BHS 가동중지 지시 |

| 구 분 | 시행주체 | 조치내용 |
|---|---|---|
| 경계<br>(Orange)<br>예비력 200만KW 이하 | 전기처 | ○ 비상대기 시행<br>- 계양변전소 1명, 기지변전소 1명, DMC역 전기실 2명 |
| | 영업계획처 | ○ 열차중지 시 여객수송방안 대비 |
| | 역 | ○ 상황접수 및 전파(고객 안내방송 강화)<br>○ 역사 엘리베이터, 에스컬레이터 가동중지(100%)<br>○ 엘리베이터, 에스컬레이터 고객 갇힘 및 전도여부 확인 및 시설처 신고<br>○ 종합관제실 지시에 의거 BHS 설비 운용 |
| | 시설처 | ○ 전 역사 등 시설물 순회점검 |
| | 승무처<br>(기관사) | ○ 전 열차 냉·난방 절전가동상태 유지(50%)<br>○ 냉·난방 절전가동에 따른 안내방송 시행 |
| | 본사 및 기지 | ○ 사무실 냉·난방 가동중지(100%)<br>○ 사무공간(복도 등 포함) 조명절전(50%)<br>○ 엘리베이터 운행중지(100%) |
| 심각<br>(Red)<br>예비력 100만KW 이하 | 종합관제실 | ○ 심각단계 도달 시 임직원 상황전파(MMS, TRS 등)<br>- 이례상황 대비 협조<br>○ 전 열차 냉·난방 가동중지 지시(100%)<br><br>[정전 발생 시]<br>- 단기간 정전 시 차내 승객대기 지시<br>- 장기간 정전 시 승객대피(열차, 역사) 지시<br>- 열차운행 시격 조정 및 주의 통보<br>- 타 교통수단 이용안내 및 운임반환 지시 |
| | 전기처 | ○ 비상대기 시행<br>- 계양변전소 1명, 기지변전소 1명, DMC역 전기실 2명 |
| | 영업계획처 | [정전 발생 시]<br>- 열차운행 중단에 따른 대체교통수단 투입 |
| | 역 | ○ 상황접수 및 전파(고객 안내방송 강화)<br><br>[정전 발생 시]<br>- 타 교통수단 이용안내 및 운임반환 시행<br>- 단·장시간 정전에 따른 고객안내 강화<br>- 엘리베이터, 에스컬레이터 고객 갇힘 및 전도여부 확인 및 시설처 신고<br>- 종합관제실 지시에 의거 BHS 설비 운용 |
| | 시설처 | ○ 전 역사 등 시설물 순회점검<br>- 엘리베이터 내 고객 갇힘 시 구조활동 시행 |
| | 승무처<br>(기관사) | ○ 전 열차 냉·난방 가동중지(100%)<br>○ 냉·난방 가동중지에 따른 안내방송 시행<br><br>[정전 발생 시]<br>- 단·장기 정전에 따른 고객안내<br>· 단기간 정전 시 차내 대기<br>· 장기간 정전 시 승객대피 지원 |

3) 본선 선로절손(I312) : 시설 및 차량장애 → 선로장애 → 선로 → 본선구간
   ① 본선 선로절손 대응절차

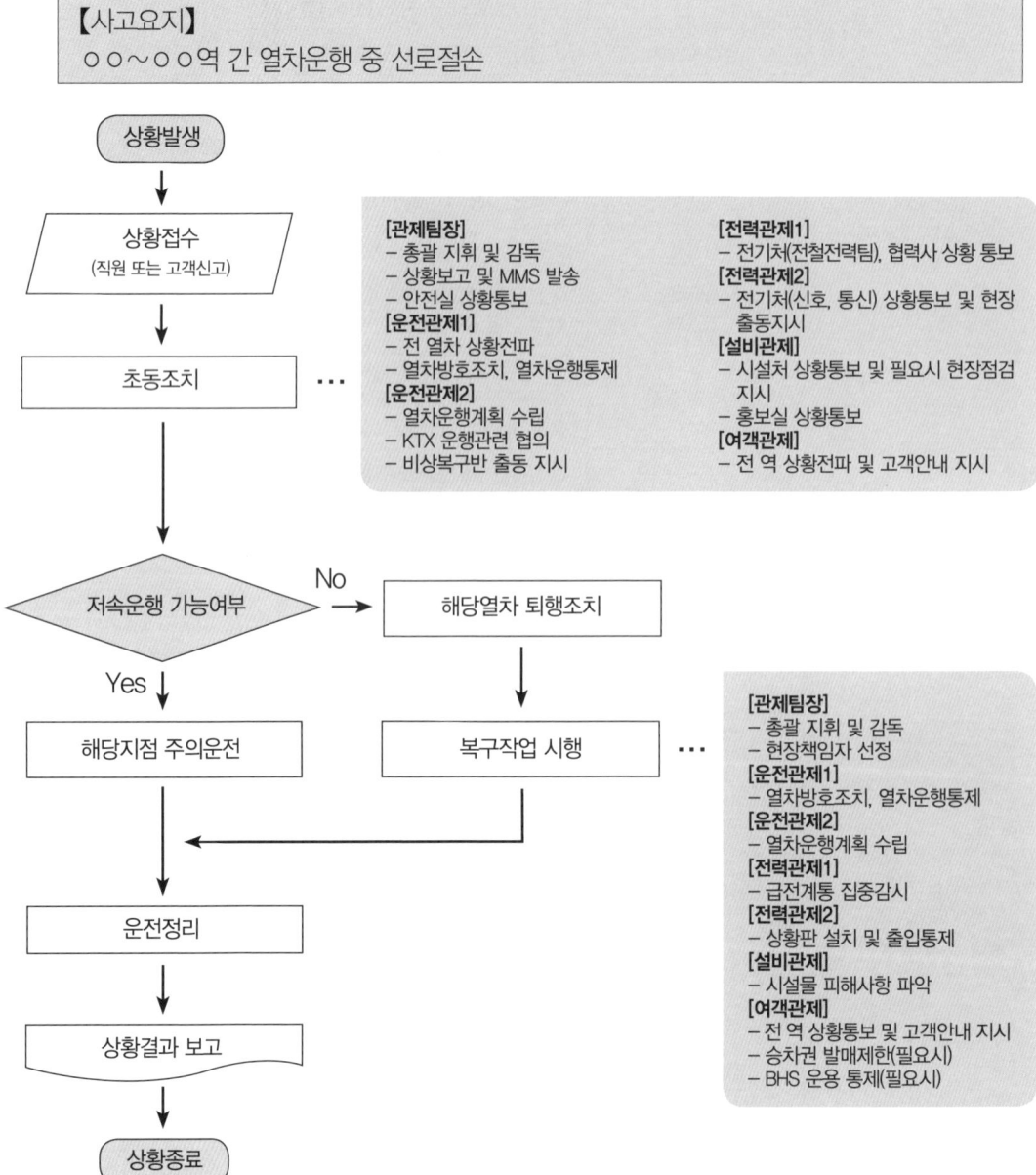

※ I311, I321, I322의 경우 I312와 동일하게 대응

② 본선 선로절손(I312) 시 역할과 책임

| 구 분 | 비상대응 임무(역할) |
|---|---|
| 팀 장 | ○ 사고/이례상황 총괄 지휘, 감독<br>○ 보고계통에 따른 보고(초기, 중간, 최종) 및 안전실 상황통보<br>○ 팀장급 이상 통보(MMS) 및 필요시 전 직원 비상소집 |
| 운전관제1 | ○ 상황접수(위치, 상태, 운행가능여부 등)<br>○ 후속열차 즉시 또는 정거장 정차 지시<br>○ 기관사 열차 내 안내방송 지시<br>○ 전 열차 상황통보 및 인접선 열차 주의운전 지시<br>○ 열차 통제 및 운전정리 |
| 운전관제2 | ○ 승무처 상황통보 및 비상복구반 출동 지시<br>○ 임시열차 운행을 위한 차량처 통보(필요시)<br>○ 철도교통관제센터, 수색 운전취급실 상황통보(필요시)<br>○ KTX열차 운행관련 협의(철도교통관제센터)<br>○ 상황에 따른 열차운행계획 수립<br>○ 운전관제1 운전정리 지원<br>○ 현장 신호/통신설비 이상유무 점검 |
| 전력관제1 | ○ 변전소 및 구분소 급전상태 이상여부 확인<br>○ 선기처(전철전력팀), 전철전력 협력사 상황통보<br>○ 필요시 전철전력 급전계통 변경 및 단전 요청 시 해당구간 단전 시행<br>○ 본선 단전 시 철도교통관제센터 전기운영부 상황통보<br>○ 전철 급전계통 집중 감시<br>○ 현장 전기시설물 손상 수보 시 복구 지시 |
| 전력관제2 | ○ 전기실 급전상태 이상여부 확인<br>○ 전기처(신호, 통신팀) 상황통보 및 현장 출동 지시<br>○ 필요시 전철전력 급전계통 변경 및 단전 요청 시 해당구간 단전 시행<br>○ 전력 급전계통 집중 감시<br>○ 종합관제실 출입통제<br>○ 종합관제실 내 상황판 설치 및 작성 |
| 설비관제 | ○ 시설처(관련팀) 상황통보 및 현장 시설물 점검 지시<br>○ 홍보실 상황통보<br>○ 기계설비 시스템 집중 감시<br>○ 시설물 피해사항 파악 |
| 여객관제 | ○ 영업계획처, 전 역, Call센터 상황통보 및 고객안내 지시<br>○ 코레일 여객상황반 상황통보 및 요청사항 현장 전달<br>○ 필요시 승차권 발매 제한, 운임반환, 지연료 지급 지시<br>○ 서울역 도심공항터미널 운영여부 관련부서 협의<br>○ 필요시 타 교통 이용안내 및 대체교통편 수배 후 역사 통보 |

4) 본선 신호고장(I412) : 시설 및 차량장애 → 신호장애 → 신호 → 본선구간
  ① 본선 신호고장 대응절차

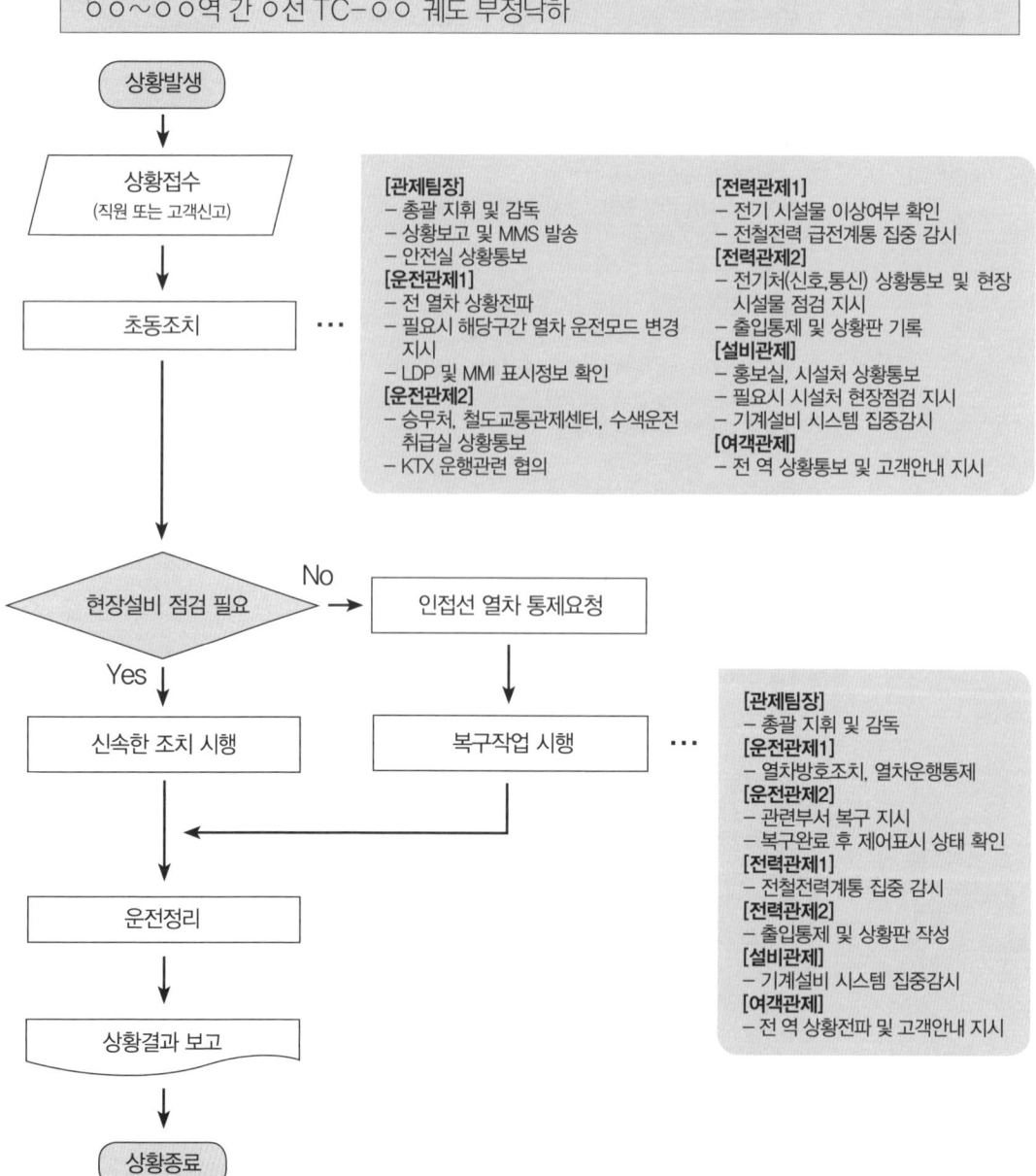

※ I411의 경우 I412와 동일하게 대응

② 본선 신호고장(I412) 시 역할과 책임

| 구 분 | 비상대응 임무(역할) |
|---|---|
| 팀 장 | ○ 사고 / 이례상황 총괄 지휘, 감독<br>○ 보고계통에 따른 보고(초기, 중간, 최종) 및 안전실 상황통보 |
| 운전관제1 | ○ 상황접수 및 파악<br>○ 전 열차 상황통보 및 열차 지연 시 객실 안내방송 지시<br>○ 신호제어장치/대형표시반 표시정보 확인<br>○ 해당구간 운행열차 지령식 운행 지시<br>  – 첫 열차 25/km 이하의 속도로 주의 운전<br>  – 후속열차 60km/h 이하의 속도로 지령식 운행<br>○ 필요시 인접선 열차 통제<br>○ 열차 통제 및 운전정리 |
| 유전관제2 | ○ 전기처 및 승무처 상황통보 및 현장 시설물 점검 지시<br>○ 철도교통관제센터, 수색 운전취급실 상황통보<br>○ KTX열차 운행관련 협의(철도교통관제센터)<br>○ 복구완료 후 CATS 와 LATS 간 제어표시 정보상태 확인<br>○ 상황에 따른 열차운행계획 수립 |
| 전력관제1 | ○ 변전소 및 구분소 시설물 이상여부 확인<br>○ 전철 급전계통 집중 감시 |
| 전력관제2 | ○ 전기실 시설물 이상여부 확인<br>○ 전력 급전계통 집중 감시<br>○ 종합관제실 출입통제<br>○ 종합관제실 내 상황판 설치 및 작성 |
| 설비관제 | ○ 홍보실 상황통보<br>○ 기계설비 시스템 집중 감시 |
| 여객관제 | ○ 영업계획처, 전 역, Call센터 상황통보 및 고객안내 지시<br>○ 코레일 여객상황반 상황통보 및 요청사항 현장 전달<br>○ 서울역 도심공항터미널 운영여부 관련부서 협의 |

5) 본선 신호기고장(I422) : 시설 및 차량장애 → 신호장애 → 신호 → 본선구간
  ① 본선 신호기고장 대응절차

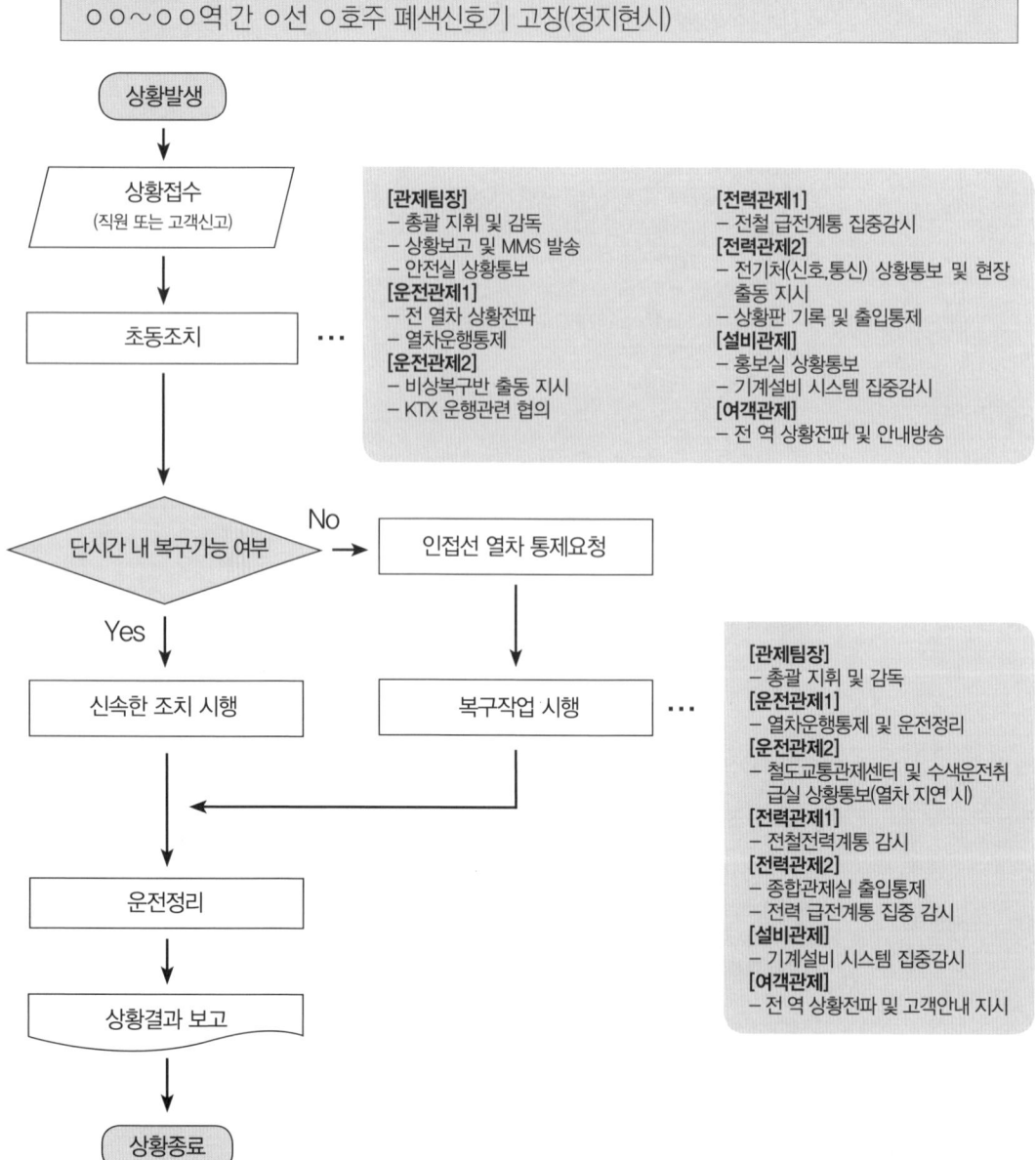

※ I421의 경우 I422와 동일하게 대응

② 본선 신호기고장(I422) 시 역할과 책임

| 구 분 | 비상대응 임무(역할) |
|---|---|
| 팀 장 | ○ 사고 / 이례상황 총괄 지휘, 감독<br>○ 보고계통에 따른 보고(초기, 중간, 최종) 및 안전실 상황통보 |
| 운전관제1 | ○ 상황접수 및 파악<br>○ 관련 열차 상황통보<br>○ 해당구간 KTX열차 지령식 운행 지시<br>○ 해당 열차 지연 시 객실 내 안내방송 지시<br>○ 신호제어장치/대형표시반 상 신호기 표시정보 확인<br>○ 신호제어장치 상 열차 위치 확인<br>○ 열차 통제 및 운전정리 |
| 운전관제2 | ○ MMI 알람내역 확인<br>○ 전기처 및 승무처 상황통보 및 현장 시설물 점검 지시<br>○ 상황에 따른 열차운행계획 수립<br>○ 철도교통관제센터, 수색 운전취급실 상황통보<br>○ KTX열차 운행관련 협의(철도교통관제센터) |
| 전력관제1 | ○ 변전소 및 구분소 시설물 이상여부 확인<br>○ 전철 급전계통 집중 감시 |
| 전력관제2 | ○ 전기실 시설물 이상여부 확인<br>○ 전력 급전계통 집중 감시<br>○ 종합관제실 출입통제<br>○ 종합관제실 내 상황판 설치 및 작성 |
| 설비관제 | ○ 홍보실 상황통보<br>○ 기계설비 시스템 집중 감시 |
| 여객관제 | ○ 영업계획처, 해당 역사, Call센터 상황통보 및 고객안내 지시<br>○ 필요시 코레일 여객상황반 상황통보 및 요청사항 현장 전달<br>○ 필요시 승차권 발매 제한, 운임반환, 지연료 지급 지시 |

6) 본선 차량고장(I112) : 시설 및 차량장애 → 차량고장 → 차량 → 본선구간
  ① 본선 차량(전동차)고장 대응절차

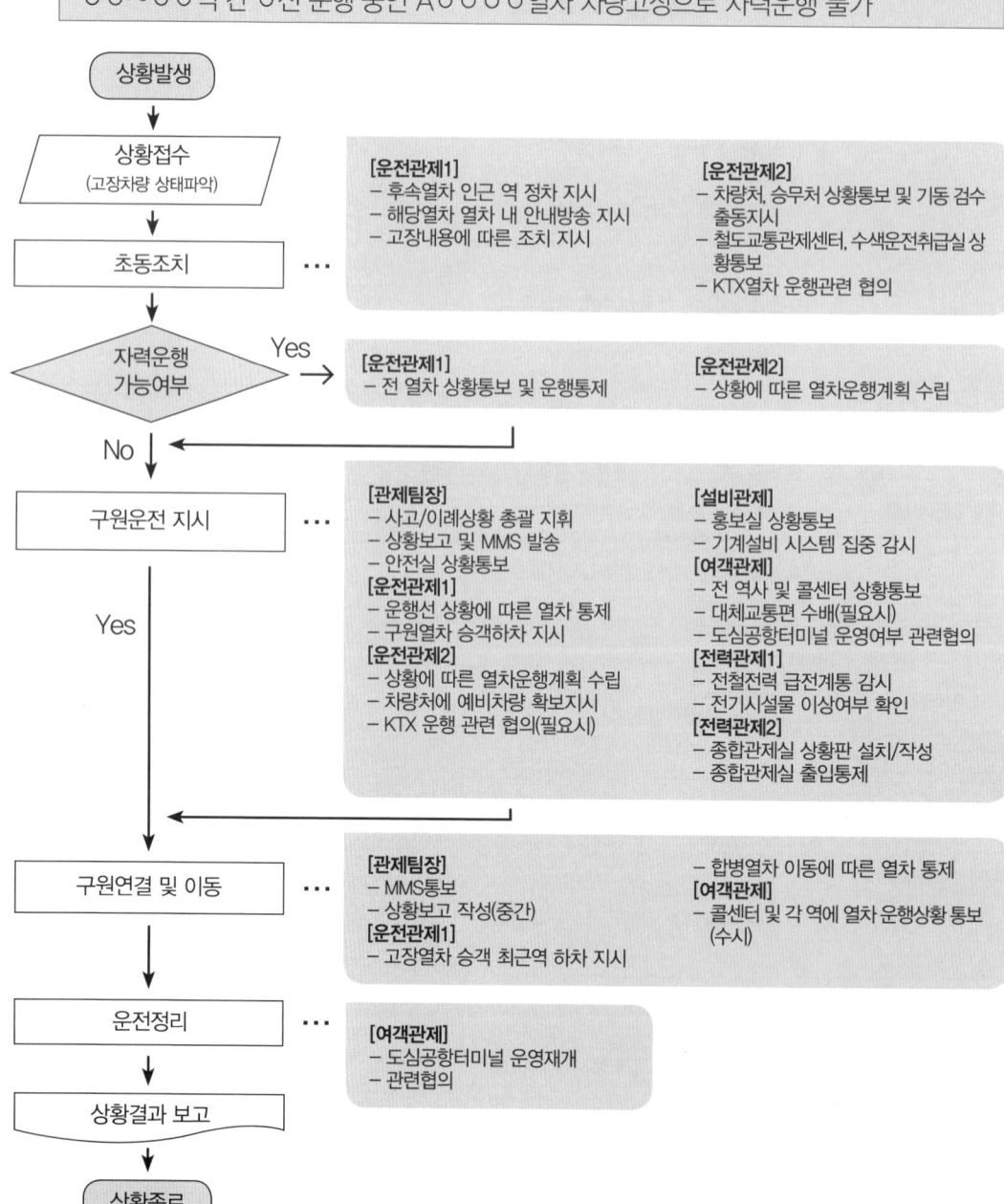

※ I111의 경우 I112와 동일하게 대응

② 본선 차량(전동차)고장(I112) 시 역할과 책임

| 구 분 | 비상대응 임무(역할) |
|---|---|
| 관제팀장 | ○ 사고/이례상황 총괄 지휘, 감독<br>○ 보고계통에 따른 보고(초기, 중간, 최종) 및 안전실 상황통보<br>○ 팀장급 이상 통보(MMS) 및 필요시 전 직원 비상소집 |
| 운전관제1 | ○ 상황접수(위치, 고장차량 상태파악 등)<br>○ 후속열차 인근 역 정차 지시<br>○ 전 열차 상황통보 및 인접선 운행 시 주의운전 지시<br>○ 고장내용에 따른 조치 지시<br>○ 구원열차 최근 역까지 운행 후 승객하차 및 안내방송 지시<br>○ 열차운행 통제 및 운전정리 |
| 운전관제2 | ○ 차량처, 승무처 상황통보 및 기동검수 출동 지시<br>○ 철도교통관제센터, 수색 운전취급실 상황통보<br>○ KTX열차 운행관련 협의(철도교통관제센터)<br>○ 상황에 따른 열차운행계획 수립<br>○ 운전관제1 운전정리 지원 및 복구진행사항 파악 |
| 전력관제1 | ○ 변전소 및 구분소 시설물 이상여부 확인<br>○ 전철 급전계통 집중 감시 |
| 전력관제2 | ○ 전기실 시설물 이상여부 확인<br>○ 전력 급전계통 집중 감시<br>○ 종합관제실 출입통제<br>○ 종합관제실 내 상황판 설치 및 작성 |
| 설비관제 | ○ 홍보실 상황통보<br>○ 기계설비 시스템 집중 감시<br>○ 시설물 피해사항 파악 |
| 여객관제 | ○ 영업계획처, 전 역, Call센터 상황통보 및 고객안내 지시<br>○ 코레일 여객상황반 상황통보 및 요청사항 현장 전달<br>○ 필요시 승차권 발매 제한, 운임반환, 지연료 지급 지시<br>○ 서울역 도심공항터미널 운영여부 관련부서 협의<br>○ 필요시 타 교통 이용안내 및 대체교통편 수배 후 역사 통보 |

7) 본선 차량고장(I122) : 시설 및 차량장애 → 차량고장 → 차량 → 본선구간
   ① 본선 차량(고속열차) 고장 대응절차

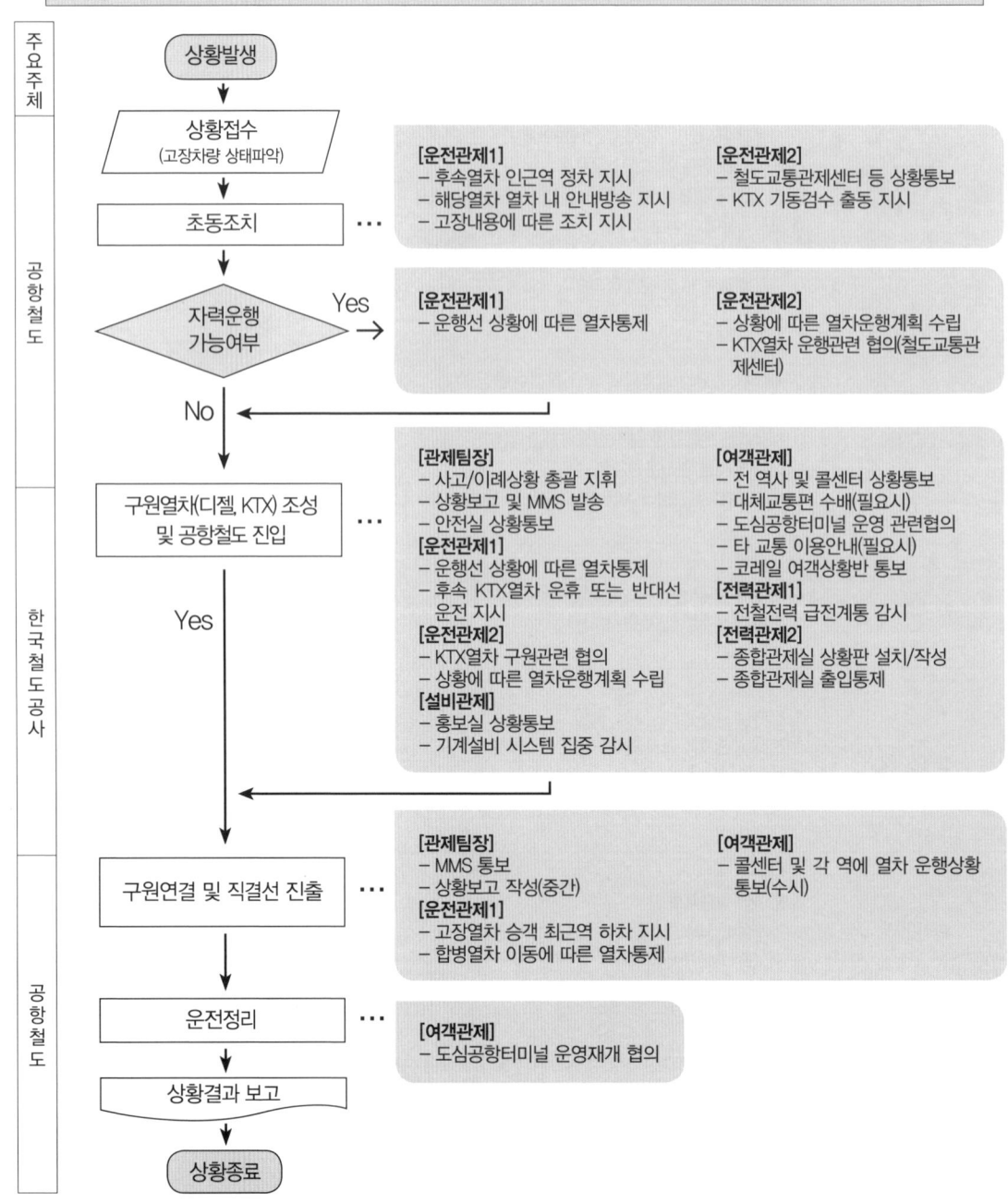

※ I121의 경우 I122와 동일하게 대응

② 본선 차량(고속열차)고장(I122) 시 역할과 책임

| 구분 | 비상대응 임무(역할) |
|---|---|
| 관제팀장 | ○ 사고/이례상황 총괄 지휘, 감독<br>○ 보고계통에 따른 보고(초기, 중간, 최종) 및 안전실 상황통보<br>○ 팀장급 이상 통보(MMS) 및 필요시 전 직원 비상소집 |
| 운전관제1 | ○ 상황접수(위치, 고장차량 상태파악 등)<br>○ 후속열차 인근 역 정차 지시<br>○ KTX열차 내 안내방송 지시<br>○ 전 열차 상황통보 및 인접선 운행 시 주의운전 지시<br>○ 고장내용에 따른 조치 지시<br>○ 열차운행 통제 및 운전정리 |
| 운전관제2 | ○ 승무처, KTX 기동검수 상황통보 및 출동 지시<br>○ 철도교통관제센터, 수색운전취급실 상황통보<br>○ KTX열차 구원운전 관련 협의(철도교통관제센터)<br>○ 상황에 따른 열차운행계획 수립<br>○ 운전관제1 운전정리 지원 |
| 전력관제1 | ○ 변전소 및 구분소 시설물 이상여부 확인<br>○ 전철 급전계통 집중 감시 |
| 전력관제2 | ○ 전기실 시설물 이상여부 확인<br>○ 전력 급전계통 집중 감시<br>○ 종합관제실 출입통제<br>○ 종합관제실 내 상황판 설치 및 작성 |
| 설비관제 | ○ 홍보실 상황통보<br>○ 기계설비 시스템 집중 감시<br>○ 시설물 피해사항 파악 |
| 여객관제 | ○ 영업계획처, 전 역, Call센터 상황통보 및 고객안내 지시<br>○ 코레일 여객상황반 상황통보 및 요청사항 현장 전달<br>○ 필요시 승차권 발매 제한, 운임반환, 지연료 지급 지시<br>○ 서울역 도심공항터미널 운영여부 관련부서 협의<br>○ 필요시 타 교통 이용안내 및 대체교통편 수배 후 역사 통보 |

바. 테러 시나리오
1) 역구내 폭발물 테러(T131) : 테러 → 폭발물 테러 → 시설 → 역 내
① 역구내 폭발물 테러 대응절차

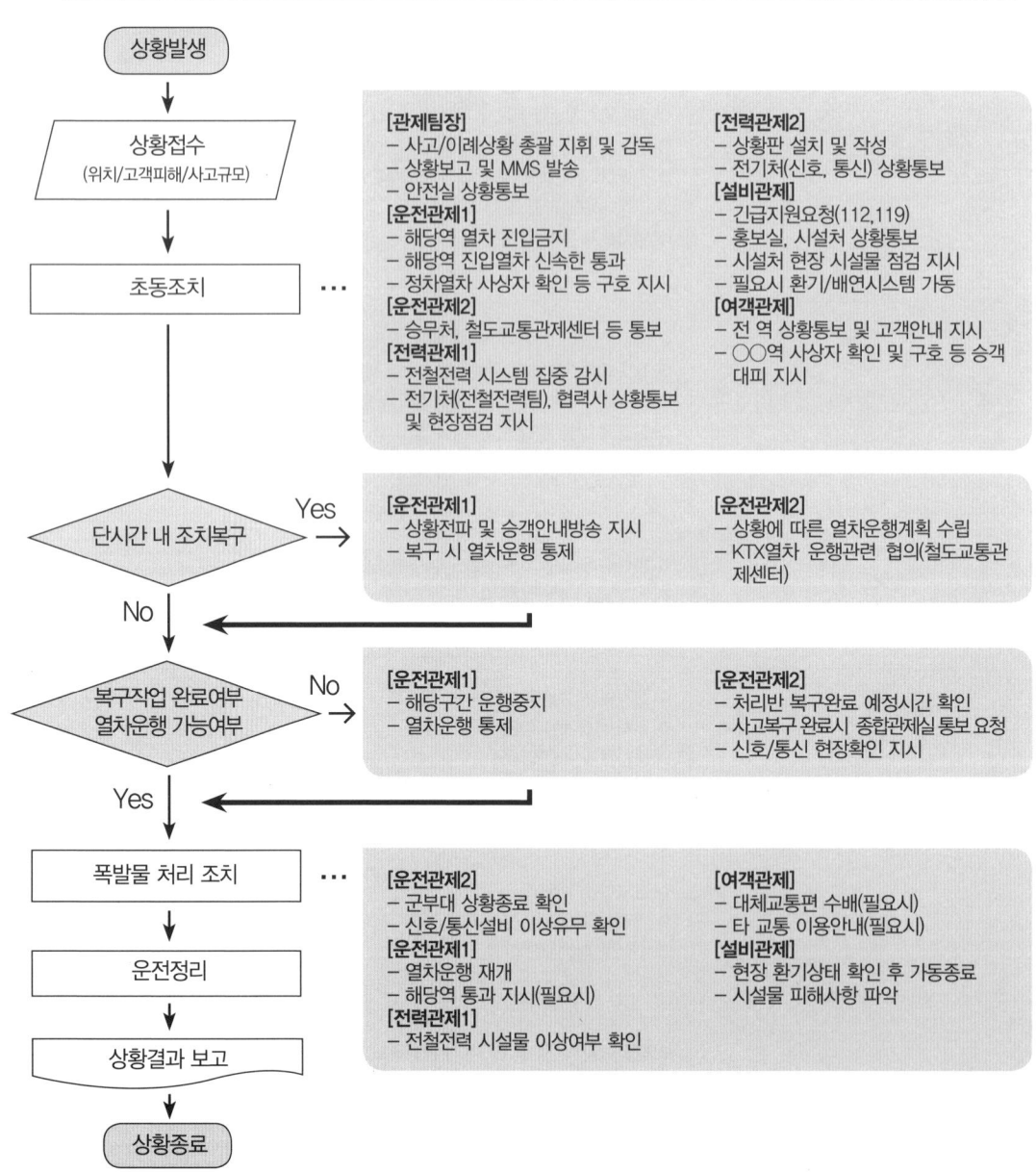

※ T111, T112, T121, T122, T132의 경우 T131과 동일하게 대응

② 역구내 폭발물테러(T131) 시 역할과 책임

| 구분 | 비상대응 임무(역할) |
|---|---|
| 관제팀장 | ○ 사고/이례상황 총괄 지휘, 감독<br>○ 보고계통에 따른 보고(초기, 중간, 최종) 및 안전실 상황통보<br>○ 팀장급 이상 통보(MMS) 및 필요시 전 직원 비상소집<br>○ 국정원, 국토부, 군부대 상황통보(평일 : 국정원, 국토부는 안전실에서 통보) |
| 운전관제1 | ○ 상황접수(위치, 사고규모, 승객피해, 인접선 지장여부 등)<br>○ 관계열차 역 통과 또는 비상정차 지시<br>○ 열차방호 및 궤도단락 조치 지시(필요시)<br>○ 해당구간 단전 요청(필요시)<br>○ 전 열차 상황통보 및 안내방송 지시<br>○ 상황에 따른 열차운전정리 시행 |
| 운전관제2 | ○ 차량처, 승무처 상황통보 및 복구반 출동 지시<br>○ 철도교통관제센터, 수색운전취급실, 유관기관 상황통보<br>○ 철도교통관제센터와 KTX열차 운행관련 협의<br>○ 상황에 따른 열차운행계획 수립<br>○ 사고복구 완료 후 현장시설물 확인 및 필요시 기능점검 지시<br>○ 해당 역 CCTV 모니터링<br>○ 운전관제1 운전정리 지원 및 사고복구 진행사항 확인<br>○ 필요시 해당구간 인력통제 지시 |
| 전력관제1 | ○ 변전소 및 구분소 급전상태 이상여부 확인<br>○ 전기처(전철전력팀), 전철전력 협력사 상황통보 및 현장 출동 지시<br>○ 필요시 전철전력 급전계통 변경 및 단전 요청 시 해당구간 단전 시행<br>○ 본선 단전 시 철도교통관제센터 전기운영부 상황통보<br>○ 전철 급전계통 집중 감시<br>○ 현장 전기시설물 손상 수보 시 복구 지시 |
| 전력관제2 | ○ 전기실 급전상태 이상여부 확인<br>○ 전기처(신호, 통신팀) 상황통보 및 현장 출동 지시<br>○ 필요시 전철전력 급전계통 변경 및 단전 요청 시 해당구간 단전 시행<br>○ 전력 급전계통 집중 감시<br>○ 종합관제실 출입통제<br>○ 종합관제실 내 상황판 설치 및 작성 |
| 설비관제 | ○ 구호기관(119, 112) 지원요청<br>○ 시설처(관련팀) 상황통보 및 현장시설물 점검 지시<br>○ 필요시 환기/배연시스템 가동<br>○ 홍보실 상황통보<br>○ 기계설비 시스템 집중 감시<br>○ 시설물 피해사항 파악 |
| 여객관제 | ○ 영업계획처, 전 역, Call센터 상황통보 및 고객안내 지시<br>○ 해당 역 사상자 구호 등 승객 대피 지시<br>○ 코레일 여객상황반 상황통보 및 요청사항 현장 전달<br>○ 필요시 승차권 발매 제한, 운임반환, 지연료 지급 지시<br>○ 서울역 도심공항터미널 운영여부 관련부서 협의<br>○ 필요시 타 교통 이용안내 및 대체교통편 수배 후 역사 통보 |

2) 역구내 독가스 테러(T231) : 테러 → 독가스 → 시설 → 역 내
  ① 역구내 독가스 테러 대응절차

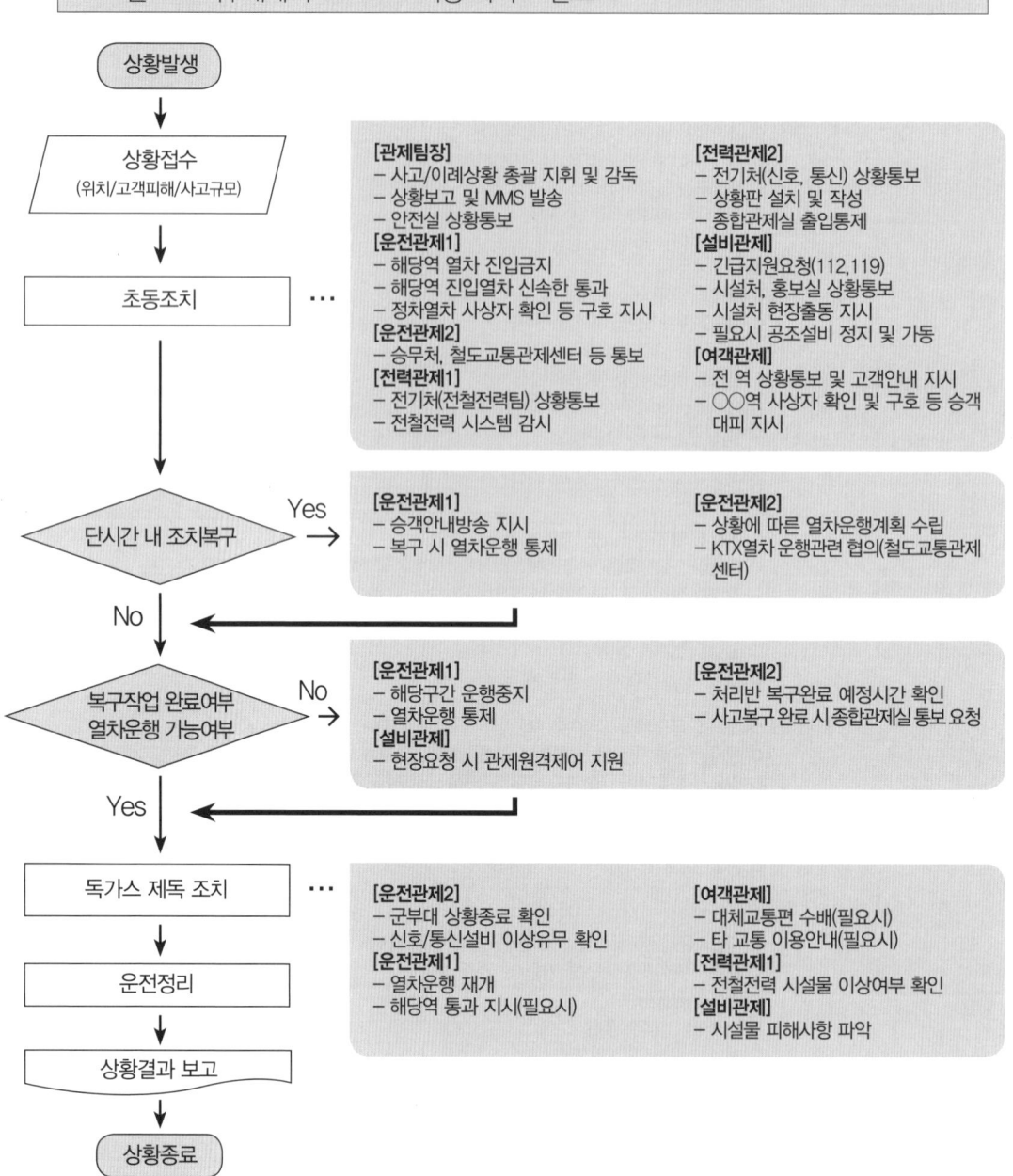

※ T211, T212, T232, T221, T222의 경우 T231과 동일하게 대응

## ② 역구내 독가스 테러(T231) 시 역할과 책임

| 구분 | 비상대응 임무(역할) |
|---|---|
| 관제팀장 | ○ 사고/이례상황 총괄 지휘, 감독<br>○ 보고계통에 따른 보고(초기, 중간, 최종) 및 안전실 상황통보<br>○ 팀장급 이상 통보(MMS) 및 필요시 전 직원 비상소집<br>○ 국정원, 국토부, 경찰서, 군부대 상황통보<br>　- 군부대, 경찰서 통보 시 파악된 유독물질 정보 통보(평일 : 국정원, 국토부는 안전실에서 통보) |
| 운전관제1 | ○ 상황접수(위치, 유독물질 정보, 사고규모, 승객피해 등)<br>○ 전 열차 상황통보(유독물질 정보 포함)<br>○ 관계열차 역통과 또는 비상정차 지시<br>○ 상황에 따른 열차운전정리 시행 |
| 운전관제2 | ○ 차량처, 승무처 상황통보(유독물질 정보 포함)<br>○ 철도교통관제센터, 수색운전취급실, 유관기관 상황통보(유독물질 정보 포함)<br>○ 철도교통관제센터와 KTX열차 운행관련 협의<br>○ 상황에 따른 열차운행계획 수립<br>○ 해당 역 CCTV 모니터링<br>○ 운전관제1 운전정리 지원<br>○ 필요시 해당구간 인력통제 지시<br>○ 사고복구 완료 후 현장시설물 확인 및 필요시 기능점검 지시 |
| 전력관제1 | ○ 전기처(전철전력팀), 전철전력 협력사 상황통보(유독물질 정보 포함)<br>○ 전철 급전계통 집중 감시<br>○ 현장 전기시설물 손상 수보 시 복구 지시(유독물질 제거 완료 확인시) |
| 전력관제2 | ○ 전기처(신호, 통신팀) 상황통보(유독물질 정보 포함)<br>○ 현장시설물 점검 지시(유독물질 제거 완료 확인 시)<br>○ 전력 급전계통 집중 감시<br>○ 종합관제실 출입통제<br>○ 종합관제실 내 상황판 설치 및 작성 |
| 설비관제 | ○ 구호기관(119, 112) 지원요청(유독물질 정보 통보)<br>○ 시설처(관련팀) 상황통보 및 현장시설물 점검 지시<br>○ 현장시설물 점검 지시(유독물질 제거 완료 확인 시)<br>○ 홍보실 상황통보<br>○ 필요시 공조설비 정지 및 가동<br>○ 기계설비 시스템 집중 감시<br>○ 시설물 피해사항 파악 |
| 여객관제 | ○ 영업계획처, 전 역, Call센터 상황통보 및 고객안내 지시(유독물질 정보 포함)<br>○ 해당 역 출입자통제 및 고객대피, 구호 지시<br>○ 코레일 여객상황반 상황통보 및 요청사항 현장 전달<br>○ 필요시 승차권 발매 제한, 운임반환, 지연료 지급 지시<br>○ 서울역 도심공항터미널 운영여부 관련부서 협의<br>○ 필요시 타 교통 이용안내 및 대체교통편 수배 후 역사 통보 |

사. 사상(인명)사고 시나리오
  1) 본선 공중사상사고(P112) : 사상(인명)사고 → 공중사상사고 → 사상 → 본선
   ① 본선 공중사상사고 대응절차

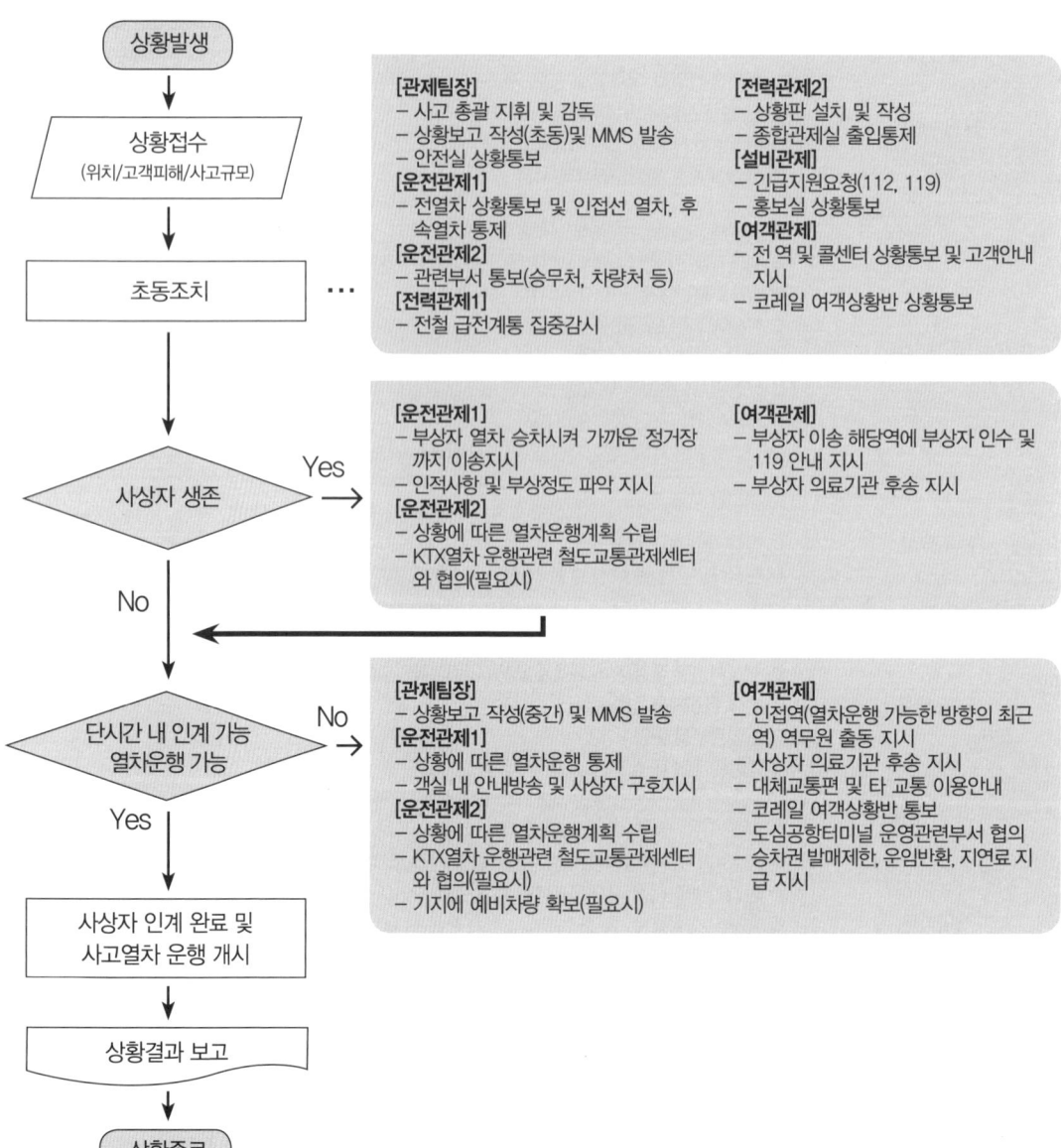

※ P312, P122, P322의 경우 P112와 동일하게 대응

② 본선 공중사상사고(P112) 시 역할과 책임

| 구분 | 비상대응 임무(역할) |
|---|---|
| 관제팀장 | ○ 사고/이례상황 총괄 지휘, 감독<br>○ 보고계통에 따른 보고(초기, 중간, 최종) 및 안전실 상황통보<br>○ 팀장급 이상 통보(MMS) 및 필요시 전 직원 비상소집 |
| 운전관제1 | ○ 상황접수(위치, 사상자 상태 등)<br>○ 전 열차 상황통보 및 인접선 열차, 후속열차 통제<br>○ 기관사 객실 내 안내방송 및 사상자 구호 지시<br>○ 부상자 발생 시 출동한 구급요원 또는 최근 역장에게 인계 지시<br>○ 열차 통제 및 운전정리 |
| 운전관제2 | ○ 차량처, 승무처 상황통보<br>○ 철도교통관제센터, 수색 운전취급실 상황통보(필요시)<br>○ 철도교통관제센터와 KTX열차 운행관련 협의(필요시)<br>○ 역무원 출동 사상자 인수 지시<br>○ 인적사항 및 부상정도 파악, 사상자 의료기관 후송 지시<br>○ 상황에 따른 열차운행계획 수립 |
| 전력관제1 | ○ 변전소 및 구분소 시설물 이상여부 확인<br>○ 전철 급전계통 집중 감시 |
| 전력관제2 | ○ 전기실 시설물 이상여부 확인<br>○ 전력 급전계통 집중 감시<br>○ 종합관제실 출입통제<br>○ 종합관제실 내 상황판 설치 및 작성 |
| 설비관제 | ○ 구호기관(119, 112) 지원요청<br>○ 홍보실 상황통보<br>○ 기계설비 시스템 집중 감시<br>○ 시설처(관련팀) 상황통보 및 현장 시설물 점검 지시 |
| 여객관제 | ○ 영업계획처, 전 역, Call센터 상황통보 및 고객안내 지시<br>○ 코레일 여객상황반 상황통보 및 요청사항 현장 전달<br>○ 필요시 승차권 발매 제한, 운임반환, 지연료 지급 지시<br>○ 필요시 서울역 도심공항터미널 운영여부 관련부서 협의<br>○ 필요시 타 교통 이용안내 및 대체교통편 수배 후 역사 통보 |

2) 역사 여객사상사고(P221) : 사상(인명)사고 → 여객사상사고 → 사상 → 역 내
  ① 역사 여객사상사고 대응절차

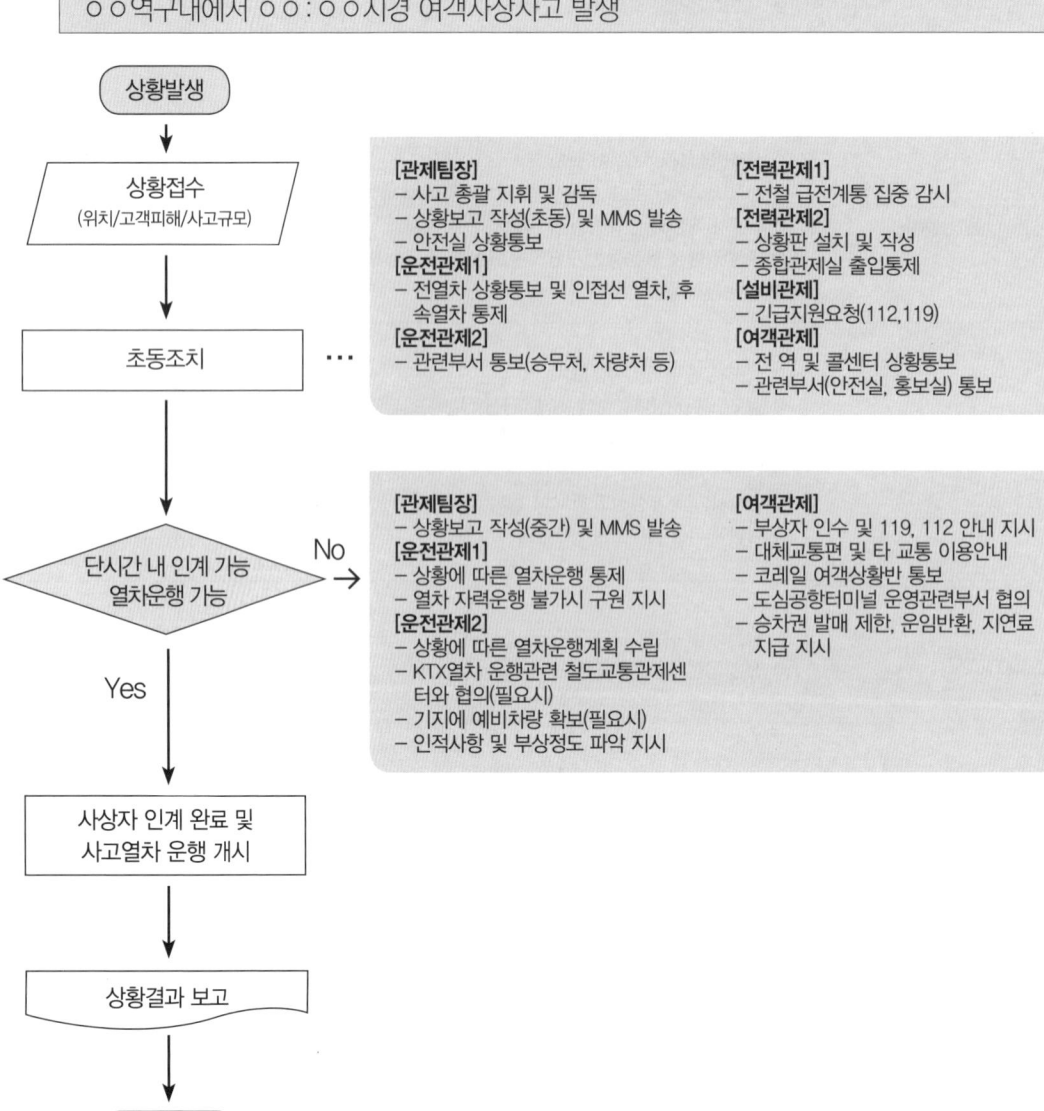

※ P211의 경우 P221과 동일하게 대응

## ② 역사 여객사상사고(P221) 시 역할과 책임

| 구분 | 비상대응 임무(역할) |
|---|---|
| 관제팀장 | ○ 사고/이례상황 총괄 지휘, 감독<br>○ 보고계통에 따른 보고(초기, 중간, 최종) 및 안전실 상황통보<br>○ 팀장급 이상 통보(MMS) 및 필요시 전 직원 비상소집 |
| 운전관제1 | ○ 상황접수(위치, 사상자 상태 등)<br>○ 전 열차 상황통보 및 인접선 열차, 후속열차 통제(필요시)<br>○ 기관사 객실 내 안내방송 및 사상자 구호 지시<br>○ 열차 통제 및 운전정리 |
| 운전관제2 | ○ 차량처, 승무처 상황통보<br>○ 철도교통관제센터, 수색 운전취급실 상황통보(필요시)<br>○ 철도교통관제센터와 KTX열차 운행관련 협의<br>○ 역무원 출동 사상자 인수 지시<br>○ 역무원 인적사항 및 부상정도 파악, 사상자 의료기관 후송 지시<br>○ 상황에 따른 열차운행계획 수립 |
| 전력관제1 | ○ 변전소 및 구분소 시설물 이상여부 확인<br>○ 단전 요청 시 해당구간 단전 시행<br>○ 전철 급전계통 집중 감시 |
| 전력관제2 | ○ 전기실 시설물 이상여부 확인<br>○ 전력 급전계통 집중 감시<br>○ 종합관제실 출입통제<br>○ 종합관제실 내 상황판 설치 및 작성 |
| 설비관제 | ○ 구호기관(119, 112) 지원요청<br>○ 시설처(관련팀) 상황통보 및 현장 시설물 점검 지시<br>○ 홍보실 상황통보<br>○ 기계설비 시스템 집중 감시 |
| 여객관제 | ○ 영업계획처, 전 역, Call센터 상황통보 및 고객안내 지시<br>○ 코레일 여객상황반 상황통보 및 요청사항 현장 전달<br>○ 필요시 승차권 발매 제한, 운임반환, 지연료 지급 지시<br>○ 서울역 도심공항터미널 운영여부 관련부서 협의<br>○ 필요시 타 교통 이용안내 및 대체교통편 수배 후 역사 통보 |

아. 자연재난 시나리오
　1) 역사 침수(D131) : 자연재해 → 침수(태풍) → 시설 → 역 내
　　① 역구내 침수 대응절차

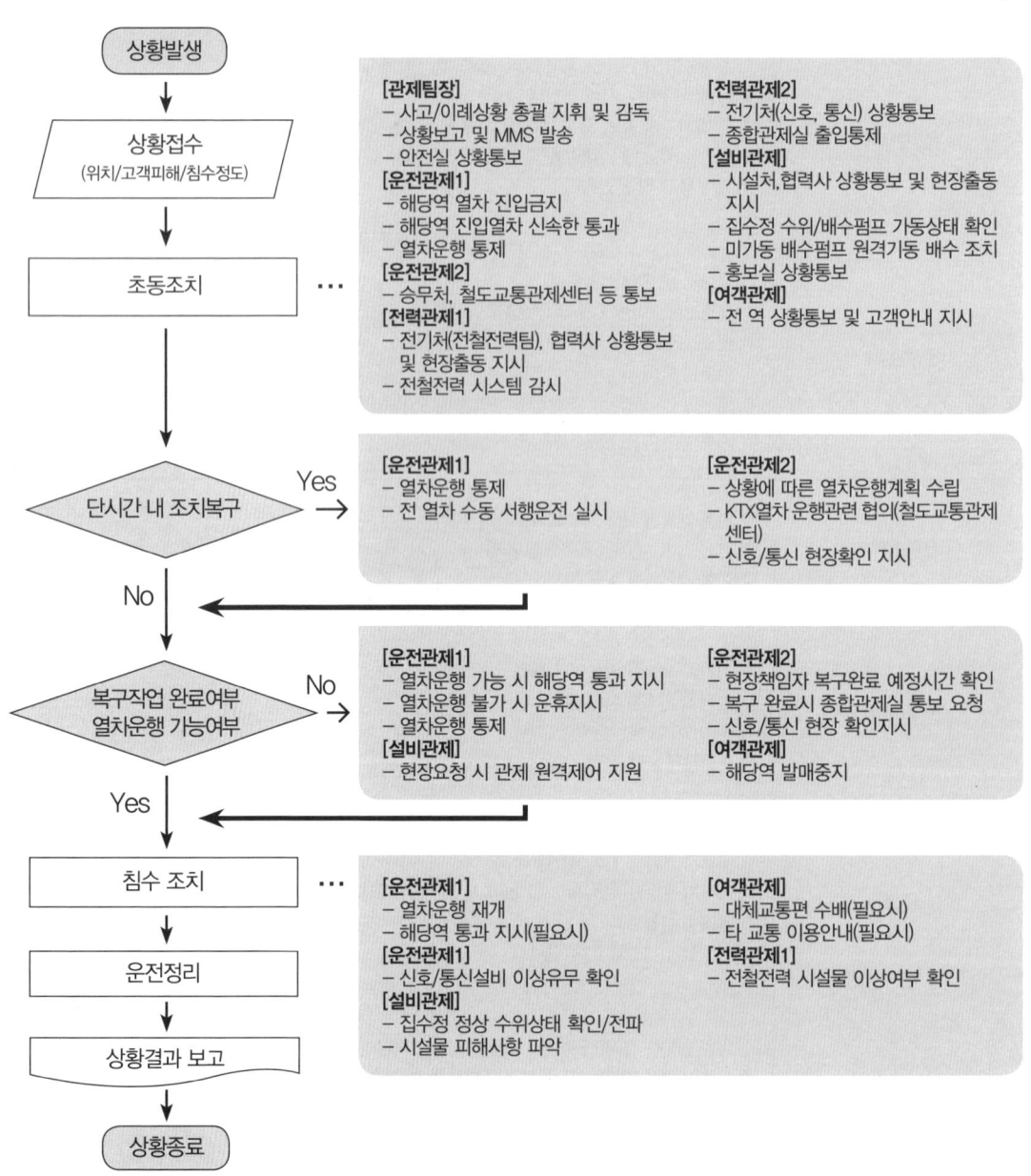

　※ D132의 경우 D131과 동일하게 대응

② 역구내 침수(D131) 시 역할과 책임

| 구분 | 비상대응 임무(역할) |
|---|---|
| 관제팀장 | ○ 사고/이례상황 총괄 지휘, 감독<br>○ 보고계통에 따른 보고(초기, 중간, 최종) 및 안전실 상황통보<br>○ 팀장급 이상 통보(MMS) 및 필요시 전 직원 비상소집 |
| 운전관제1 | ○ 상황접수(위치, 침수정도, 운행영향) / 전 열차 상황통보<br>○ 침수구간 운행열차 비상정차 지시<br>  －레일면 이하 침수 시 비상정차 후 주의운전<br>  －레일면 이상 침수 시 퇴행운전 및 안전한 장소 이동지시<br>○ 상황에 따른 열차운전정리 시행<br>○ 열차 내 안내방송 지시 |
| 운전관제2 | ○ 차량처, 승무처 상황통보<br>○ 철도교통관제센터, 수색 운전취급실 상황통보<br>○ 철도교통관제센터와 KTX열차 운행관련 협의<br>○ 상황에 따른 열차운행계획 수립<br>○ 운전관제1 운전정리 지원 및 사고복구 진행사항 확인<br>○ 사고복구 완료 후 현장시설물 확인 및 필요시 기능점검 지시 |
| 전력관제1 | ○ 변전소 및 구분소 시설물 이상여부 확인<br>○ 전기처(전철전력팀), 전철전력 협력사 상황통보 및 현장 출동 지시<br>○ 필요시 전철선로 급선계통 변경 및 단전 요청 시 해당구간 단전 시행<br>○ 본선 단전 시 철도교통관제센터 전기운영부 상황통보<br>○ 전철 급전계통 집중 감시<br>○ 현장 전기시설물 손상 수보 시 복구 지시 |
| 전력관제2 | ○ 전기실 시설물 이상여부 확인<br>○ 전기처(신호, 통신팀) 상황통보 및 현장 출동 지시<br>○ 필요시 전철전력 급전계통 변경 및 단전 요청 시 해당구간 단전 시행<br>○ 전력 급전계통 집중 감시<br>○ 종합관제실 출입통제<br>○ 종합관제실 내 상황판 설치 및 작성 |
| 설비관제 | ○ 시설처(관련팀) 상황통보 및 현장시설물 점검 지시<br>○ 홍보실 상황통보<br>○ 현장설비 및 집수정 수위 확인<br>○ 배수펌프 가동상태 확인 및 미가동 배수펌프 원격 기동<br>○ 현장요청 시 관제 원격제어 지원<br>○ 기계설비 시스템 집중 감시<br>○ 시설물 피해사항 파악 |
| 여객관제 | ○ 영업계획처, 전 역, Call센터 상황통보 및 고객안내 지시<br>○ 코레일 여객상황반 상황통보 및 요청사항 현장 전달<br>○ 필요시 승차권 발매 제한, 운임반환, 지연료 지급 지시<br>○ 필요시 서울역 도심공항터미널 운영여부 관련부서 협의<br>○ 필요시 타 교통 이용안내 및 대체교통편 수배 후 역사 통보 |

2) 운행 중인 본선 터널 내 지진(D332) : 자연재해 → 지진 → 시설 → 본선구간
  ① 운행 중인 본선 터널 내 지진 대응절차

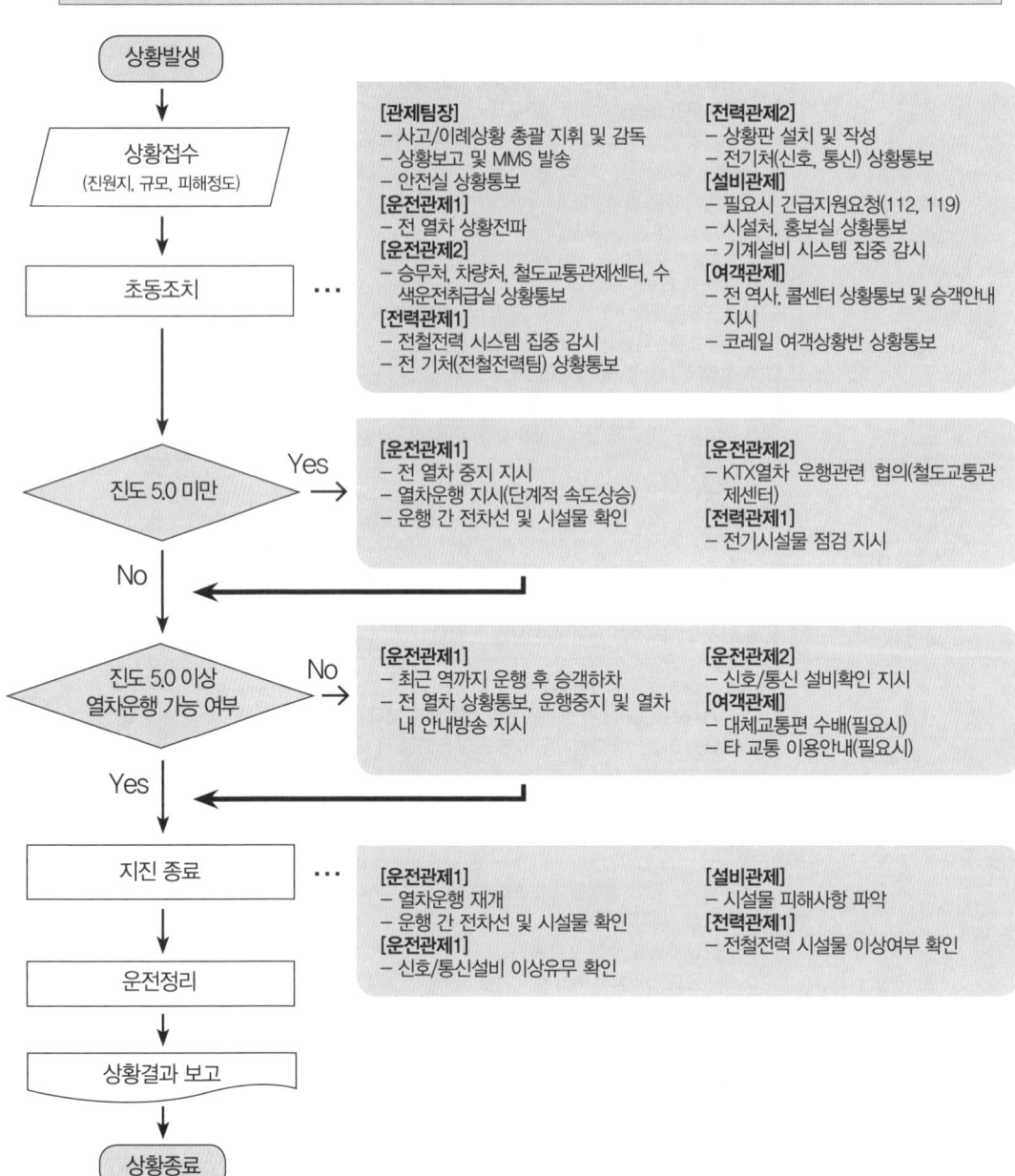

※ D331의 경우 D332와 동일하게 대응

## ② 운행 중인 본선 터널 내 지진(D332) 시 역할과 책임

| 구분 | 비상대응 임무(역할) |
|---|---|
| 관제팀장 | ○ 사고/이례상황 총괄 지휘, 감독<br>○ 보고계통에 따른 보고(초기, 중간, 최종) 및 안전실 상황통보<br>○ 팀장급 이상 통보(MMS) 및 필요시 전 직원 비상소집 |
| 운전관제1 | ○ 상황접수(위치, 규모, 운행영향) / 전 열차 정차 조치<br>○ 전 열차 상황통보 및 열차 내 안내방송 지시<br>○ 지진규모 확인<br>  - 5.0 이상 : 해당구간 전 열차 비상정차, 지진종료 후 25km/h 이하 주의 운전, 최초열차 통과 후 이상 없으면 65km/h 이하 주의 운전, 역 및 관련부서 이상 없음 수보 시 정상운행<br>  - 4.0~5.0 미만 : 해당구간 전 열차 일단 정지, 지진종료 후 25km/h 이하 주의 운전, 최초열차 통과 후 이상 없음 수보 시 정상운행<br>○ 열차내 안내방송 지시 |
| 운전관제2 | ○ 차량처, 승무처 상황통보<br>○ 철도교통관제센터, 수색운전취급실 상황통보<br>○ 철도교통관제센터와 KTX열차 운행관련 협의<br>○ 상황에 따른 열차운행계획 수립<br>○ 운전관제1 운전정리 지원<br>○ 신호 및 통신시설물 기능점검 지시 |
| 전력관제1 | ○ 변전소 및 구분소 급전상태 이상여부 확인<br>○ 선기처(전철전력팀), 전철전력 협력사 상황통보 및 시설물 점검 지시<br>○ 필요시 전철전력 급전계통 변경 및 단전 요청 시 해당구간 단전 시행<br>○ 본선 단전 시 철도교통관제센터 전기운영부 상황통보<br>○ 전철 급전계통 집중 감시<br>○ 현장 전기시설물 손상 수보 시 복구 지시 |
| 전력관제2 | ○ 전기실 급전상태 이상여부 확인<br>○ 전기처(신호, 통신팀) 상황통보 및 점검 지시<br>○ 필요시 전철전력 급전계통 변경 및 단전 요청 시 해당구간 단전 시행<br>○ 전력 급전계통 집중 감시<br>○ 종합관제실 출입통제<br>○ 종합관제실 내 상황판 설치 및 작성 |
| 설비관제 | ○ 구호기관(119, 112) 지원요청(필요시)<br>○ 시설처(관련팀) 상황통보 및 현장시설물 점검 지시<br>○ 홍보실 상황통보<br>○ 기계설비 시스템 집중 감시<br>○ 시설물 피해사항 파악 |
| 여객관제 | ○ 영업계획처, 전 역, Call센터 상황통보 및 고객안내 지시<br>○ 코레일 여객상황반 상황통보 및 요청사항 현장 전달<br>○ 필요시 승차권 발매 제한, 운임반환, 지연료 지급 지시<br>○ 필요시 서울역 도심공항터미널 운영여부 관련부서 협의<br>○ 필요시 타 교통 이용안내 및 대체교통편 수배 후 역사 통보 |

자. 기타 시나리오
　1) 전동열차의 지상구간, 터널구간, 교량구간 정차에 따른 시나리오
　　① 전동열차의 지상구간, 터널구간, 교량구간 정차 대응절차

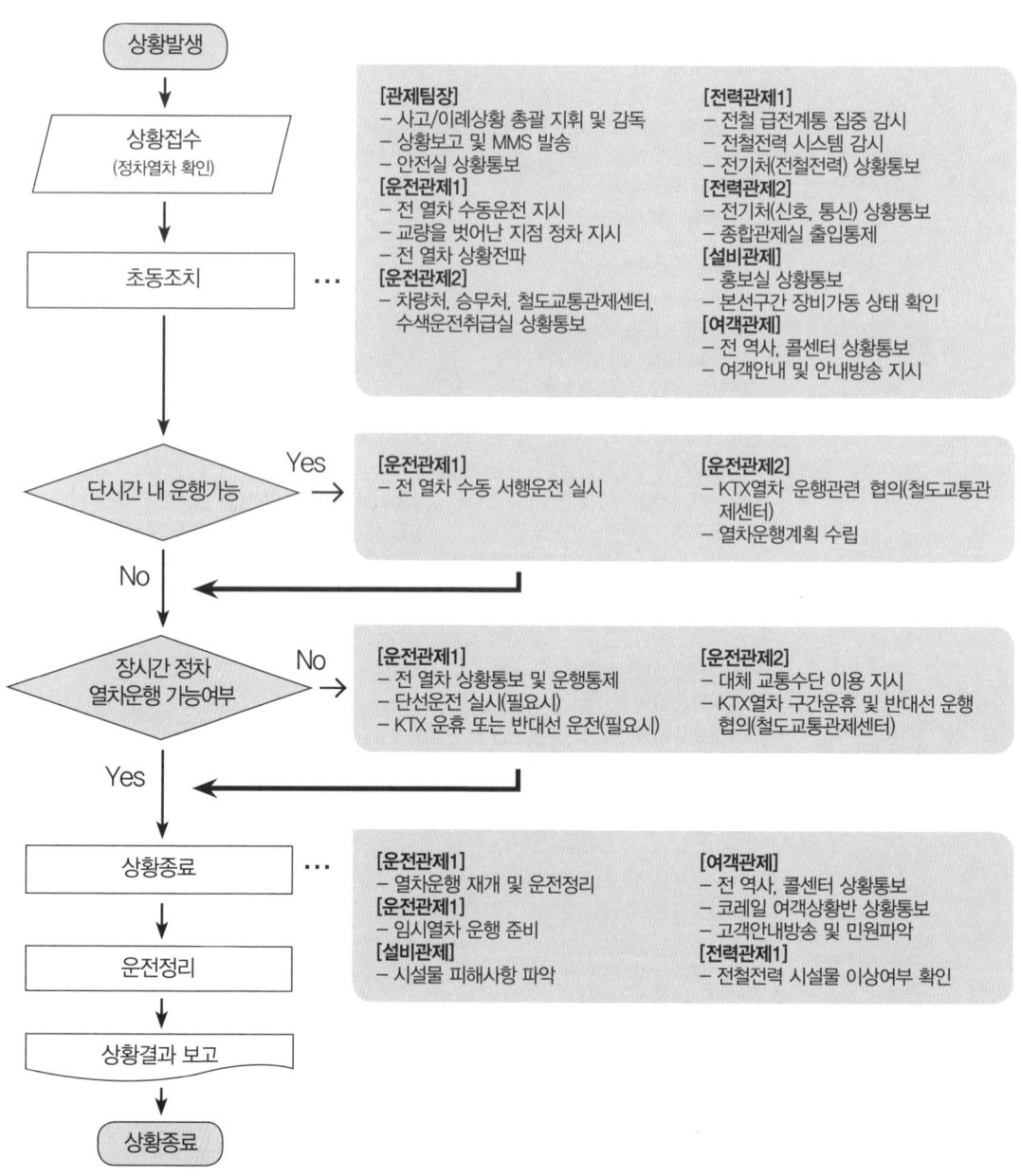

※ 철도비상사태 발생으로 열차 지연 및 중지 시 동일하게 대응

② 전동열차의 지상구간, 터널구간, 교량구간 정차 시 역할과 책임

| 구분 | 비상대응 임무(역할) |
|---|---|
| 관제팀장 | ○ 사고/이례상황 총괄 지휘, 감독<br>○ 보고계통에 따른 보고(초기, 중간, 최종) 및 안전실 상황통보<br>○ 팀장급 이상 통보(MMS) 및 필요시 전 직원 비상소집 |
| 운전관제1 | ○ 전 열차 상황통보<br>○ 상황에 따른 열차 운전정리 시행<br>   - 단선운전 및 운휴, 역 통과 지시(필요시)<br>○ 전 열차 수동운전 및 안내방송 지시 |
| 운전관제2 | ○ 차량처, 승무처 상황통보<br>○ 철도교통관제센터, 수색 운전취급실 상황통보<br>○ 상황에 따른 열차운행계획 수립<br>○ 복구 및 진행상황 파악 및 전파<br>○ 운전관제1 운전정리 지원 |
| 전력관제1 | ○ 전기처(전철전력팀), 전철전력 협력사 상황통보<br>○ 전철 급전계통 집중 감시 |
| 전력관제2 | ○ 전기처(신호, 통신팀) 상황통보<br>○ 전력 급전계통 집중 감시<br>○ 종합관제실 출입통제<br>○ 종합관제실 내 상황판 설치 및 작성 |
| 설비관제 | ○ 홍보실 상황통보<br>○ 기계설비 시스템 집중 감시<br>○ 기계설비 전원공급 상태 확인<br>○ 본선구간 장비가동(환기팬/배수펌프) 상태 확인<br>○ 현장요청 시 관제 원격제어 지원 |
| 여객관제 | ○ 영업계획처, 전 역, Call센터 상황통보 및 고객안내 지시<br>○ 필요시 승차권 발매 제한, 운임반환, 지연료 지급 지시<br>○ 필요시 서울역 도심공항터미널 운영여부 관련부서 협의<br>○ 필요시 타 교통 이용안내 및 대체교통편 수배 후 역사 통보 |

2) 고속열차의 지상구간, 터널구간, 교량구간 정차에 따른 시나리오
  ① 고속열차의 지상구간, 터널구간, 교량구간 정차 대응절차

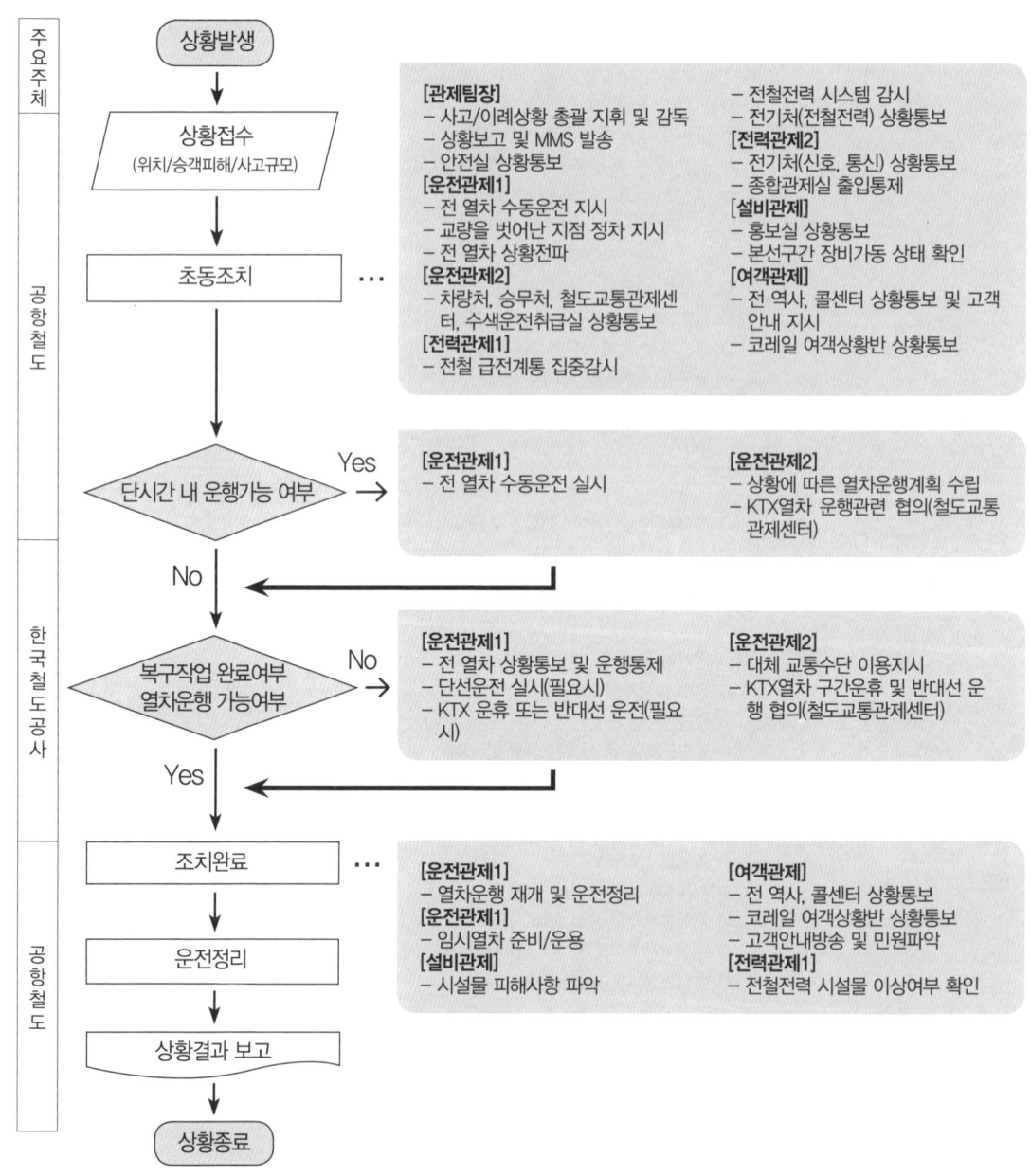

※ 철도비상사태 발생으로 열차 지연 및 중지 시 동일하게 대응

② 고속열차의 지상구간, 터널구간, 교량구간 정차 시 역할과 책임

| 구분 | 비상대응 임무(역할) |
|---|---|
| 관제팀장 | ○ 사고/이례상황 총괄 지휘, 감독<br>○ 보고계통에 따른 보고(초기, 중간, 최종) 및 안전실 상황통보<br>○ 팀장급 이상 통보(MMS) 및 필요시 전 직원 비상소집 |
| 운전관제1 | ○ 전 열차 상황통보 및 수동운전 지시<br>○ 상황에 따른 열차운전정리 시행<br>  - KTX 운휴 또는 반대선 운전 실시<br>  - 고장구간 단선운전 실시 및 역 통과(필요시)<br>○ 열차 내 안내방송 실시<br>○ 운행 간 전차선, 시설물 확인지시 |
| 운전관제2 | ○ 차량처, 승무처 상황통보<br>○ 철도교통관제센터, 수색 운전취급실 상황통보<br>○ 철도교통관제센터와 KTX열차 운행관련 협의<br>○ 상황에 따른 열차운행계획 수립<br>○ 복구 및 진행상황 파악 및 전파<br>○ 운전관제1 운전정리 지원 |
| 전력관제1 | ○ 전기처(전철전력팀), 전철전력 협력사 상황통보<br>○ 전철 급전계통 집중 감시 |
| 전력관제2 | ○ 전기처(신호, 통신팀) 상황통보<br>○ 전력 급전계통 집중 감시<br>○ 종합관제실 출입통제<br>○ 종합관제실 내 상황판 설치 및 작성 |
| 설비관제 | ○ 홍보실 상황통보<br>○ 기계설비 시스템 집중 감시<br>○ 기계설비 전원공급 상태 확인<br>○ 본선구간 장비가동(환기팬/배수펌프) 상태 확인<br>○ 현장요청 시 관제 원격제어 지원 |
| 여객관제 | ○ 영업계획처, 전 역, Call센터 상황통보 및 고객안내 지시<br>○ 코레일 여객상황반 상황통보 및 요청사항 현장 전달<br>○ 필요시 승차권 발매 제한, 운임반환, 지연료 지급 지시<br>○ 필요시 서울역 도심공항터미널 운영여부 관련부서 협의<br>○ 필요시 타 교통 이용안내 및 대체교통편 수배 후 역사 통보 |

3) 기관사 직무수행 불능 시 시나리오
   ① 기관사 직무수행 불능 시 대응절차

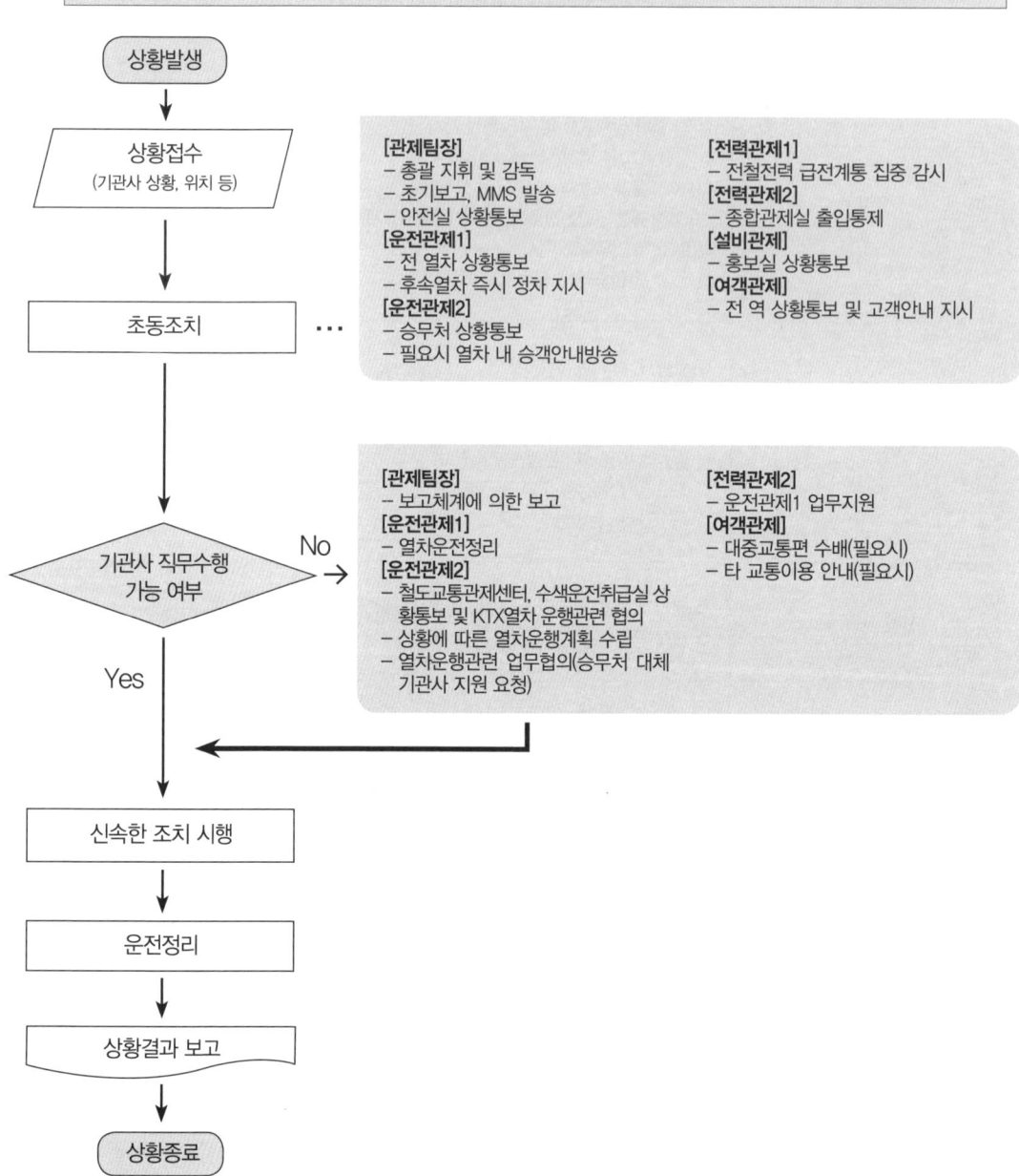

② 기관사 직무수행 불능 시 역할과 책임

| 구분 | 비상대응 임무(역할) |
|---|---|
| 관제팀장 | ○ 사고 / 이례상황 총괄 지휘, 감독<br>○ 보고계통에 따른 보고(초기, 중간, 최종) 및 안전실 상황통보<br>○ 팀장급 이상 통보(MMS) |
| 운전관제1 | ○ 상황접수(기관사 상황, 위치 등)<br>○ 전 열차 상황통보 및 후속열차 즉시 정차 지시<br>○ 해당 열차 기관사 직무수행여부 확인<br>○ 상황에 따른 열차운전정리 시행 |
| 운전관제2 | ○ 열차운행통제 업무협의<br>　(승무처 상황통보 및 대체기관사 지원요청 등)<br>○ 필요시 열차 내 승객안내방송 시행<br>○ 철도교통관제센터, 수색운전취급실 상황통보<br>○ KTX열차 운행관련 협의<br>○ 상황에 따른 열차운행계획 수립<br>○ 운전관제1 운전정리 지원 |
| 전력관제1 | ○ 변전소 및 구분소 급전상태 이상여부 확인<br>○ 전철 급전계통 집중 감시 |
| 전력관제2 | ○ 전기실 시설물 이상여부 확인<br>○ 전력 급전계통 집중 감시<br>○ 종합관제실 출입통제<br>○ 종합관제실 내 상황판 설치 및 작성 |
| 설비관제 | ○ 홍보실 상황통보<br>○ 기계설비 시스템 집중 감시 |
| 여객관제 | ○ 영업계획처, 전 역, Call센터 상황통보 및 고객안내 지시<br>○ 전 역 고객 상황통보 및 고객응대 철저 지시<br>○ 코레일 여객상황반 상황통보 및 요청사항 현장 전달<br>○ 필요시 승차권 발매 제한, 운임반환, 지연료 지급 지시<br>○ 필요시 타 교통 이용안내 및 대체교통편 수배 후 역사 통보 |

차. 대 테러 사전조치 요령
  1) 단계별 흐름도

```
                    ┌─────────┐
                    │ 상황발생 │
                    └────┬────┘
                         ▼
          ┌──────────────────────────────┐
          │ · 상황접수 및 현장확인         │
          │  - 보호장비 착용              │
          │  - 관련부서 및 관계기관 보고 및 통보│
          │   (119, 군부대, 국정원)       │
          └──────────────┬───────────────┘
                         ▼
          ┌ ─ ─ ─ ─ ─ ─ ─ ─ ─ ─ ─ ─ ─ ─ ┐
            119, 군부대 도착
          │ 오염원 확인 및 제독          │
            ※ 독가스 테러 시만 해당
          └ ─ ─ ─ ─ ─ ─ ─┬─ ─ ─ ─ ─ ─ ─ ┘
                         ▼
                    ╱─────────╲
                   ╱ 단시간 조치 및╲   No
                   ╲ 복구가능여부 ╱ ──────┐
                    ╲─────────╱          │
                      Yes│                │
                         ▼                ▼
          ┌──────────────────┐   ┌──────────────────────────┐
          │  - 안내방송       │   │ - 사고대응체계(사고복구반) 가동│
          │  - 승객대피, 구호 │   │ - 승객대피, 대피유도       │
          │  - 차량기능상태 점검│   │ - 사고복구반 출동          │
          │  - 비상게이트 개방│   │ - 유관기관 협조체계 가동   │
          └─────────┬────────┘   │ - 안내방송                 │
                    ▼             │ - 비상게이트 개방          │
          ┌ ─ ─ ─ ─ ─ ─ ─ ─ ┐     └──────────┬───────────────┘
           오염원 완전 제독                    │
          │ ※ 독가스 테러 시만 해당│◄ ─ ─ ─ ─ ─┘
          └ ─ ─ ─ ─┬─ ─ ─ ─ ┘
                    ▼
          ┌──────────────────────┐
          │ - 안내방송 및 안내문 부착│ ◄───────┐
          │ - 피해상황 파악        │
          │ - 역사환경정비, 영업준비│
          └──────────┬───────────┘
                     ▼
                ┌─────────┐
                │ 상황보고 │
                └────┬────┘
                     ▼
                ┌─────────┐
                │ 상황종료 │
                └─────────┘
```

① 중점 추진사항
    ㉠ 가용장비·인력의 신속 투입으로 인명 피해 최소화
        - 신속한 피난 유도 및 인명구조 활동 우선 실시
        - 유독가스 확대 예상 범위 판단 공조시설 운용 조정
    ㉡ 유관기관 간 긴밀 협조체계 가동
        - 유관기관 간 테러 피해상황 신속 보고 및 전파
        - 유독가스 방지 및 제독작업
    ㉢ 2차 사고에 대비한 대응활동 전개
        - 유독가스 확대 예측 및 추가 위험지역(폭발물 테러) 판단 대비
        - 공항철도 테러지역 무정차 통과 및 후속열차 진입 금지

② 분야별 방호활동 책임

| 대응분야 | 역 할 |
|---|---|
| 공통분야 | - 시설물 및 주의개소에 대한 안전점검<br>  · 일간점검 : 공조·냉난방·도시가스·펌프시설 상태점검<br>  · 월간점검 : 가스·승강기·보일러점검<br>  · 주의개소는 순찰코스 지정 및 순찰시계 설치<br>- 테러예방교육/유관기관과 협조체제유지 |
| 역사방호<br>(역장) | - 통합 대 테러 방호대책 수립시행<br>- 역사 내·외, 화장실, 쓰레기통 등 주의개소 순찰 및 점검<br>- CCTV 등 장비운영 및 감시<br>- 위험품 차내 반입 차단 |
| 시설방호<br>(시설처, 전기처) | - 선로 및 전기시설물 순회 점검<br>- 변전소 등을 SCADA(원방제어설비)시스템 도입 – 원격제어 |
| 차량방호<br>(차량처장) | - 차량검수 및 청소 시 이상유무 확인<br>- 열차 출발전 차량 내외부 안전점검 시행<br>- 차량기지 내 외부인 출입통제 |
| 운행 중인 열차방호<br>(기관사) | - 운전실 쇄정으로 외부인 침입 방지 |

③ 대 테러 경보단계

| 단계별 | 조치사항 |
|---|---|
| 제1단계<br>(청색경보 Blue) | - 관심단계<br>- 시설물 접객시설 등 주의개소 순찰강화<br>- 선로, 전기, 차량 등 안전점검 시행 |
| 제2단계<br>(황색경보 Yellow) | - 주의단계<br>- 1단계(청색경보) 조치사항 시행<br>- 간부급 관내 시설에 대한 순찰강화<br>- 유관기관 합동으로 안전점검 시행 |

| 단계별 | 조치사항 |
|---|---|
| 제3단계<br>(주황색경보 Orange) | - 경계단계<br>- 2단계(황색경보) 조치사항 시행<br>- 대 테러 홍보방송 실시<br>- 사고대책본부 운영 준비<br>- 역장 및 관련부서장 관할지역 내 위치 |
| 제4단계<br>(적색경보 Red) | - 심각단계<br>- 3단계(주황색경보) 조치사항 시행<br>- 사장 총괄지휘<br>- 대 테러대책본부 운영<br>- 소속장 정위치 근무 |

④ 폭발물 발견 시 조치요령

| 구 분 | 조 치 사 항 |
|---|---|
| 폭발물 설치 가능 장소 | - 물품 보관함, 화장실, 쓰레기통 등<br>- 열차 내 의자 밑, 전화기, 자판기 등 |
| 폭발물 식별요령 | - 각종 전선(정상적인 선이 아닌 것)<br>- 화분, 휴지통 등 이상한 흔적이 있는 것<br>- 기계장치에서 이상한 소리가 날 때<br>- 물체에서 이상한 물체가 나타나는 경우 |
| 폭발물 발견 시 조치요령 | - 손으로 만지지 말고 개봉하지 말 것<br>- 발견장소로부터 이동금지 및 열, 충격, 마찰을 주지 말 것<br>- 방폭가방 설치 및 안전구역 설정<br>- 질서정연하게 대피하도록 유도안내<br>- 2차 피해방지 조치(가스차단 등)<br>- 경찰서, 소방서, 국정원에 신고 |

⑤ 독가스/생물 테러 시 조치요령

| 구 분 | 조 치 사 항 |
|---|---|
| 독가스 살포 시 조치요령 | - 건물내부에서는 밖으로 대피<br>- 지하철이나 건물내부에서는 대피용 마스크나 겉옷, 손수건 등을 사용하여 실외로 신속히 대피<br>- 질서정연하게 대피하도록 유도안내<br>- 바람이 불어오는 쪽의 측방을 향해 신속대피<br>- 눈·피부에 오염됐을 때 신속히 이동<br>- 경찰서, 소방서, 국정원에 신고 |
| 생물테러 발생 시 조치요령 | - 건물내부에서는 밖으로 대피<br>- 환기가동 중단 조치 및 접근통제<br>- 발생장소에 들어가지 못하도록 할 것<br>- 경찰서, 소방서, 국정원에 신고 |

⑥ 협박전화 조치요령

| 구분 | 조치사항 |
|---|---|
| 협박전화 받는 요령 | - 즉시 상급자에게 보고하되 섣불리 무시하거나 묵살하지 않도록 할 것<br>- 침착하게 응대하고 많은 정보를 수집할 것<br>- 가능한 한 길게 통화하면서 협박범이 전달하고자 하는 내용을 반복하게 하여 동기를 확인할 것<br>- 발신전화번호를 확인·기록하고 모든 통화내용을 녹음 및 기록할 것<br>- 통화 시 사고예정시간, 사고예정 장소, 이유 등을 알아내는 데 주력할 것<br>- 전화청취 시 주변의 소음과 음성, 음질, 억양 등을 주의 깊게 들을 것 |
| 협박전화 시 조치요령 | - 협박전화 접수 즉시 경찰서에 신고할 것<br>- 안전점검을 실시할 것 |

[부산교통공사 종합관제센터 전경]

# 제2장 비상대응협력 및 지원체계

2-1. 지휘 및 보고체계

2-2. 승객긴급방송 문안

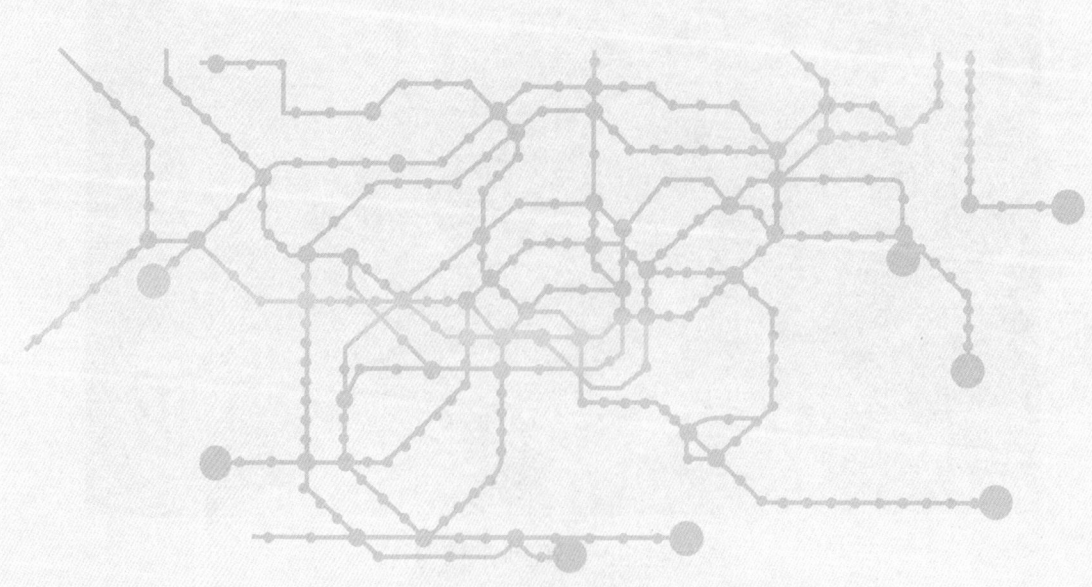

# 제 2 장 비상대응협력 및 지원체계

## 2-1 지휘 및 보고체계

가. 철도비상사태 유형별 지휘 및 보고체계
　1) 사고대책본부 설치 및 운영
　　① 설치장소
　　　사고대책본부는 본사에 설치하고 사고복구반은 현장에 설치하는 것을 원칙으로 한다.
　　② 사고대책본부 운영
　　　㉠ 열차운행에 중대한 지장이 있는 비상상황이 발생한 경우로서 필요하다고 인정될 때
　　　㉡ 사고대책본부의 설치 및 편성조정은 비상대응계획을 적용받는 중·대형 사고발생 시 (일상적인 사고보다 중한 사고) 안전부서장이 사고대책본부장에게 건의하여 결정한다.
　　　㉢ 사고대책본부의 운영규모는 사고상황 및 규모에 따라 사고대책본부장이 결정한다.
　　　㉣ 사고대책본부가 전면 가동되는 경우 사고대책본부 및 사고복구반 운영에 공동으로 참여하는 주요부서와 지원부서의 일상적인 운영체제는 일시 중지되고 사고대책본부 운영체제로 전환된다.
　　　㉤ 사고대책본부가 전면 가동되는 경우 상황이 종료될 때까지 24시간 운영하며, 공항철도 재난비상근무운영계획에 의거 "재해대책단계별 근무방침"을 준용하여 운영한다.
　　③ 사고대책본부(재난종합상황실) 위치 : 각 철도 운영기관 본사에 설치

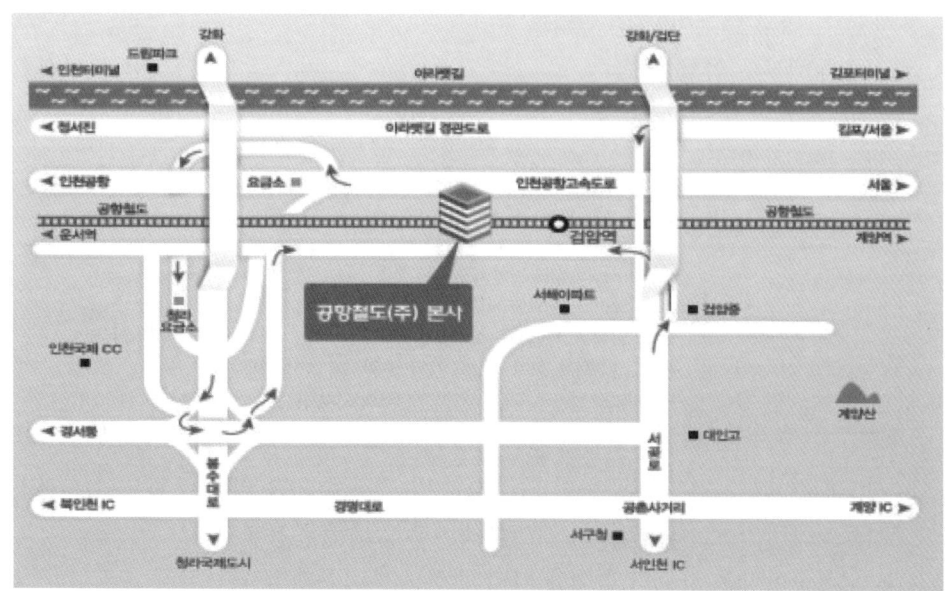

[공항철도 본사 위치]

2) 지휘통제체계 조직도
   ① 사고대책본부-본사

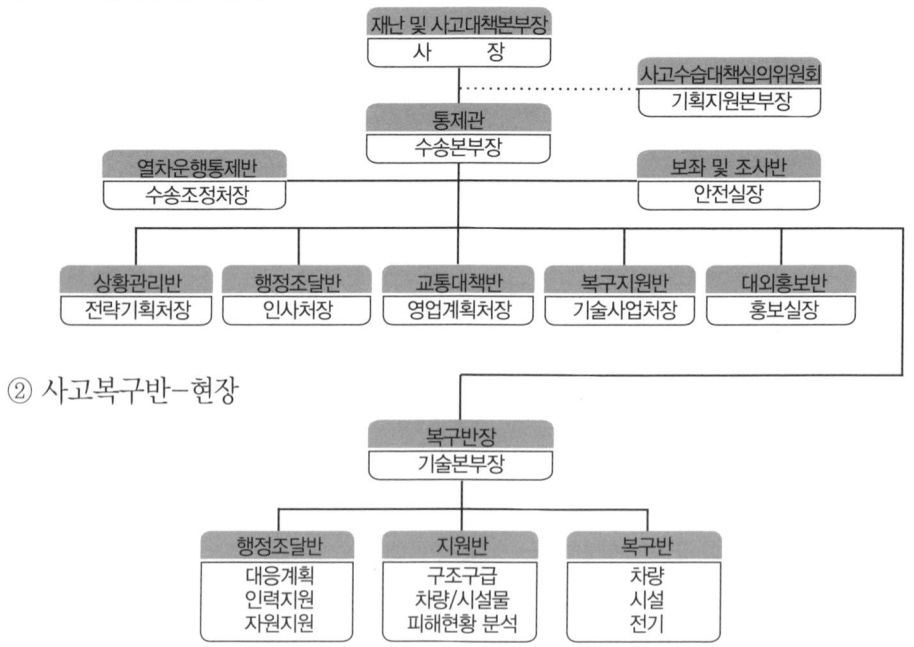

   ② 사고복구반-현장

3) 사고대책본부 및 사고복구반 임무
   사고대책본부의 임무는 공항철도 철도사고 및 운행장애 처리규정 제24조(재난 및 사고대책본부 업무분장)에 따르며 사고대책본부장이 필요하다고 인정할 경우에는 사고복구에 필요한 추가 임무를 부여할 수 있다.
   ① 사고대책본부 임무
      각 운영기관별 분장사무로 임무를 부여한다.
   ② 사고복구반 임무

| 직책 | 담당 업무 | 담당자 |
|---|---|---|
| 복구반장 | - 재난·사고예방을 위한 사전대책 계획 수립<br>- 사고예상 또는 발생 시 직원의 긴급소집에 관한 사항<br>- 사고발생 시 응급복구 실시의 상황보고<br>- 사고복구자재, 장비, 인원의 운영 및 관리에 관한 사항<br>- 관계부서 협조 및 기타 사고대책본부의 지시사항 | 기술본부장 |

   ③ 사고대책본부는 사고복구반의 업무지원 및 조정·통제를 위한 조직으로 운영되며, 현장 사고복구반의 소속별 임무는 사고대책본부 임무를 준용한다.
   ④ 사고복구반장은 사고의 형태에 따라 관련분야 복구책임자를 지정·운영한다.

| 구 분 | 분장사무 | | |
|---|---|---|---|
| 사 장 | ○ 사고대책본부 업무총괄 | | |
| 통 제 관<br>(수송본부장) | ○ 사고대책본부장 보좌 | | |
| 사고수습대책<br>심의위원회<br>(기획지원본부장) | ○ 사고처리 기준설정 및 수습에 관한 사항<br>○ 사고처리 비용부담에 관한 사항 | | ○ 지급한도액을 초과하는 금액의 지급에 관한 사항<br>○ 구상권 행사 및 범위에 관한 사항 등 |
| 보좌 및 조사반<br>(안전실장) | ○ 대책본부 편성 및 조정<br>○ 전반적인 비상대응활동 조정 및 통제<br>○ 사고원인조사 및 안전관리 업무 지휘 | | ○ 재난·사고조사 및 종합보고서 작성 보고<br>○ 피해상황 조사 및 보고<br>○ 통제관 지시사항 |
| 상황관리반<br>(전략기획처장) | 전 략<br>기획처 | ○ 상황실 운영에 관한 사항<br>○ 관계기관 협조에 관한 사항<br>○ 상황일지 정리 및 보고 | ○ 사고관련 회의 운영<br>○ 재난(사고)관련 법적 업무 처리 |
| | 안전실 | ○ 피해 및 사고정보 종합<br>○ 기관요구자료 제출 확정 | |
| 대외홍보반<br>(홍보실장) | ○ 대외기관 보도자료 작성<br>○ 기타 통제관 지시사항 | | |
| 열차운행통제반<br>(수송조정처장) | ○ 사고개요 급보<br>○ 열차운행 조정 및 관리<br>○ 고객의 대피유도 및 계획<br>○ 구원열차의 운행지시 | | ○ 유관기관 통보<br>○ 사고복구 자재와 장비공급 및 지원수송에 관한 사항<br>○ 사고복구열차운용 및 기관사 비상대기 조치<br>○ 사고 장기화 시 열차운행계획 재수립 |
| 행정조달반<br>(인사처장) | 인사처 | ○ 본부요원 근무지정 협조 및 복무에 관한 사항<br>○ 차량관리에 관한 사항<br>○ 직원 동원에 관한 사항<br>○ 본사, 용유차량기지 등 재난관련 사항<br>○ 장례절차 총괄(사상사고 발생 시) | ○ 응급방역 및 의료 활동<br>○ 복구자재 및 장비수급 지원수송에 관한 사항<br>○ 복구 소요예산 영달<br>○ 구호물자 확보 및 지급<br>○ 본부·복구요원 근무, 후생복지, 제수당 관련 사항 |
| | 재무처 | ○ 보상금 지급 등 보상업무 처리 | |
| 교통대책반<br>(영업계획처장) | 영 업<br>계획처 | ○ BHS 운영 통제<br>○ 재난구조 및 대피<br>○ 재난구역 내 경계 및 방어 | ○ 재난위험대상물 조사통보<br>○ 공공질서 및 고객안전보호<br>○ 대체교통수단 운영 |
| 복구지원반<br>(기술사업처장) | ○ 사고복구계획에 관한 사항<br>○ 사고복구 장비 및 자재 수급조정에 관한 사항<br>○ 사고복구 자재, 장비, 인원의 운영관리에 관한 사항<br>○ 재난사고 원인 기초조사 및 피해조사 보고 | | ○ 응급복구요원의 확보<br>○ 사고발생 시 직원의 긴급소집에 관한 사항<br>○ 재난사고 발생 시 응급복구 실시 및 상황보고<br>○ 관계부서 협조 및 기타 재난관리종합상황실 지시사항 |

[공항철도 사고대책본부 임무]

4) 보고체계
　① 철도사고 및 운행장애

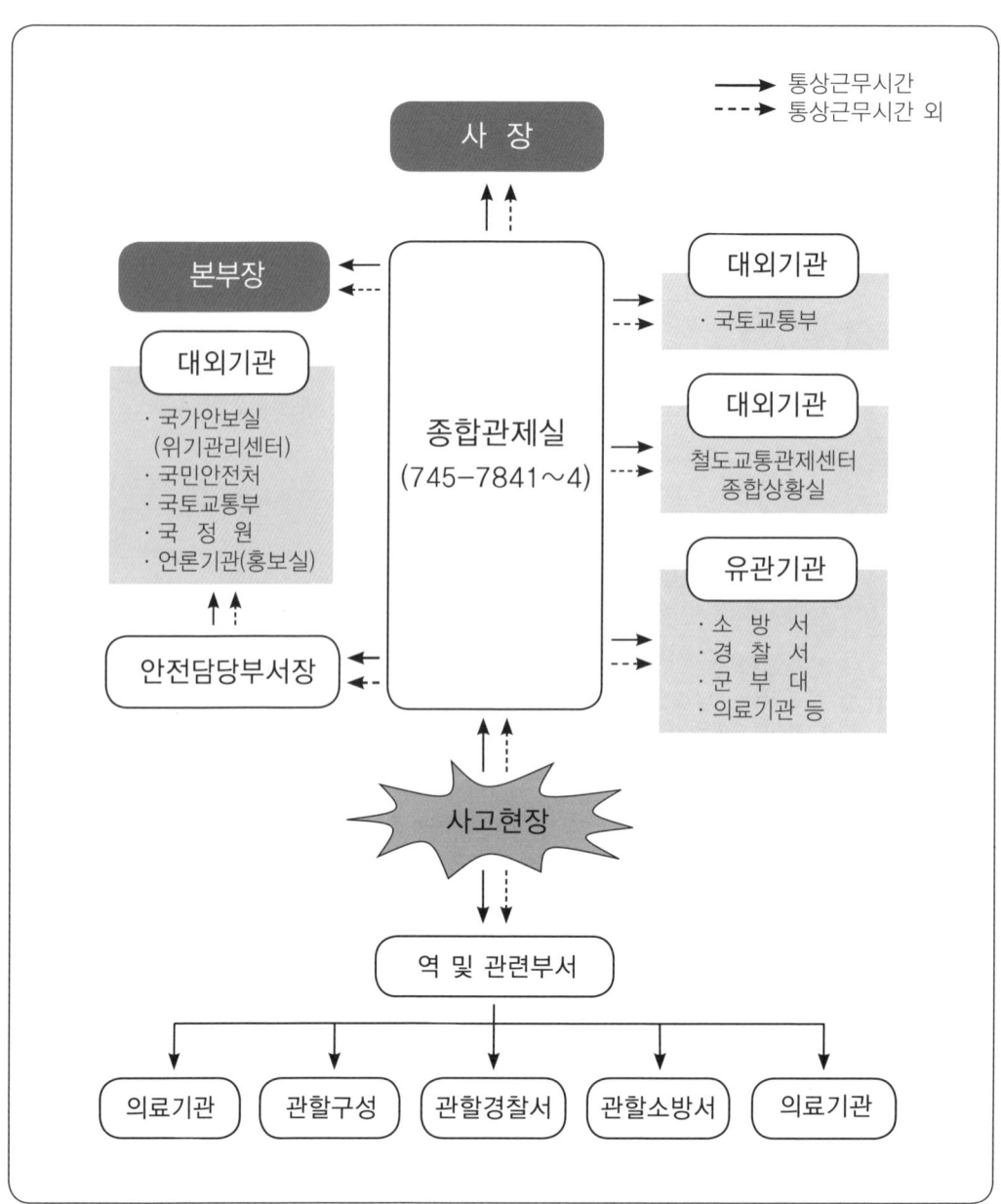

[공항철도 재난 및 철도사고보고 체계]

　② 일반안전사고(작업현장에서 발생한 사고 포함)
　　　- 철도사고 및 운행장애 처리규정을 준용한다.

③ 철도재해 발생 시
- 철도사고 및 운행장애 처리규정을 준용한다.

5) 보고책임자 지정
① 대외기관 급보 : 종합관제실
② 사내전파 및 유관기관 급보 : 종합관제실(휴일 및 야간 : 관제팀장)
③ 급보(사내) 책임자
㉠ 역 내에서 발생한 사고 : 역장(시설별 관련부서장 포함)
㉡ 본선에서 발생한 사고 : 열차 등의 운전자
㉢ 차량기지 내에서 발생한 사고 : 관련부서장
㉣ 기타 사고 : 최초 발견자 또는 관련부서장
④ 사고보고 : 보고책임자
㉠ 역 내에서 발생한 사고 : 역장
㉡ 열차운전 중 발생한 사고 : 수송조정처장
㉢ 시설·설비 등 시스템장애로 인해 발생한 사고 : 관련부서장

6) 사고보고 내용
① 급 보(최초보고)
㉠ 사고종별
㉡ 발생일시
㉢ 발생장소(역명, 구간, 기점, 터널 및 현장 부근 선로의 상황)
㉣ 열차번호 및 편성(시종착역, 전동차 편성 차호 등)
㉤ 사고현장의 상황(인접선로 지장유무, 차량의 상태 등)
㉥ 구원을 요할 때는 그 요지
㉦ 기타 인지된 사항(응급조치에 필요하다고 인정되는 사항 등)
② 사고보고 : 보고책임자
사고관련부서장은 철도사고 및 운행장애 처리규정 「별지 제1호」 "철도사고 보고서"에 의하여 다음 각 호의 사항을 보고하여야 한다.

㉠ 발생일시　　　　㉡ 사고유형　　　　㉢ 기상상태
㉣ 발생장소　　　　㉤ 관계열차　　　　㉥ 피해상황
㉦ 관계자　　　　　㉧ 사고개요　　　　㉨ 보고자
㉩ 발생경위 및 조치내용　㉪ 사고원인　　㉫ 예방대책
㉬ 별표4의 사고현장상황 및 사고발생 원인조사표
㉭ 현장약도 등 사고원인을 파악하는 데 필요한 서류
③ 사고보고서 작성 및 보고 : 안전실장

나. 유관기관 조직도 및 임무
  1) 고속열차 지역사고수습본부
    ① 코레일 서울본부 지역사고 수습본부

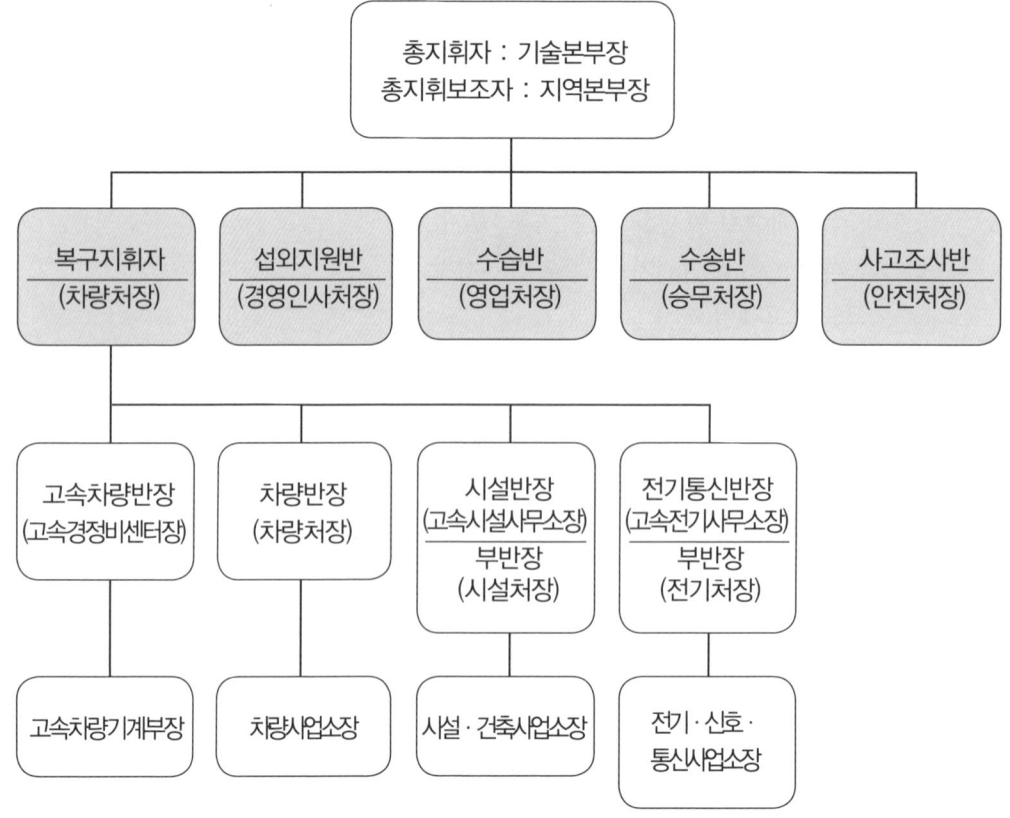

[코레일 서울본부 지역사고 수습본부 체계도]

㉠ 기구표 총지휘보조자 및 각반의 부반장은 총지휘자 및 반장을 보좌하며, 반장보다 먼저 현장에 도착한 경우에는 반장의 역할을 수행하여야 한다.
   ※ 지역본부 유지보수 담당구역에서는 해당지역본부 시설처장 및 전기처장을 반장으로 한다.
㉡ 고속철도선구의 사고복구는 구간별 담당지역본부에서 복구반을 편성·운영하여야 하며, 복구와 관련한 사항에 대하여 총지휘자의 지시에 따라야 한다.
㉢ 대형사고가 아닌 경우에는 지역본부장을 총지휘자로, 철도차량정비단장(일반철도는 안전처장)을 총지휘보조자로 한다.
㉣ 기타 필요한 사항은 「비상대응계획시행지침」에 의한다.

② 임무

| 구 분 | 임 무 | 담당자 |
|---|---|---|
| 총지휘자 | - 복구를 총지휘하며 사고원인규명 열차운용·통제 및 복구업무를 총괄<br>- 사고현장에 지역사고수습본부를 설치·운영 | 기술본부장 |
| 총지휘보조자 | - 총지휘자를 보좌하며 작업진행상의 저해요인 및 부진사유를 파악하여 총지휘자에게 보고하고, 복구지휘자에게 복구대책 강구 | 지역본부장 |
| 복구지휘자 | - 각 분야별 반장과 협의하여 복구방법 및 정확한 복구 예정시간·각종 정보를 관제센터장과 중앙사고수습지원본부장에게 수시 보고<br>- 각 분야별 반장과 협의하여 총괄 복구지휘<br>　· 작업의 우선 순위 및 작업방법 지시<br>　· 작업담당자 지정<br>　· 보고자 지정 운영<br>- "사고복구 현황판" 현장비치 및 운용(보고자)<br>　· 현장약도, 작업상황 및 진행상황 종합기록<br>- 복구작업 중 화재발생·병발사고 예방<br>- 항시 복구상황을 파악하고 즉시 보고체제 구축 | 차량처장<br>[사고유형에 따른 복구지휘자] |
| 섭외지원반장 | - 사상자에 대한 구호 및 호송지원<br>- 사망자 장례 등 유족에 대한 협상 및 조치<br>- 법률상담(본사 법무처 지원요청 등)<br>- 홍보와 보도 등에 관한 사항<br>- 현장사고수습본부 설치에 관한 사항<br>- 대외기관에 대한 섭외업무 담당<br>- 사고현장 경비 및 질서유지<br>- 비상자재의 우선조달 및 보급 | 경영인사처장 |
| 수습반장 | - 여객 유도안내 및 안내원 파견<br>- 인적재난 초기대응 비상대응팀 운용<br>- 현장경비 또는 사상자 조치 등 필요사항에 대하여 관계반장에게 지원요청<br>- 대외협조 연계수송 등 교통대책 강구<br>　· 관제센터·본사 지원반 보고 및 요청 등<br>- 여객·화물 피해처리, 화물적하 등<br>- 역 운전취급 지원 | 영업처장 |

| 구 분 | 임 무 | 담당자 |
|---|---|---|
| 수송반장 | - 사상자 응급구호<br>- 열차운행상황 파악 및 열차운행조정, 운전정리 협의<br>- 열차승무원 운용 조정(승무원 교대 및 임시충당)<br>  (교대 및 구원열차, 기중기 운행 등)<br>- 사고복구 열차(구원, 기중기 출동 열차 등) 충당 승무원에 대한 안전교육<br>- 수습반 업무 지원(승무처원) | 승무처장 |
| 사고조사반장 | - 사고의 원인조사 업무<br>- 현장 파손물 등 사고 조사 자료의 보존 및 본사 등 조사반 협조<br>- 사고 원인조사 내용을 지역본부장·안전본부장에게 신속보고<br>- 합동조사반(Go-Team)의 운용<br>- 인적재난 초기대응 비상대응팀 출동지시 및 관리 | 안전처장 |
| 차량반장 | - 기중기 등 복구장비·자재 확보(출동)<br>- 복구요원의 긴급출동 및 인력운용<br>- 차량 복구 및 피해조사<br>- 차량복구 예정시간의 판단 및 예정시간 내 복구<br>- 적재화물의 하차여부 판단 및 지원요청 | 차량처장 |
| 고속차량반장 | - 복구요원의 긴급출동 및 인력운용<br>- 고속차량 복구에 대한 기술적인 지원<br>- 차량 복구 및 피해조사 | 고속경정비센터장 |
| 시설반장 | - 모터카 등 복구장비 출동<br>- 필요자재의 확보<br>- 복구요원의 긴급출동 및 인력운용<br>- 선로, 구조물 피해조사 및 복구<br>- 작업량에 따른 요원 확보(유관기관 협조)<br>- 복구예정시간의 판단 및 예정시간 내 복구 | 고속시설사무소장<br>(시설처장) |
| 전기통신반장 | - 모터카 등 복구장비 및 인력 출동<br>- 사고현장에 통신 및 전기시설의 신속한 설치<br>- 차량복구를 위한 전차선 제거 등 신속 지원조치<br>- 작업량에 따른 요원 확보(유관기관 협조)<br>- 복구예정시간의 판단 및 예정시간 내 복구 | 고속전기사무소장<br>(전기처장) |

## 2-2 승객긴급방송 문안

가. 열차 내 안내방송
   1) 열차운행 중 정차

> 고객 여러분께 안내말씀 드리겠습니다.
> 이 열차는 (1) 정차하고 있습니다.
> 고객 여러분께서는 안전한 객실 내에서 잠시만 기다려 주시기 바랍니다.
> (2) 출발하겠습니다.
> 열차가 지연되어 대단히 죄송합니다.
> (출발시각 확인이 가능할 때에는 "○○분 후에 출발하겠습니다.")
>
> | 1 | 앞서가는 열차의 고장으로 | 2 | 수리가 되는 즉시 |
> |---|---|---|---|
> | 1 | 신호대기로 | 2 | 신호 받는 즉시 |
> | 1 | 사상사고로 | 2 | 사고가 수습되면 바로 |
> | 1 | 전차선 장애로 | 2 | 전기가 공급되면 바로 |
> | 1 | 선로 장애로 | 2 | 선로가 복구되면 바로 |

   2) 열차운행 지연

> 고객 여러분께 죄송한 안내말씀 드리겠습니다.
> 이 열차는 (1) 운행을 하지 못하고 있습니다.
> 현재 조치 중이오니 조금만 더 기다려 주시기 바랍니다.
> 열차가 지연되어 대단히 죄송합니다.
>
> | 1 | ○○역과 ○○역 사이 사상사고로 |
> |---|---|
> | 1 | ○○역과 ○○역 사이로 열차 고장으로 |
> | 1 | ○○역과 ○○역 사이로 신호 장애로 |
> | 1 | ○○역과 ○○역 사이 전차선 장애로 |
> | 1 | ○○역과 ○○역 사이 선로 장애로 |

3) 도중 역 열차운행 대기 및 타 교통수단 이용 안내

> 고객 여러분께 죄송한 안내말씀 드리겠습니다.
> 이 열차는 (1) 운행을 하지 못하고 있습니다.
> (현재 복구작업을 하고 있으니) 복구될 때까지 ○○역에서 약 ○○분간 정차할 예정입니다.
> 바쁘신 고객께서는 다른 교통편을 이용하시기 바랍니다.
> 열차 이용에 불편을 드려 대단히 죄송합니다.
> (환불보상, 연계교통 등을 파악하여 안내)
>
> | 1 | ○○역과 ○○역 사이 사상사고로 |
> |---|---|
> | 1 | ○○역과 ○○역 사이 열차 고장으로 |
> | 1 | ○○역과 ○○역 사이 신호 장애로 |
> | 1 | ○○역과 ○○역 사이 전차선 장애로 |
> | 1 | ○○역과 ○○역 사이 선로 장애로 |

4) 도중 역 열차운행 중지

> 고객 여러분께 죄송한 안내말씀 드리겠습니다.
> 이 열차는 (1) ○○역까지만 운행하게 되었습니다.
> ○○역에서 다른 교통편을 이용하시기 바랍니다.
> 여행하지 못한 구간의 운임은 ○○역에서 반환해 드리겠습니다.
> 열차 이용에 불편을 드려 대단히 죄송합니다.
>
> | 1 | ○○역과 ○○역 사이 전차선 단전으로 |
> |---|---|
> | 1 | ○○역과 ○○역 사이 열차 탈선으로 |
> | 1 | ○○역과 ○○역 사이 화재로 |
> | 1 | ○○역과 ○○역 사이 테러발생으로 |
> | 1 | ○○역과 ○○역 사이 선로 장애로 |
> | 1 | ○○역과 ○○역 사이 폭우, 폭설로 |

5) 테러 및 화재로 인한 긴급대피(차분하고 단호하게 방송)

고객 여러분께 죄송한 안내말씀 드리겠습니다.
지금 이 열차의 ○번째 객실 내에서 (1)되었습니다.
당황하지 마시고 직원의 안내에 따라 신속하고 질서 있게 열차 밖 안전한 곳으로 대피해 주십시오.
이동 시 안전사고가 발생하지 않도록 주의하시기 바랍니다.
열차 이용에 불편을 드려 대단히 죄송합니다.

| 1 | 폭발물로 추정되는 의심물건이 발견 |
| 1 | 독가스(탄저균)로 추정되는 의심물건이 발견 |
| 1 | (대형)화재가 발생 |

6) 경미한 화재발생 조치

고객 여러분께 안내말씀 드리겠습니다.
지금 이 열차의 ○번째 객실 (1)에서 (2) 인한 경미한 화재가 발생하였습니다.
고객 여러분께서는 객실 내에 비치되어 있는 소화기를 이용하여 초기진화에 협조하여 주시고, 화재가 발생한 객실에 계신 고객께서는 질서 있게 (3) 이동하여 주시기 바랍니다.
열차 이용에 불편을 드려 대단히 죄송합니다.

| 1 | 지붕 | 2 | 전기누전으로 |
| 1 | 객실 내 | 2 | 원인을 모르는 |
| 1 | 통로 | 2 | 방화로 |

| 3 | 다른 객실로 |
| 3 | 수건이나 옷깃으로 입과 코를 막으시고 다른 객실로 |
| 3 | 수건이나 옷깃으로 코와 입을 막고 낮은 자세로 다른 객실로 |

7) 응급환자

〈 응급환자 이송을 위한 임시정차 〉
안내말씀 드리겠습니다.
긴급한 환자가 발생하여 가까운 병원으로 후송하기 위해
○○역에 잠시 정차하겠습니다.
안전한 객실 내에서 기다려 주시기 바랍니다.
고맙습니다.

8) 긴급대피

고객 여러분께 안내말씀 드리겠습니다.
지금 이 열차의 ○번째 객실에서 (1)되었습니다.
당황하지 마시고 직원의 안내에 따라 신속하고 질서 있게 열차 밖 안전한 곳으로 대피해 주십시오.
이동 시 안전사고가 발생하지 않도록 주의해 주십시오.
열차 이용에 불편을 드려 대단히 죄송합니다.

| | |
|---|---|
| 1 | 폭발물로 추정되는 의심물건이 발견 |
| 1 | 독가스(탄저균)로 추정되는 의심물건이 발견 |
| 1 | (대형)화재가 발생 |

고객 여러분께 안내말씀 드리겠습니다.
지금 이 열차의 ○번째 객실에서 (1) 신속한 조치로 완전제거(진화)되어
○○시 ○○분에 열차가 정상으로 운행하게 되었습니다.
열차 이용에 불편을 드려 대단히 죄송합니다.

| | |
|---|---|
| 1 | 발견된 폭발물은 관계기관의 |
| 1 | 발견된 독가스(탄저균)는 관계기관의 |
| 1 | 발생한 (대형)화재가 |

나. 역 안내방송
  1) 역사 내 화재발생 시
    ① 화재발생 시 직원 및 역구내 종사원 안내방송
      직원 및 역구내 종사원에게 알립니다.
      ○○○지점에 화재가 발생하였으니 신속히 소화기와 개인장비를 휴대하고 출동하십시오.

    ② 화재발생 시 고객 안내방송
      고객 여러분! 지금 우리 역 ○○지점에 화재가 발생하였으니 수건이나 옷깃으로 코와 입을 막고 낮은 자세로 비상유도등을 따라 신속히 역사 밖으로 대피하여 주시기 바랍니다.

    ③ 대피지시 안내방송(종합관제실에 열차접근 통제 확인 후)
      고객 여러분!
      역구내 화재로 대합실에는 연기가 가득하여 나갈 수가 없으니 고객 여러분께서는 수건이나 옷깃으로 코와 입을 막고 낮은 자세로 직원의 유도 안내에 따라 터널 내로 대피하여 주시기 바랍니다.

    ④ 화재 종료 안내방송
      고객 여러분께서 안내말씀 드리겠습니다.
      우리 역의 화재는 조치 완료되어 ○○시 ○○분부터 열차가 정상 운행되겠습니다.
      불편을 끼쳐드려 대단히 죄송합니다.

  2) 열차 내 화재발생 시
    ① 직원 및 역구내 종사원 안내방송
      직원 및 역구내 종사원에게 알립니다. 지금 우리역과 ○○역 사이 터널 내에서 열차화재가 발생하였으니, 매표업무를 중단하고 고객을 역사 밖으로 대피시키고 신속히 승강장으로 출동하십시오.
      (각 역무실에 비상전등, 호루라기, 메가폰 등 비상시 용품 비치)

    ② 고객 안내방송
      고객 여러분! 지금 우리 역과 ○○역 사이 터널 내에서 열차화재가 발생하였으니 직원의 안내에 따라 신속히 역사 밖으로 대피하여 주시기 바랍니다.

    ③ 화재 종료 안내방송
      고객 여러분께 안내말씀 드리겠습니다.
      우리 역과 ○○역 사이 터널 내 열차화재는 조치 완료되어 ○○시 ○○분부터 열차가 정상 운행되겠습니다.
      불편을 끼쳐드려 대단히 죄송합니다.

# RAILWAY TRAFFIC CONTROLLER GUIDE

3) 역사 내 (독가스, 폭발물) 테러 발생 시
  ① **직원 및 역구내 종사원 안내방송**
   직원 및 질서요원에게 알립니다.
   우리 역 ○○지점에 (독가스, 폭발물) 테러가 발생하였으니 신속히 화생방 장비를 휴대하고 출동하십시오.

  ② **고객 안내방송**
   고객 여러분! 지금 우리 역 ○○지점에 (독가스, 폭발물) 테러가 발생하였으니
   수건이나 옷깃으로 코와 입을 막고 낮은 자세로 비상유도등을 따라 신속히 역사 밖으로 대피하여 주시기 바랍니다.

  ③ **종료 안내방송**
   고객 여러분께 안내말씀 드리겠습니다.
   우리 역의 (독가스, 폭발물) 테러는 조치 완료되어 ○○시 ○○분부터 열차가 정상 운행되겠습니다.
   불편을 끼쳐드려 대단히 죄송합니다.

4) 열차 내 (독가스, 폭발물) 테러 발생 시
  ① **직원 및 역구내 종사원 안내방송**
   직원 및 역구내 종사원에게 알립니다.
   ○○지점에 (독가스, 폭발물) 테러가 발생하였으니 신속히 개인 보호장비 및 인명구조 장비를 휴대하고 출동하십시오.

  ② **고객 안내방송**
   고객 여러분! 지금 우리 역 ○○지점에 (독가스, 폭발물) 테러가 발생하였으니
   수건이나 옷깃으로 코와 입을 막고 낮은 자세로 비상유도등을 따라 신속히 역사 밖으로 대피하여 주시기 바랍니다.

  ③ **종료 안내방송**
   고객 여러분께 안내말씀 드리겠습니다.
   우리 역과 ○○역 사이 터널(열차) 내 (독가스, 폭발물) 테러는 조치 완료되어 ○○시 ○○분부터 열차가 정상 운행되겠습니다.
   불편을 끼쳐드려 대단히 죄송합니다.

5) 열차가 운행중지 될 때(운임요금 반환 안내)

> 고객 여러분께서 죄송한 안내말씀 드리겠습니다.
> 현재, (1)가 운행중지 되었습니다.
> 지금 매표창구에서는 해당 운임을 반환해드리고 있사오니 이 점 양해하여 주시기 바라며
> 빠른 시간 내에 열차운행이 복구될 수 있도록 최선을 다하겠습니다.
>
> | 1 | ○○역과 ○○역 사이 전차선 단전으로, ○○ 방면의 ○○열차 |
> |---|---|
> | 1 | ○○역과 ○○역 사이 열차 탈선으로, ○○방면의 ○○열차 |
> | 1 | ○○역과 ○○역 사이 화재로, ○○방면의 ○○열차 |
> | 1 | ○○역과 ○○역 사이 테러발생으로, ○○방면의 ○○열차 |
> | 1 | ○○역과 ○○역 사이 선로 장애로, ○○방면의 ○○열차 |
> | 1 | ○○역과 ○○역 사이 폭우, 폭설로, ○○방면의 ○○열차 |

6) 기타 역구내에서의 테러, 화재발생, 긴급대피 등 방송문안을 보완하여 상황전파

다. 종합관제실 방송
1) 화재발생 시 관제방송
  ① **운행열차에 상황통보 및 전동차 내 고객 안내방송**
    운행하는 전 열차에 알립니다.
    현재 ○○역에 화재가 발생하였으니 전 열차는 무전기를 경청하여 주시고
    화재발생 안내방송을 반복 시행하여 주시기 바랍니다.
  ② **전역 운전관제 안내방송**
    고객 여러분께 긴급 안내말씀 드리겠습니다.
    지금 ○○역 ○○지점에 화재가 발생되어 열차운행이 중단되었습니다.
    ○○역 이용 예정인 고객께서는 타 교통수단을 이용하여 주시기 바랍니다.(반복 방송)
  ③ **후속열차의 역 간 정차금지 지시**
    ○○역사에서 화재가 발생되어 조치 중에 있으니 전 열차는 최근 정거장까지 운행한 후
    정차대기하고 열차무선을 경청하여 호출 시에는 즉시 관제의 지시에 따라 주기 바라며
    안내방송을 철저히 하기 바랍니다. 이상- 통화 끝

④ 상황에 따른 열차운전정리 및 타 교통 이용지시
　운행하는 전 열차에 알려드립니다.
　○○역사의 화재진화가 지연되고 있으니 타 교통수단을 이용하도록 안내방송하고 고객을 안전한 곳으로 유도 바랍니다. 이상- 통화 끝

⑤ 고객 안내
　○○역 역사 내에 화재가 발생하여 현재 열차운행을 무정차 통과(또는 ○○역~○○역까지 운행중지)하고 있으니 고객 안내에 만전을 기하고 승차권 판매에 참고하여 주시기 바랍니다.

⑥ 화재진화 완료 후
　고객 여러분께 안내말씀 드리겠습니다.
　○○역 역사 내 화재발생은 현재 조치완료되어 열차가 정상적으로 운행 중에 있음을 알려드립니다.

2) 기타 상황의 관제방송은 유형별 상황에 따른 관제방송문안을 보완하여 상황전파

[서울도시철도 종합관제센터 전경]

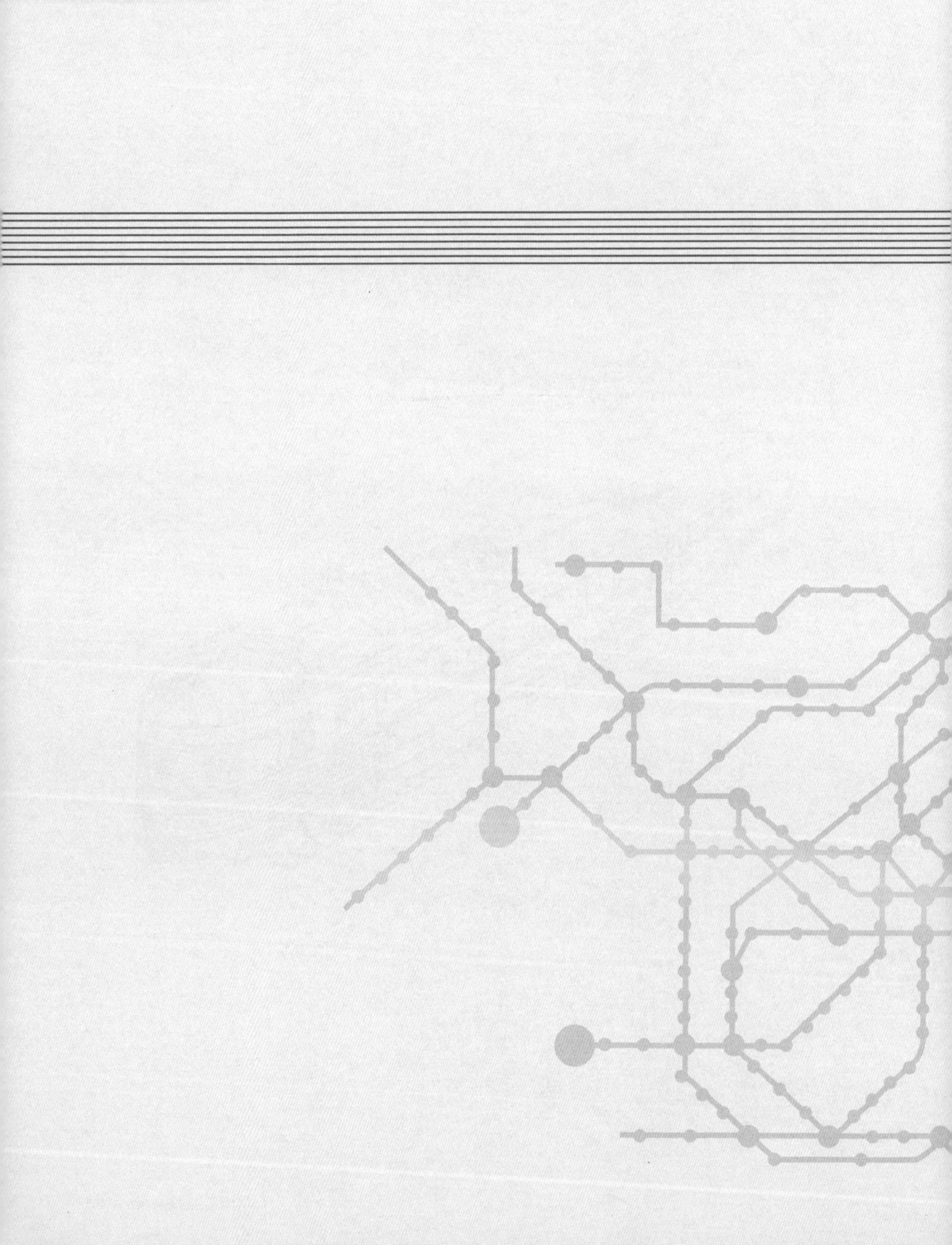

# Ⅵ 부록

부록 1. 용어의 정의

부록 2. 약어 설명

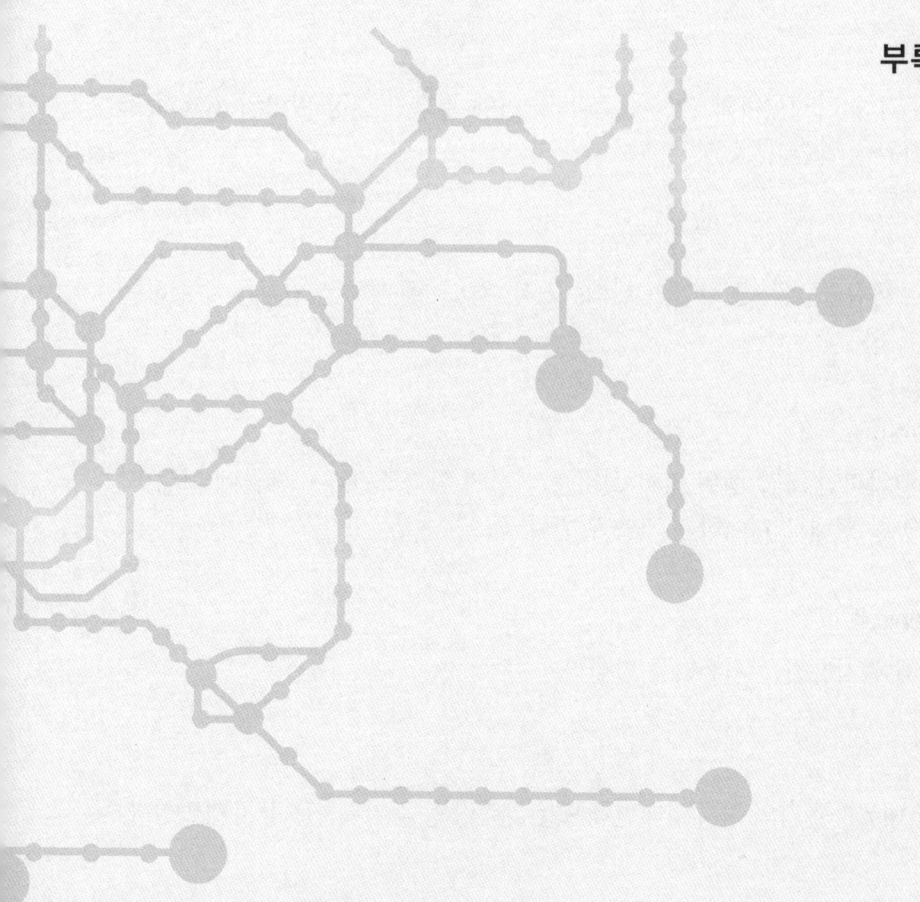

## [부록 1] 용어의 정의

"관제업무종사자"
철도안전법 제2조 제10호 나목의 업무에 종사하는 직원으로 관제팀장, 운전관제사, 여객관제사를 말한다.

"운전관제사"
전문교육훈련 이수 등 관제업무수행에 필요한 요건을 갖추고, 사장의 책임으로 철도차량의 운행을 집중제어·통제·감시하는 업무를 수행하는 직원을 말한다.

"전력관제사"
전력관제설비의 감시와 조작 및 이에 필요한 현장 전기설비의 필요한 조치를 지시할 수 있는 직원을 말한다.

"설비관제사"
역사 및 본선에 설치된 각종 기계설비의 감시와 조작 및 이에 필요한 현장 설비의 필요한 조치를 지시할 수 있는 직원을 말한다.

"여객관제사"
평상시, 이례상황 시 여객취급업무 및 작업의 협의, 조정, 승인, 통제하는 업무를 수행하는 직원을 말한다.

"시스템제어(System Control)"
관제시스템을 이용한 인위적인 조작 행위 없이 설비를 현장의 환경조건과 스케줄에 따라 시스템 소프트웨어에 설정된 형태로 제어하는 것을 말한다.

"운영컴퓨터(Operating Control)"
관제사가 열차운행 통제에 사용하는 컴퓨터를 말한다.

"인쇄기록장치"
종합관제실에서 조작한 내용과 현장의 기기 상태변화 또는 계측량 등을 기록하는 장치를 말한다.

"적임자"
 자격자 이외의 자로서 직무수행을 위하여 그 직무에 적당하다고 인정하여 관련소속의 장이 임시로 지정한 자를 말한다.

"전원장치"
 관제설비에 각종 전원을 공급하는 설비로서 무정전전원장치(UPS), 자동절체장치(ATS), 자동전압조절장치(AVR), 축전지 및 분전반 등을 말한다.

"네트워크컴퓨터(Network Computer)"
 컴퓨터 간 상호 연결시켜 주는 장비를 말한다.

"관제설비"
 종합관제실에 설치된 설비를 말한다.

"MMI(Man Machine Interface)"
 운전, 전력 및 설비관제사가 원격으로 관련계통 설비를 집중제어하고 감시를 하기 위한 장치를 말한다.

"운전명령"
 운전관제사가 열차 또는 차량의 운전에 관계되는 상례 이외의 상황을 특별히 지시하는 것을 말한다.

"변전설비"
 전철변전소(S/S)·보조급전구분소(SSP) 및 단말보조급전구분소(ATP)와 이에 부속되는 설비를 말한다.

"전철설비"
 전기철도에서 송전선로, 변전설비 및 전차선로와 이에 부속되는 설비를 총괄한 것을 말한다.

"송전선로"
 한국전력공사의 변전소와 회사 변전소 상호 간에 시설된 전철설비인 154kV 전선로를 말한다.

"수전설비"

타인의 전기설비로부터 전기를 공급받거나 구내 발전설비로부터 전기를 공급받아 구내 배전설비로 전기를 공급하기 위한 전기설비로서 수전지점으로부터 구내 배전설비에 전기를 공급하기 위한 배전반까지의 설비를 말한다. 다만, 전철설비는 제외한다.

"배전선로"

전철설비 이외의 전선로 및 이에 속하는 개폐장치 등 기타 시설물의 총칭이며, 한국전력공사의 변전소와 회사 전기실 상호 간에 시설된 22.9kV 전선로는 "수전선로", 회사 전기실 상호 간에 시설된 22.9kV 전선로는 "연락배전선로"라고 말한다.

"변전소(S/S) 또는 전기실(E/R)"

구외로부터 전송된 전기를 전압이나 전류의 변성 및 전력의 배분을 위하여 시설한 변압기, 차단기 등 기타의 기계기구를 설치한 곳을 말한다.

"변전소 등"

변전소(S/S), 보조급전구분소(SSP), 단말보조급전구분소(ATP)로 전차선로를 통하여 열차를 구동시키는 전력을 공급하는 곳을 말한다.

"보조급전구분소(SSP)"

작업 시 또는 사고 시에 정전구간을 한정하거나 연장급전할 목적으로 개폐장치를 시설한 곳을 말한다.

"단말보조급전구분소(ATP)"

전차선로의 말단에 가공전차선로의 전압강하 보상과 유도장해의 경감을 위하여 단권변압기를 시설한 곳을 말한다.

"전기실 등"

"변전소 등" 이외의 장소에 개폐기 기타의 장치에 의하여 전로를 개폐할 수 있는 설비와 변압기 등이 설치되어 있는 구내의 전기취급 장소로 역사, 본선 중앙 환기실 및 기능실용 전기실을 말한다.

"전력관제사"

SCADA 설비를 감시·제어하는 자를 말한다.

"전력감시제어설비(Supervisory Control And Data Acquisition System)"

전력관제설비, 소규모 감시제어장치 및 전력제어통신장치(CU)등을 말한다.

"전력관제설비"

컴퓨터설비를 이용하여 전철·전력계통을 원격으로 감시, 제어, 계측을 하는 설비로서 종합관제실에 설치된 메인컴퓨터, 전단처리장치, 대형표시반, LAN설비, 콘솔(MMI)장치, 인쇄기록장치, 무정전전원장치 등과 이에 부속된 설비를 말한다.

"메인컴퓨터(Main Computer)"

현장설비에 대한 제어·감시 등을 수행하는 주 컴퓨터를 말한다.

"전단처리장치(Front End Processor)"

현장설비로부터 취득한 DATA를 메인컴퓨터로 전송하거나 메인컴퓨터의 명령신호를 현장설비로 전송하는 장치를 말한다.

"대형표시반(Large Display Panel)"

대형화면에 전 구간의 열차의 이동상황 및 설비별 기기 상태, 이상경보, 측정치 등을 표시하는 장치를 말한다.

"전력제어통신장치(Communication Unit)"라

변전소 및 전기실에 설치되어 마스터설비의 제어신호를 수신하여 피제어기기를 제어하고, 피제어기기의 상태 및 계측량을 전력관제사설비로 신호를 송신하는 장치를 말한다.

"소규모 원격감시제어"

소규모 감시제어장치로 관할 전철변전소, 보조급전구분소, 단말보조급전구분소 및 전기실의 개폐장치를 취급하는 방법을 말한다.

"현장 조작"

전철변전소·보조급전구분소·전기실·전차선로 개폐기 등을 전자배전반 및 각 기기의 조작반에서 개별취급하거나 각 기기 본체에서 레버 또는 조작봉 등으로 개폐장치를 수동으로 취급하는 방법을 말한다.

"정전"
　규정된 전기설비가 정상 급전 중에 이상이 발생하여 전기공급이 중단된 것을 말한다.

"단전"
　규정된 전기설비에 전기를 차단하는 것을 말한다.

"단전작업"
　전기를 단전시킨 후 행하는 작업을 말한다.

"긴급단전"
　급전상태에서 전기시설물 및 타 시설물의 피해가 확대되고, 전기운전에 막대한 지장을 초래할 우려가 있을 경우 긴급히 단전을 하는 것을 말한다.

"급전"
　규정된 설비에 전기를 공급하는 것을 말한다.

"연장급전"
　2개소 이상의 급전점에서 급전할 수 있는 급전구간을 1개소 급전점에서 급전하는 방식을 말한다.

"시험급전"
　전철 및 전력 장애구간을 구별하기 위하여 구간별로 급전하는 것을 말한다.

"개방"
　운전 중인 차단기를 운전정지 또는 시험하기 위하여 차단기를 개로시키는 것을 말한다.

"투입"
　운휴 중인 차단기를 운전 또는 시험하기 위하여 차단기를 폐로시키는 것을 말한다.

"차단"
　운전 중인 차단기가 과부하 또는 차단기의 이상 등으로 인하여 회로가 분리되는 것을 말한다.

"재차단"

차단된 차단기를 투입 후 과부하 또는 차단기 이상으로 인하여 다시 차단되는 것을 말한다.

"재투입"

한번 차단된 차단기를 운용하기 위하여 다시 투입하는 것을 말한다.

"쇄정"

인명 및 기기 보호를 위하여 규정된 조건 이외의 상태에서 기기 취급을 할 수 없도록 하는 것을 말한다.

"보호장치류"

전기회로에 설치하여 전력계통에 이상이 발생할 경우 이를 검출하여 전기설비 및 인명을 보호하고 장애발생의 확대를 방지하기 위하여 사용하는 장치를 말한다.

"과부하"

대상설비에 정격치 이상의 전류가 흐르는 것을 말한다.

"지락(Ground Fault)"

전로의 절연물이 파괴되어 대지와 직접 접촉하여 그 부분을 통하여 대지로 전류가 흐르는 현상을 말한다.

"열차운행종합제어(ATS : Automatic Train Supervision)"

열차 또는 차량의 진로를 자동으로 제어하고, 열차운행상황을 표시하며, 운행실적을 기록하는 등의 설비를 갖추고 종합적으로 열차운행을 제어 및 감시하는 것을 말한다.

"관제실제어(CATS : Central Automatic Train Supervision)"

ATS 설비를 활용하여 종합관제실에서 열차 또는 차량의 진로를 제어하는 것을 말한다.

"역제어(LATS : Local Automatic Train Supervision)"

중앙제어설비(CATS) 고장 등으로 차량기지 또는 운전취급역별로 관제사의 지시에 의하여 열차 또는 차량의 신호 및 진로를 제어하는 것을 말한다.

"현장신호설비"
　　기계실이 아닌 선로 등 기타 장소에 설치된 신호설비를 말한다.

"관제방송장치"
　　관제에서 각 역사의 승강장, 대합실에 대한 개별, 그룹, 전체방송을 할 수 있는 시스템을 말한다.

"관제전화"
　　운전취급지시 등 신속한 업무수행을 위하여 설치한 전화로 개별, 임의, 그룹 및 일제 호출이 가능하며, 녹음이 되는 전화를 말한다.

"녹음장치"
　　관제설비 중 음성을 저장하여 재생할 수 있는 설비를 말한다.

"녹화장치"
　　관제로 전송된 화상을 녹화 재생할 수 있는 설비를 말한다.

"디지털전송설비(DTS)"
　　광 전송설비를 말한다.

"정보전송장치(DTS)"
　　전송선로를 통하여 정보를 송수신하는 장치를 말한다.

"전기시계"
　　전기에너지를 동력으로 하여 작동하는 시계를 말한다.

"열차무선설비"
　　열차에 설치된 이동국장치 및 현장 보수자 간의 무선통화를 할 수 있는 중앙제어장치를 말한다.

"전송선로"
　　단말기와 컴퓨터 사이의 원격 통신을 위하여 쓰이는 모든 접속장치를 말한다.

"행선안내설비"

열차의 접근, 도착, 출발정보 등을 여객에게 알려주는 장치를 말한다.

"화상전송설비"

화상을 통하여 원격으로 승강장, 전기실 등을 감시하기 위한 설비를 말한다.

"운영자제어(Operator Control)"

관제사가 시스템을 직접 제어하는 것을 말한다.

"서버컴퓨터(Server Computer)"

설비관제사의 서버시스템 소프트웨어가 설치되어 설비의 시스템제어와 감시 및 각종 데이터를 관리하는 데 사용되는 주 컴퓨터를 말한다.

"기계설비"

공기조화설비, 냉·난방설비, 환기설비, 위생설비, 급·배수설비, 승강설비, 승강장안전문설비(PSD : Platform Screen Door), 수하물처리설비(BHS : Baggage Handling System), 자동제어설비, 소방설비, 제연설비 등과 이에 부속된 설비를 말한다.

"공기조화설비"

공기조화기 및 이에 부속된 덕트와 덕트기구류, 배관설비를 말한다.

"냉·난방설비"

냉동기, 보일러 및 이에 부속된 부대설비와 배관류를 말한다.

"환기설비"

각 기능실의 환기용 급기 및 배기송풍기와 본선에 설치된 본선 송풍기 및 이에 부속된 덕트설비를 말한다.

"위생설비"

위생기구, 온수기, 화장실 및 정화조설비, 폐수처리설비와 이에 부속된 배관 및 장비를 말한다.

**"급 · 배수설비"**

역사, 본선, 차량기지 내의 급수 및 배수설비와 이에 부속된 설비를 말한다.

**"수하물처리설비(BHS : Baggage Handling System)"**

공항이용객의 편의를 위하여 여객의 수하물을 정확하고 신속하게 해당 항공기까지 분류 탑재할 수 있도록 수집, 검색, 운송, 분류, 저장 등을 하는 시스템 일체를 말한다.

**"자동제어설비"**

기계설비를 운용하기 위한 제어설비, 감시설비 및 이에 부속된 설비를 말한다.

**"소방설비"**

소화설비, 경보설비, 소화용수설비, 피난설비 및 기타 소화활동상 필요한 설비를 말한다.

**"제연설비"**

화재 시 승객을 안전하게 대피할 수 있도록 하는 설비로 배출구를 통하여 매연 및 유독가스를 흡입 또는 배출하거나, 확산된 연기를 희석시켜 연기에 의해 승객들의 시야가 가리지 않고, 안전하게 대피할 수 있도록 하는 송풍기 및 덕트설비 일체를 말한다.

**"설비관제시스템"**

역사 및 본선설비를 원격으로 제어하고 운전상태와 화재발생 등 이례상황을 감시하기 위해 종합관제실에 설치하여 운영하는 컴퓨터, 대형표시반, 통신접속장치, 프린터, 전원장치 등과 이에 부속된 설비를 말한다.

**"철도비상사태"**

열차충돌, 탈선, 화재, 폭발, 자연재해 및 테러 등의 중대한 사고 발생으로 열차 운행이 중단되거나 인적 및 물적 피해가 발생되는 상황을 말한다.

**"비상대응"**

철도비상사태가 발생하였을 경우 열차의 조속한 정상운행과 인적 및 물적 피해를 최소화하기 위한 활동을 말한다.

**"비상대응계획"**

공항철도에서 발생 가능한 사고를 분석하여 이에 필요한 사항들을 사전에 준비하고 훈련하여 실제상황이 발생하였을 때 신속·정확하게 대처하기 위하여 세우는 일련의 계획을 말한다.

**"비상대응시나리오"**

신속하고 효율적인 비상대응을 위해 발생 가능한 철도비상사태의 유형별로 비상상황 발생 시점부터 복구완료 및 열차 정상운행이 될 때까지 비상대응인력이 조치할 행동요령을 시간의 순서대로 전개한 것을 말한다.

**"비상대응 유관기관(이하 "유관기관"이라 한다)"**

철도비상사태가 발생하였을 경우에 철도운영자 등의 비상대응활동을 협력하고 지원하는 기관을 말하여, 중앙행정기관, 지방자치단체, 소방서, 경찰서, 응급의료기관 및 협력업체 등을 말한다.

**"표준운영절차"**

철도비상사태가 발생하였을 경우에 비상대응인력 및 유관기관의 기능과 역할을 유형화한 절차 또는 비상대응의 기준이 되는 표준적인 절차를 말한다.

**"현장조치매뉴얼"**

표준운영절차를 바탕으로 철도비상사태가 발생하였을 경우에 비상대응인력 및 유관기관이 현장에서 실제 적용하고 시행해야 할 구체적인 조치사항과 절차 등을 수록한 문서를 말한다.

**"긴급구조"**

자연재해 또는 철도비상사태 등의 재난이 발생할 우려가 있거나 발생되었을 때에 인적 및 물적 피해를 최소화하기 위하여 긴급구조기관에 의한 인명구조, 응급처치 및 그 밖에 필요한 모든 조치를 말한다.

**"비상대응연습·훈련"**

철도비상사태 발생에 대비하여 비상대응 능력 함양 및 유관기관 협력체계 강화 등을 위해 실시하는 훈련을 말하며, 종합훈련과 부분훈련으로 구분한다.

**"종합 · 연습훈련"**

특정 유형의 비상대응계획이 적합한지를 평가하기 위해 실시하는 종합적인 가상훈련을 말한다.

**"부분 · 연습훈련"**

비상대응 능력 함양을 위해 분야별로 실시하는 가상훈련을 말한다.

**"재난"**

국민의 생명, 신체 및 재산과 국가에 피해를 주거나 줄 수 있는 것으로서 재난 및 안전관리기본법에서 정하는 인적 · 자연국가기반 재난을 말한다.

**"인적재난"**

화재 · 붕괴 · 폭발 · 교통사고 · 화생방사고 · 환경오염사고 그 밖에 이와 유사한 사고로서 국가 또는 지방 자치단체 차원의 대처가 필요한 인명 또는 재산피해를 말한다.

**"자연재난"**

태풍 · 홍수 · 호우 · 폭풍 · 해일 · 폭설 · 가뭄 · 지진 · 황사 · 적조 그 밖에 이에 준하는 자연현상으로 인하여 발생하는 재난을 말한다.

**"국가기반재난"**

에너지 · 통신 · 교통 · 금융 · 의료 · 수도 등 국가 기반체계의 마비와 전염병 확산 등으로 인한 피해를 말한다.

**"철도시설의 재해"**

기상조건으로 인하여 열차운행과 관련된 공항철도의 시설 · 장비가 파손된 사고가 발생한 경우를 말한다.

**"기타"**

비상대응계획에서 사용하는 용어의 정의는 「철도사고 및 운행장애 처리규정」 제3조에 따른다.

## [부록 2] 약어 설명

AC(Alternating Current) : 교류 전류

ACVF(AC Voltage Fault) : 교류전압 저하 시(전차선 전압 19,500V+5%) 동작

ADBPS(All Doors Bypass Switch) : 출입문 전체 닫힘 신호 강제 생성

AEB(Ambassador Electronics Bank) : 지령콘솔과 통신 상호 연결장치를 위한 가청주파변환기능

AMP(Amplifier) : 증폭기

ATC(Automatic Train Control) : 자동열차제어

ATP(Automatic Train Protection) : 자동열차보호

ATP(Automatic Transformer Post) : 단말보조급전구분소

ATS(Automatic Transfer Switch) : 자동절체스위치(전력관제)

ATS(Automatic Train Stop) : 자동열차정지장치(KTX열차)

ARS(Automatic Route Setting) : 자동진로설정

BHS(Baggage Handling System) : 수하물 처리 시스템

BOUCB(Brake Operation Unit Circuit Breaker) : 제동장치 회로차단기

BECUCB(Brake Electronic Control Unit Circuit Breaker) : 제동전자제어 유닛 회로 차단기

BC(Brake Cylinder : 제동 공기통) : 열차를 정차시키는 실제 공기 압력

C/I(Converter Inverter) : 주 변환장치

CATS(Central Automatic Train Supervision) : 중앙 자동열차제어장치 중 종합관제실에 위치한 서버의 이름

CAD(Computer Aided Dispatch) : 컴퓨터 지령 보조장치

CBI(Computer Based Interlocking) : 전자연동장치

CC(Car Computer) : 차량제어명령 출력 및 상태 신호 수신

CCTV(Closed Circuit Television) : 폐쇄회로 TV

CM(Compressor Motor) : 압축공기 생성장치

CPRPB (Compulsory Release Push Button) : 제동 강제 해제 명령 제공

CKD(Carte Contrôleur Dynamique, Dynamic Controller board) : 동적 제어보드

COE 절체 시험 : 자동회차 설정 구역 내에서 운전실 절체 시 차상 ATC 상태 확인

CU(Communication Units) : 현장과 관제실 간 데이터 전송설비

DC(Direct Current) : 직류 전류

DCITR(Doors Closed In Train Relay) : 열차 내 출입문 닫힘 계전기

DCS(Door Close Switch) : 출입문 닫힘 감지 스위치

DCM(Door Control Module) : 출입문 제어장치

DCU(Door Control Unit) : 출입문 제어장치

DCURCB(Door Control Right Left Circuit Breaker) : 우측 DCU 전원공급 및 차단

DLS(Door Locked Switch) : 출입문 잠김 감지 스위치

DLS(Down Limit Swich) : 하향 위치 감지 스위치

DMI(Driver Machine Interface) : 기관사용 화면 표시기

EBLCB(Emergency Brake Loop Circuit Breaker) : 비상제동 루프 회로차단기

EOCR(Electronic Over Current Relay) : 전자 과전류 계전기

EH(Emergency Handle) : 출입문 비상핸들

EHEBBPS : 비상핸들 바이패스 스위치

EB(Emergency Brake) : 비상제동

EBTS(Enhanced Base Transceiver System) : 출력증폭기

ECU(Electronic Control Unit) : 제동장치 컨트롤러

Encoder: PSD 출입문 속도위치 검출장치

EROS(Emergency Resecue Operation Switch) : 비상구원스위치

Ethernet: 여러 대의 컴퓨터로 네트워크를 형성하는 시스템

FEP(Front End Processor) : 전단처리장치

FSFB(Fail Safe Field Bus. This is a fail-safe standard and protocol for high speed digital communication) : 신호전용 디지털전송망

FULL AUTO : 완전자동운전모드

HSE(Host System Equipment) : 열차행선안내장치(주 컴퓨터장비)

ISU(Intelligent Switching Unit) : 지능형 교환장치(CBI, ATC, KXI와 ATS 간 인터페이스)

KXI(KTX Signal Intelligent Controller) : KTX용 지상신호 제어기

LIU(Local Interface Unit) : 국지 인터페이스장치

LA(Line Amplifier) : 선로증폭기

LATS(Local Automatic Train Supervision) : 국지 자동열차제어장치

Louter : 서로 다른 네트워크를 중계해주는 장치
현장(Local)정보를 종합관제실에 표출하기 위해 데이터로 변환하는 장치

LDOER(Left Door Enable Relay) : 좌측 출입문 열림 계전기

LDP(Large Display Panel) : 대형표시반

LOS(Lock Out S/W) : 출입문 차단 스위치

MCB(Main Circuit Breaker) : 주회로차단기

MCBCOR(MCB Cut Out Relay) : 주회로차단기 차단용 계전기

MCS(Manual Cab Signal) : 수동운전모드

MCCB(Molded Case Circuit Breaker) : 배선용 차단기

MDPN(Maintenance Display Pane) : 유지보수 표시패널

MDR(Motoring Demand Realy) : 역행 명령 제어 계전기

MOR(Master Optic Repeater) : 주(主) 광중계기

MMI(Man Machine Interface) : 사람-기계 인터페이스

MOCD(Motor Over Current Detector) : 전동기 과전류검지

MTIB(Moving Train Initialisation Beacon) : 이동열차 초기화 비컨-CBI경계마다 설치된 두 개의 위치확인비컨. 열차초기화정보를 송신

NFB(No Fuse Breaker) : 휴즈가 없는 차단기(회로차단기)

NDR(Notice of Defect Request) : 하자보증요청서

ODO(Odometer) : 신호장치용 거리적산계

OPD(Operation Panel for Driver of PSD system) : 승무원 조작패널

OPS(Operation Panel for Station Crew of PSD system) : 역무원 조작패널

PA(Public Address) : 방송장치

PIS(Passenger Information System) : 행선안내게시기

Pick-Up Coils(continuous transmission sensors) : 열차로 속도코드, 역의 상태, 전철기, 신호기 등의 상태를 송신해줌

PSC(Power Supply Controller) : 전원장치제어

PSD(Platform Screen Door) : 승강장 안전도어

PSDD(Platform Screen Door for Driver) : 기관사용 승강장 안전도어

PSR(Permanent Speed Restriction) : 영구속도제한

PDT(Predeparture Test) : 출발 전 차량 사전점검 기능시험

PTI(Positive Train Identification) : 열차정보인식

RC BANK(Resistance Condenser Bank) : 전압안정화장치(KTX열차 운행 시 발생하는 고조파로 인해 공항철도 전동차의 추진제어장치(C/I)를 보호하기 위해 설치)

# RAILWAY TRAFFIC CONTROLLER GUIDE

RB(Relocation Beacon) : 위치확인 비컨(200m마다 설치)

RSPB(Reset Push Button) : 복귀누름단추

SCADA(Supervisory Control And Data Acquisition) : 전력감시제어설비

SCP(Station Control Panel of PSD system) : 역무실 내 PSD 종합제어반

SIV(Static inverter) : 보조전원장치

SS(Sub Station) : 변전소

SSP(Sub Section Post) : 보조급전구분소

STIB(Stationary Train Initialisation Beacon) : 정지열차 초기화 비콘

SOR(Slaver Optic Repeater) : 종속 광중계기(열차무선 중계장치)

SU(Switching Unit) : LATS와 CBI, ATC, KXI 간 인터페이스

SVTS(Spatial Video Transmission System) : 대공간 비디오 전송 시스템

TC(Train Computer) : 열차 컴퓨터

TCCB(Train Computer Circuit Breaker) : 차량컴퓨터 회로차단기

TDI(Train Destination Indicator) : 열차 행선지 안내기
열차의 행선지와 긴급문안 등을 표출할 수 있도록 한 승강장 내 LED모니터

TSR(Temporary Speed Restriction) : 임시 속도제한

TCMS(Train Control and Monitoring System) : 열차제어 감시 시스템

TC-34B(Track Circuit) : 궤도회로 34번 B구역

TR(Transformer) : 변압기

TRS(Trunked Radio System) : 휴대용 무전기

TRS-CAD(Trunked Radio System-Computer Aided Dispatch) : 주파수 공용통신 컴퓨터 지령장치(무전기)

TX/RX 보드 : 궤도신호 송수신 보드

TRCP(Train Radio Control Panel) : 고정국 무전기(열차 무선제어패널)

TSC(TETRA Site Controller) : 사이트를 담당하며 존 통제에 의해 채널 할당 역할담당

TU(Tuning Unit) : 궤도에 신호를 주거나 궤도로부터 신호를 받기 위해 사용되는 장치

TWC(Train to Wayside Communication) : 차량과 현장설비 간의 정보전송장치(열차로부터 행선지, 열차번호, 편성량 등의 정보를 수신하는 장치)

ULD(Unit Loading Device) : 수하물적재장치

UPS(Uninterrupted Power Supply) : 무정전 전원공급장치

드라이버카드 : 통신의 품질을 필터·잡음 제거하여 증폭하는 기능카드

루트블럭(Route Block) : 자동·수동진로 설정 락(Lock) 기능

VDO(VME Digital Output) : 제동, 출력 및 Lamp 담당 보드(VME : Versa Module Eurocard)

WCCC(Wind Control Center Computer) : 강풍표시기 제어장치

## [References] - 참고문헌

1. 법제처, 철도안전법령(2016)

2. 공항철도(주) 신규관제사 교육 교재

3. 공항철도(주) 관제사 비상대응 현장조치 매뉴얼

4. 공항철도(주) 사고(장애) 발생 시 열차운행 통제

5. 부산교통공사 신규관제사 교육교재(Ⅰ, Ⅱ)

6. 대전도시철도공사 관제사 실무교육 교재

7. 인천교통공사 관제업무 편람

8. 국토교통부(2013), 철도교통관제사·차량정비관리사 자격제도 도입, 철도안전법 일부개정안 입법예고, 보도자료

9. 김중곤(2016), 철도교통관제사의 직무스트레스 및 관련 요인에 관한 연구, 서울과학기술대학교 박사학위논문

10. 국토교통부(2016), 철도교통관제사 자격증명제 도입, 보도자료

[광주도시철도 종합관제실 전경]

[공항철도(주) 종합관제실 전경]

# RAILWAY TRAFFIC CONTROLLER GUIDE

Railway Traffic Controller Guide
## 철도교통관제사 길라잡이

**발행일**  2017년 3월 10일  1판1쇄 발행
**발행처**  도서출판세화
**지은이**  김중곤
**펴낸이**  박 용

**등록일자**  1978년 12월 26일 제 1-338호
**주소**  경기도 파주시 회동길 325-22(서패동 469-2)
**편집부**  (031)955_9333  영업부  (02)719_3142, (031)955_9331~2
**팩스**  (02)719_3146, (031)955_9334
**웹사이트**  www.sehwapub.co.kr

이 책에 실린 모든 글과 일러스트 및 편집 형태에 대한 저작권은 도서출판 세화에 있으므로
무단 복사, 복제는 법에 저촉 받습니다.
잘못 제작된 책은 교환해 드립니다.

**정가 35,000원  ISBN 978-89-317-0884-4  13530**